建筑工程简明知识读物

设备安装自学读本

骆中钊　张惠芳　卢昆山　主编

金盾出版社

内容提要

本书是《建筑工程简明知识读物》丛书中的一册。本书简明扼要地述叙了建筑工程中的给水排水工程、采暖通风工程、建筑电气工程的设备安装技术。

本书文字通俗易懂，深入浅出，便于自学。可供从事建筑业的青年建筑工人自学，同时还作为大专院校相关专业师生的教学参考和建筑工人的技术培训教材。

图书在版编目(CIP)数据

设备安装自学读本/骆中钊，张惠芳，卢昆山主编．—北京：金盾出版社，2015.12

(建筑工程简明知识读物/骆中钊主编)

ISBN 978-7-5186-0542-2

Ⅰ.①设… Ⅱ.①骆…②张…③卢… Ⅲ.①房屋建筑设备—建筑安装 Ⅳ.①TU8

中国版本图书馆 CIP 数据核字(2015)第 227663 号

金盾出版社出版、总发行

北京太平路 5 号(地铁万寿路站往南)

邮政编码:100036 电话:68214039 83219215

传真:68276683 网址:www.jdcbs.cn

封面印刷:北京军迪印刷有限责任公司

正文印刷:北京军迪印刷有限责任公司

装订:北京军迪印刷有限责任公司

各地新华书店经销

开本:705×1000 1/16 印张:11.25 字数:223 千字

2015 年 12 月第 1 版第 1 次印刷

印数:1～4000 册 定价:36.00 元

建筑工程简明知识读物编委员

前　言

我国改革开放30多年以来，城乡建设发展的速度不断加快，基本建设大范围展开，建筑工程的规模和数量都呈上升趋势。为适应国家建设发展的需要，建筑企业必须武装自己的建设队伍，努力提高工艺水平和施工质量，只有这样才能在激烈的市场竞争中立于不败之地。我们根据建筑人才市场的需求编写了《建筑工程简明知识读物》丛书，希望帮助那些刚刚或即将从事建筑行业工作的朋友们，通过自学或短期培训了解建筑工程的基本知识，掌握各项操作技术，并通过建筑工程施工实践成为本专业的行家里手。

《建筑工程简明知识读物》丛书共分6册:《工程预算自学读本》《施工识图自学读本》《土建技术自学读本》《设备安装自学读本》《室内装修自学读本》《安全知识自学读本》，内容概括了建筑工程施工的主要基础知识。

安全、健康、舒适的生产、居住环境，是现代生活的理想追崇。为了提高卫生舒适的生活环境，要求建筑物内必须设置完善的给水、排水、热水、采暖、通风、空气调节、燃气、安防和电气动力照明等建筑工程设备。因此建筑物内的设备安装技术知识是建筑工程设计和施工中的重要组成部分。

本书对建筑物内的设备安装技术的要求作了介绍，并分章节较为系统、全面地阐述了给排水工程、暖通工程和电气工程等建筑设备的安装技术要领。全书图文并茂，深入浅出，通俗易懂，力求为从事建筑业的青年建筑工人提供容易掌握的建筑工程设备安装技术的基本知识。也可作为大专院校相关专业师生教学参考和建筑工人的技术培训教材。

在本书的编写过程中，得到了很多领导、专家、学者和同行的支持和帮助，薛冉、谭炳华、陈培春等同志协助收集并提供了很多参考资料，骆伟、陈磊、冯惠玲、张仪彬、骆毅、庄耿、李雄、邱添翼等同志参加本书的编著，借此致以衷心的感谢。

限于水平，不足之处，敬请广大读者批评指正。

骆中钊　张惠芳　卢昆山

目　录

第一章　给水排水工程

第一节　室 内 给 水

一、室内给水系统的分类和组成

1. 室内给水系统的分类

室内给水系统的任务，是根据各类用户对水量、水压的要求，给水由市政给水管网(或自备水源)输送到装置在室内的各配水龙头和消防设备等各用水点上。室内给水系统按用途可分为三类：

(1)生活给水系统。供民用建筑内的饮用、烹调、盥洗、洗涤、淋浴等生活上的用水。要求水质必须符合国家规定的饮用水质标准。

(2)生产给水系统。生产给水系统种类繁多，一般有以下几个方面：生产设备的冷却、原料和产品的洗涤、锅炉用水及某些工业原料用水等。生产用水对水质、水量、水压以及安全方面的要求由于工艺不同，差异是很大的。

(3)消防给水系统。供层数较多的民用建筑、大型公共建筑及某些生产车间的消防系统的消防设备用水。消防用水对水质要求不高，但必须按建筑防火规范保证有足够的水量和水压。

上述三种给水系统，实际并不一定需要单独设置，按水质、水压、水温及室外给水系统情况，考虑技术、经济和安全条件，可以相互组成不同的共用系统。如生活、生产、消防共用给水系统，生活、消防共用给水系统，生活、生产共用给水系统，生产、消防共用给水系统。

在工业企业内，给水系统比较复杂，由于生产过程中所需水压、水质、水温等的不同，又常常分成数个单独的给水系统。为了节约用水，又将生产用水划分为循环使用给水系统及重复使用给水系统。

2. 室内给水系统的组成

一般情况下，室内给水系统的各部分组成，如图 1-1 所示。建筑物的给水是从室外给水管网上经一条引入管进入的，引入管安装有进户总闸门和计算用水量用的水表，再与室内给水管网连接。为了确保建筑用水的水量和足够的压力，在室内给水管网上往往安装局部加压用水泵，在建筑物底层建贮水池，在建筑物顶层安装贮水箱。按建筑物的防火要求，还要设置消防给水系统。

二、室内给水系统的给水方式和轴测图

室内给水系统的给水方式主要根据建筑物的性质、高度、配水点的布置情况、室

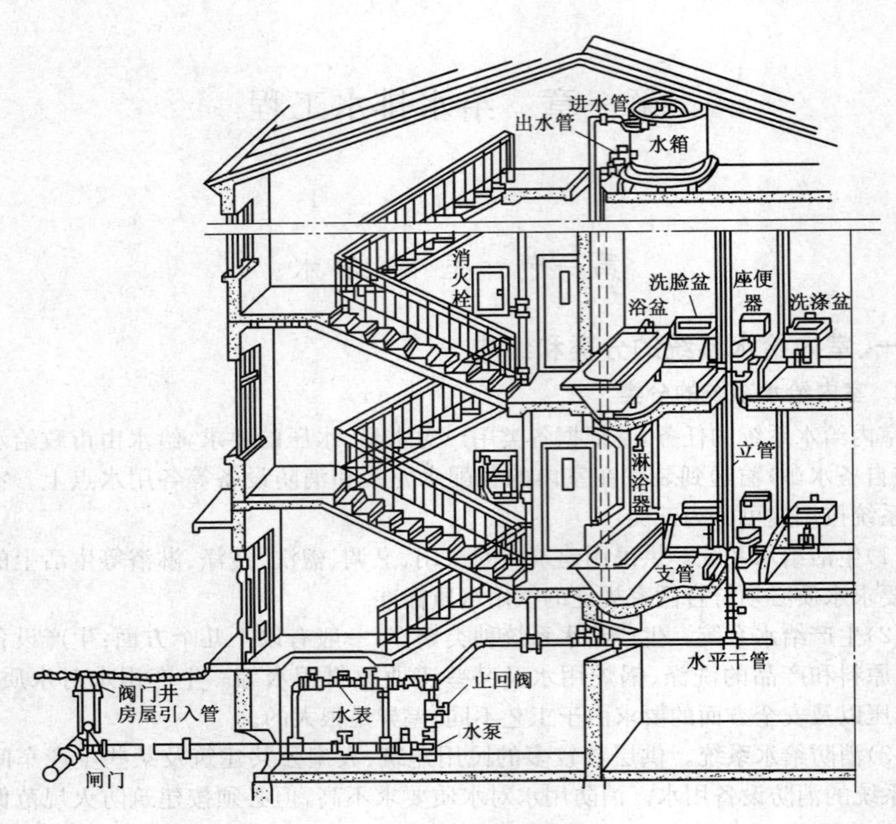

图 1-1 室内给水系统

内用水所需要的水压和室外供水管网的供水情况所决定。

1. 直接给水系统

室内仅有给水管道系统，没有任何升压设备，直接从室外给水管道上接管引入。它适用于室外管网的水量水压在任何时间内都能保证室内给水设备需要的建筑物。其系统图如图 1-2 所示。

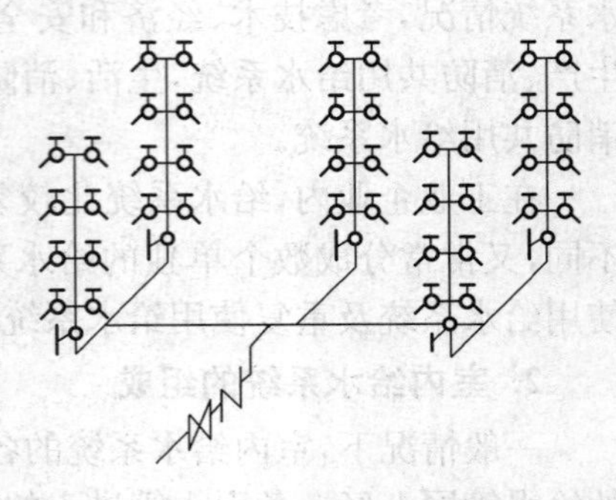

图 1-2 直接给水系统图

2. 设有水箱的给水系统

当室外管网中的水压周期不足或一天中的某些时间内不足，以及当某些用水设备要求水压恒定或要求安全供水的场合时应用。这种给水系统设有水箱，其系统图如图1-3 所示。

3. 设有水泵的给水系统

设有水泵的给水系统，适用于室外管网压力不足，且室内用水量均匀，需要在水压不足时开启水泵供水的情况。但当采用此给水方式时，水泵不从室外给水管网中直接抽水，在建筑物底层要建贮水池，水泵自贮水池中抽向室内给水管网供水。当室外给水管网压力足时，水泵停止工作，由室外给水管网向室内给水管网直接供水，如图 1-4 所示。

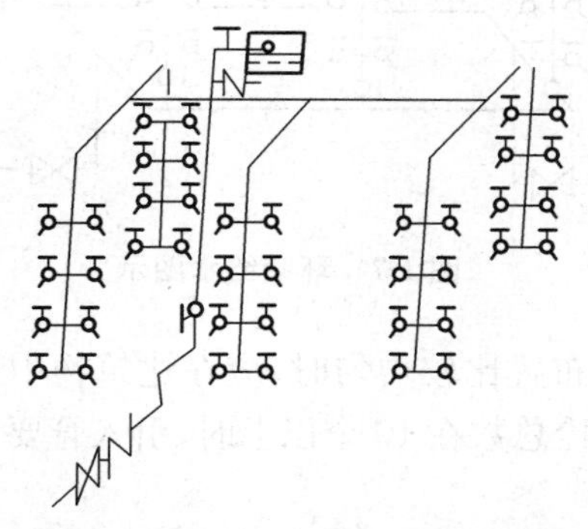

图 1-3　设有水箱的给水系统图

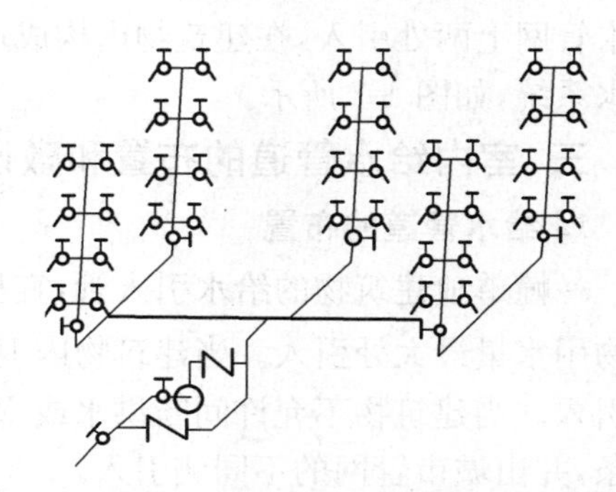

图 1-4　设有水泵的给水系统图

4. 设有水箱和水泵的给水系统

当室外给水管网压力经常性不足时，给水系统除如图 1-4 所示设有水泵和底层贮水池外，在建筑物顶层还设有贮水箱，如图 1-5 所示。

5. 分区给水系统

在高层建筑中，为防止由于管内静压力过大而损坏管道接头和配水设备，采用沿楼层高度不同的分区供水，每个区有独立的一套管网、水箱和水泵设备。同样，不同区域的水泵均不得与室外给水管网直接连接，水泵抽水来自高层建筑底层内的贮水池。不同高度的给水区域应配备不同扬程的水泵，并在每供水区域顶层设贮水箱，如图 1-6 所示。

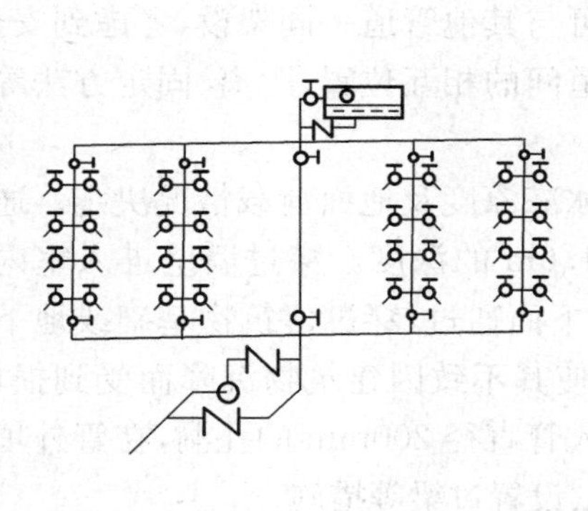

图 1-5　设有水箱和水泵的给水系统图

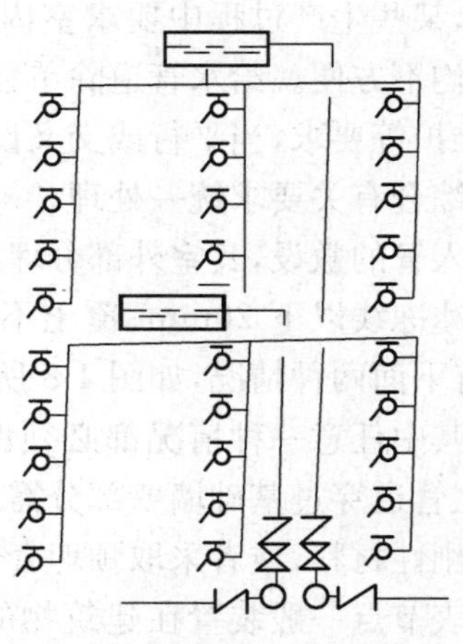

图 1-6　分区给水图

6. 环状给水系统

当建筑物用水量较大，不允许间断供水，室外给水管网水压和水量又不足时，为保证建筑物用水的可靠性，建筑物用水可自城市给水管网上两处引入，在建筑物内构成环状给水系统，如图 1-7 所示。

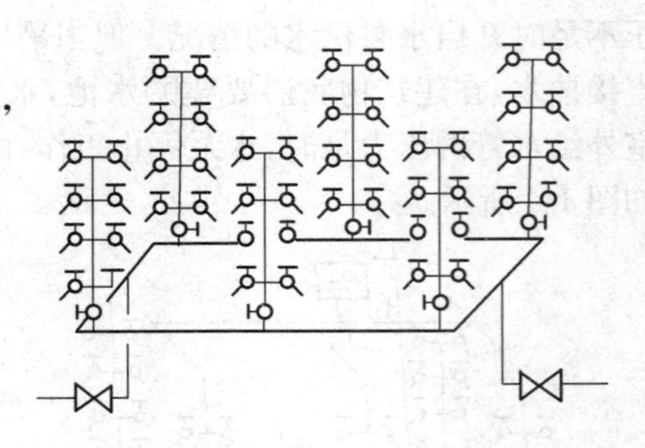

图 1-7 环状给水图示

三、室内给水管道的布置和敷设

1. 给水管道的布置

一幢单独建筑物的给水引入管，宜从建筑物用水量最大处引入。当建筑物内卫生器具布置比较均匀时，应在建筑物中央位置引入。当建筑物不允许间断供水或室内消火栓总数在 10 个以上时，引入管要设置两条，并由城市管网的不同侧引入。

室内给水管道不允许敷设在排水沟、烟道和风道内，不允许穿过大小便槽、橱窗、壁柜、木装修，应尽量避免穿过建筑物的沉降缝，如果必须穿过时就要采取相应措施。

2. 给水管道的敷设

室内给水管道的敷设，根据建筑对卫生、装饰方面的要求不同，分为明装和暗装。

明装是管道在室内沿墙、梁、柱、天花板下、地板旁外露敷设。其优点是造价低，施工安装、维护修理均较方便。缺点是由于管道表面积灰、产生凝水等，影响环境卫生，而且明装有碍房屋美观。一般民用建筑和大部分生产车间均为明装方式。

暗装是管道在房内的地下、天花板下或吊顶中，或在管井、管槽、管沟中隐蔽敷设。暗装卫生条件好，美观，对于标准较高的高层建筑、宾馆等均采用暗装；在工业企业中，某些生产过程中要求室内洁净无尘时也采用暗装。暗装工程投资高，施工和维修均不方便。给水管道除单独敷设外，也可与其他管道一同架设，考虑到安全、施工、维护等要求，当平行或交叉设置时，对管道间的相互位置、距离、固定方法等应按管道综合有关要求统一处理。

引入管的敷设，其室外部分埋深由土壤的冰冻深度及地面荷载情况决定。通常敷设在冰冻线以下 20mm、覆土不小于 0.7～1.0m 的深度。穿过墙壁进入室内部分，可有下面两种情况，如图 1-8 所示。由基础下面通过，穿过建筑物基础或地下室墙壁。其中任意一种情况都必须保护引入管，使其不致因建筑物沉降而受到损坏。为此，在管道穿过基础墙壁部分需预留大于引入管直径 200mm 的孔洞，在管外填充柔性或刚性材料，或者采取预埋套管、砌分压拱、设置过梁等措施。

水表节点一般装置在建筑物的外墙内或室外专门的水表井中。装置水表的地方温度应在 2℃以上，并应便于检修、不受污染、不被损坏、查表方便。

管道在穿过建筑物内墙及楼板时，一般均应留预留孔洞，待管道施工完毕后，用水泥砂浆堵塞，以防孔洞影响结构强度。

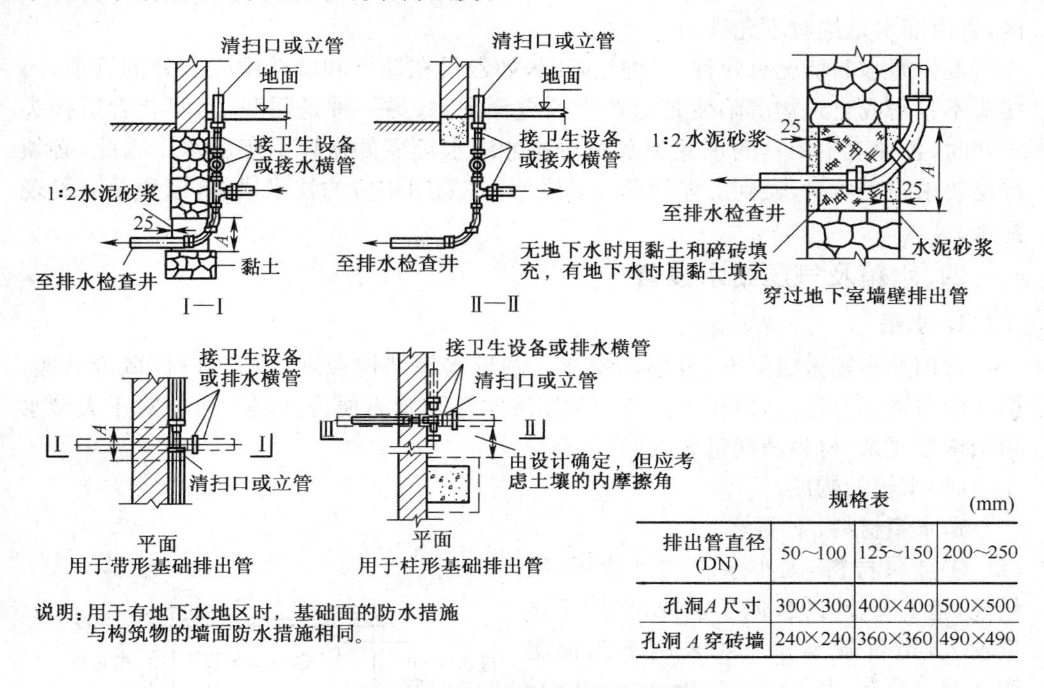

规格表 (mm)

排出管直径(DN)	50～100	125～150	200～250
孔洞A尺寸	300×300	400×400	500×500
孔洞A穿砖墙	240×240	360×360	490×490

图1-8　引入管穿过建筑物基础

3. 管道防腐、防冻、防结露、防漏的技术措施

为使室内给水系统能在较长年限内正常工作，除应加强维护管理外，在施工过程中还需要采取如下一系列措施。

(1)防腐。不论明装或暗装的管道和设备，除镀锌钢管外都必须做防腐处理。

防腐最可行的措施是刷油。先将管道或设备表面除锈，刷防锈漆两道，再刷银粉。当管道需要装饰或标志时，可刷调和漆或铅油。质量较高的防腐方法是做管道防腐层，层数为3～9层不等，材料为底漆(冷底子油)、沥青、防水卷材、牛皮纸等。埋在土里的铸铁管，外表要刷沥青防腐，明装部分可刷红丹漆及银粉。工业上用于输送酸、碱液体的管道，除采用耐酸碱、耐腐蚀的管道外，也可将钢管或铸铁管内壁涂装防腐材料。

(2)防冻、防结露。安装在温度低于0℃的地方的设备和管道，应当进行保温防冻，如寒冷地区的顶层水箱、冬季不采暖的室内和阁楼中的管道以及敷设在受室外冷空气影响的门厅、过道等处的管道，在刷底漆后，应采取保温措施。

在气候温暖潮湿的季节里，采暖的卫生间、工作温度较高空气湿度较大的房间(如厨房、洗衣房、某些生产性用房)或管道内水温较室温为低的时候，管道及设备的外壁可能产生凝结水，时间长了会损坏墙壁，引起管道腐蚀，影响使用及环境卫生，必须采取防结露措施，如做防潮绝缘层。防潮层的做法一般与保温层的做法相同。

(3)防漏。管道漏水不仅浪费水资源，而且会损坏建筑物，特别在湿陷性黄土地区，管道漏水是绝对不允许的。

发生漏水的情况有两种，一种是暗漏，如敷设在地下和墙壁中隐蔽处的管道，因接头不紧密或建筑物沉陷使管道产生裂缝而漏水；另一种是明漏，当明装管道接头不严时，各种卫生用具的水龙头及坐便器冲洗水箱零件损坏引起漏水。因此，必须严格要求施工质量，做到加强管理及时维修，并采用相应的技术措施，以便及时发现漏水。

四、水箱及气压给水设备

1. 水箱

常用的水箱做成圆形、方形和矩形。圆形水箱结构合理，节省材料，造价低廉，但平面布置不方便，占地较大。方形和矩形水箱布置方便，占地较小，但对于大型水箱结构较复杂，材料消耗量大，造价较高。

(1)水箱的构成。

1)水箱材料。

①金属材料：大小水箱均可使用，质量轻，施工安装方便；但易锈蚀，维护工作量较大，造价较高。一般采用不锈钢制作，容积有 $0.8m^3$、$0.9m^3$、$1.0m^3$、$1.1m^3$、$1.2m^3$、$1.5m^3$ 等，也有采用碳素钢板焊接的，这时水箱内外表面要进行防腐处理。

②钢筋混凝土材料：适用于大型水箱，经久耐用，维护简单，造价较低；但质量大，管道与水箱连接处处理不好容易漏水。

③其他材料：小容积和临时性水箱可用木材制作；也可使用塑料、玻璃钢等材料制作水箱。水箱内有效水深，一般采用 0.1～2.5m。

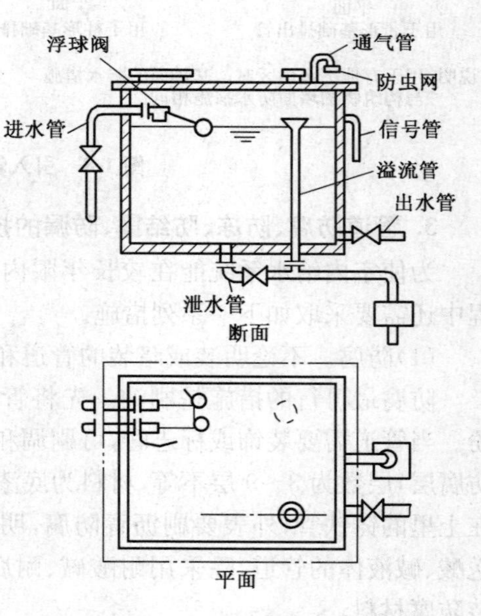

图 1-9 水箱附件示意

④水箱附件：水箱应设有进水管、出水管、溢流管、泄水管、信号管等，如图 1-9 所示。

⑤进水管：水箱进水管一般要从侧壁接入。当水箱靠室内管网压力进水时，进水管出口应装浮球阀。浮球阀不少于两个，其中一个坏了，其余仍能工作。每个浮球阀前装有检修闸门。水箱由水泵供水，并利用水箱中水位自动控制。水泵运行时，不装浮球阀。

⑥出水管：出水管可从水箱侧壁或底部接出，进出水管合用时，出水管上安装止

回阀，如图1-10所示。

⑦溢流管：溢流管从水箱侧壁接出。其直径比进水管大1～2号。溢流管上不得安装闸门，不能与排水系统直接连接，必须采用间接排水。溢流管上应有防止尘土、昆虫、蚊蝇等进入的措施，如设置水封、滤网。

⑧泄水管：水箱泄水管从水箱底部最低处接出。泄水管上装有闸门，并可与溢流管相接，但不得与排水系统直接连接。泄水管管径一般采用40～50mm。

⑨信号管：信号管在水箱上安装应与溢流管的溢流液面齐平，即水箱水位在溢流管还没有溢流时，信号管开始流水。管径采用15mm，接至经常有人值班房间的洗脸盆、洗涤槽处。

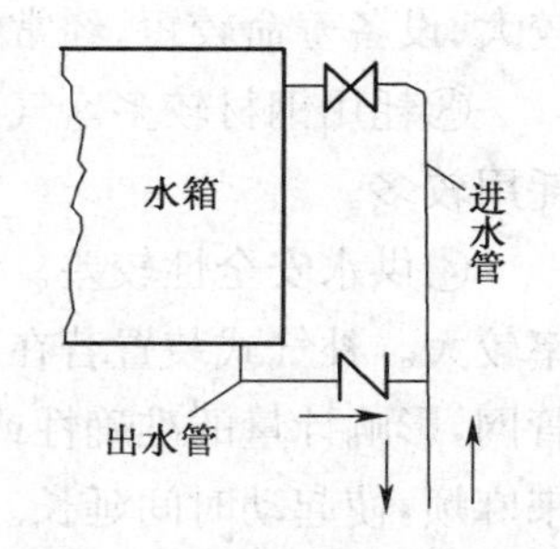

图1-10　水箱进出水管接在同一条管道上示意

2)水箱的安装和布置。水箱间在房屋内应处于便于管道布置、通风良好的位置。采光好，防蚊蝇。室内最低气温不得低于5℃，水箱间净高不得低于2.2m。

(2)气压给水设备。

1)气压给水装置与高位水箱或水塔相比有如下优点：

①灵活性大。

②气压水罐可设在任意高度。

③施工安装简便，便于扩建、改建和拆迁。

④给水压力可在一定范围内进行调节。

⑤地震区建筑、临时性建筑和因建筑艺术等要求不宜设置高位水箱和水塔的建筑，可用气压给水装置代替高位水箱或水塔。

⑥有隐蔽要求的建筑，可用气压装置代替高位水箱或水塔，以便达到隐蔽要求。

⑦水质不易被污染。隔膜式气压给水装置为密闭系统，故水质不会受外界污染。补气式装置虽有可能受补气和压缩机润滑油的污染，然而与高位水箱和水塔相比，被污染机会较少。

⑧投资少，建设周期短。气压给水装置可在工厂加工或成套购置，且施工安装简便，施工周期短，土建费用较低。

⑨便于实现自动控制。气压给水装置可利用简单的压力和液位继电器等实现水泵的自动控制，不需专人值班管理。

⑩便于集中管理。气压水罐可设在水泵房内，且设备紧凑、占地较小，便于与水泵集中管理。

2)气压给水也存在着如下比较明显的缺点：

①给水压力变动较大。变压式气压给水压力变动较大，可能影响给水配件的使用寿命和使用方便，对压力要求稳定的用户不适用。

②经常性费用较高。由于气压水罐的调节容积较小，水泵起动频繁，水泵在变

压下工作平均效率较低，对于恒压式空气压缩机也需频繁起动运行，所以能量消耗较大、设备寿命较短、经常性费用较高。

③耗用钢材较多。气压水罐的有效容积一般只占总容积的1/6～1/3，所以钢材耗用较多。

④供水安全性较差。由于有效容积较小，一旦发生停电或自控失灵，则断水概率较大。补气式装置若在出水管上未设止气阀时，停电时罐中的空气可能串入给水管网，影响计量的准确性或造成其他故障，同时在重新起动时要重新补气，给操作带来麻烦，使起动时间延长。

3)气压给水装置的类型。

①变压式气压给水装置。当用户对水压没有特殊要求时，一般常采用变压式气压给水装置，即罐内空气压力随供水状况的变化而变化。气压水罐中的水在压缩空气压力下，被压送至给水管网，随着罐内水量减少，空气体积膨胀，压力减小。当压力降至设计最小工作压力时，压力继电器动作，使水泵起动。水泵出水除供用户外，多余部分进入气压水罐，空气被压缩，压力上升。当压力升至最大工作压力时，压力继电器动作，使水泵关闭。

②定压式气压给水装置。当用户要求水压稳定时，可在变压式气压给水装置的供水管上安装调压阀，调压后水压在要求范围内，使管网处于恒压下工作。

③隔膜式气压给水装置。为简化气压给水装置，省略补气和排气装置，保护水质免遭脏空气和空气压缩机润滑油的污染，在气压水罐内设置弹性隔膜，将气、水隔开。

隔膜式气压给水装置也可设计成变压式和恒压式，与补气式气压给水装置相比，具有以下特点：不需要补气和排气等气量调节装置；可以不考虑水的保护(附加)容积，所以容量可减少9%～22%；自控系统简单，总造价较低，维护管理方便；罐内空气不与水接触，可避免水质被空气污染；气压水罐的空气部分因不与水接触，防腐要求可以适当降低。

五、室内消防给水系统工程图

室内消防设备当前多采用灭火机、消防给水等。对于建筑物中的一般物质火灾，用水扑灭是最经济有效的方法。灭火机为小型局部消防设备，仅在不适宜用水灭火和有特殊要求的场合采用。近年来泡沫消防设施发展很快，主要用于扑灭石油类产品火灾。

1. 室内消火栓系统

室内消火栓系统是建筑物内采用最广泛的一种消防给水设备，由消防箱(包括水枪、水龙带)、消火栓、消防管道、水源组成。当室外给水管网水压不能满足消防压力需要时，还需设置消防水箱和消防泵。

水枪是灭火的主要工具，用铝或塑料制造。室内采用的均为直流式水枪，其出流一端口径为13mm、16mm、19mm，另一端为50mm、65mm等。水枪的作用在于产生灭火需要的充实水柱。

水龙带为麻织或橡胶的输水软管，室内采用麻织的较多。水龙带常用口径为50mm、65mm，长度一般为20m、25m等。一般常用长度为25m的。

室内消防管道的管材多用钢管，生活消防共用系统采用镀锌钢管，独立的消防系统采用不镀锌的黑铁管。

消火栓应分布在建筑物的各层之中，布置在明显的、经常有人出入、使用方便的地方。一般布置在耐火的楼梯间、走廊内、大厅及车间的出入口等处。消火栓阀门中心装置高度距地面 1.1m。

消火栓及消防立管在一般建筑物中均为明装。在对建筑物要求较高及地面狭窄因明装凸出影响通行的情况下，则采用暗装方式。消防立管的底部设置球形阀，阀门平常为开启状态，并应有明显的启闭标志。设置在消防箱内的水龙带平时要放置整齐，以便灭火时迅速展开使用。消防箱的安装如图 1-11 所示。

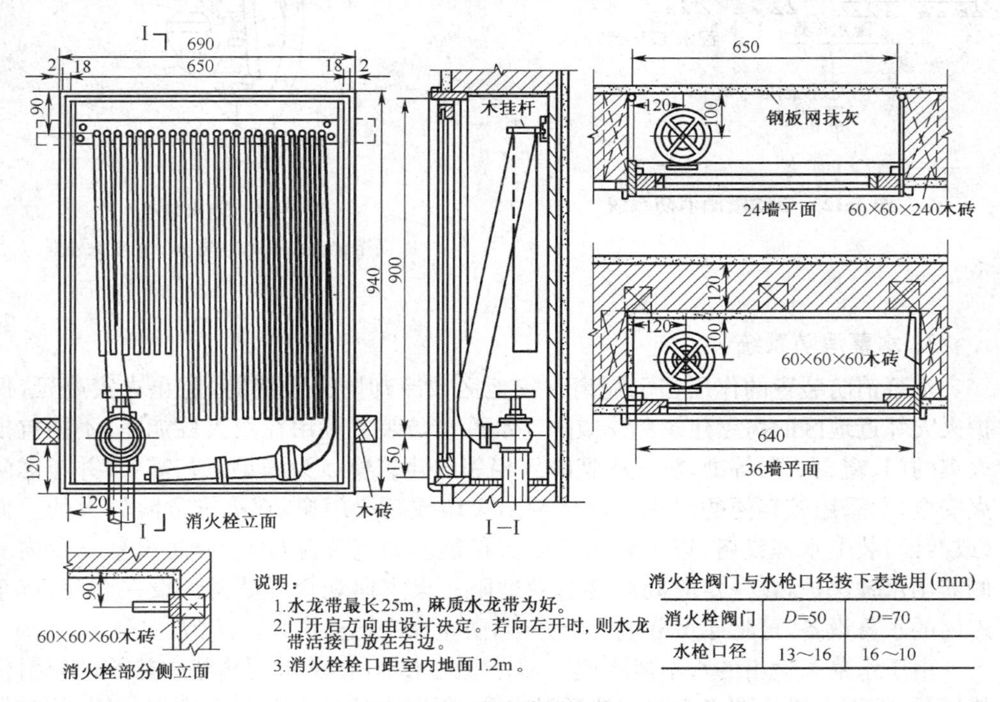

消火栓阀门	D=50	D=70
水枪口径	13～16	16～10

图 1-11　消防箱的安装

2. 自动喷洒消防系统及其组成

自动喷洒灭火装置是一种能自动作用喷水灭火，同时发出火警信号的消防给水设备。这种装置多设在火灾危险性较大，起火蔓延很快的场所，或者设在容易自燃而无人管理的仓库以及对消防要求较高的建筑物或个别房间。

自动喷洒消防系统可为单独的管道系统，也可以和消火栓消防合并为一个系统，必须在报警阀前分开。但不允许与生活给水系统相连接。

自动喷洒消防系统由洒水喷头、洒水管网、控制信号阀和水源（供水设备）组成，如图 1-12 所示。

自动喷洒消防系统的工作原理是：当火灾发生时，洒水喷头自动打开喷水灭火。洒水喷头如图 1-13 所示。喷头外框由黄铜制成，框体借外螺纹连接在配水管上，喷口平时被阀片密封盖住，阀片用易熔合金锁片套拉住的两个八角支撑顶住。当在喷头的保护区域内失火时，火焰或热气流上升，使布置在天花板下的喷头周围空气温度上升，当达到预定限度时，易熔合金锁片上的锁片便会自动熔断。

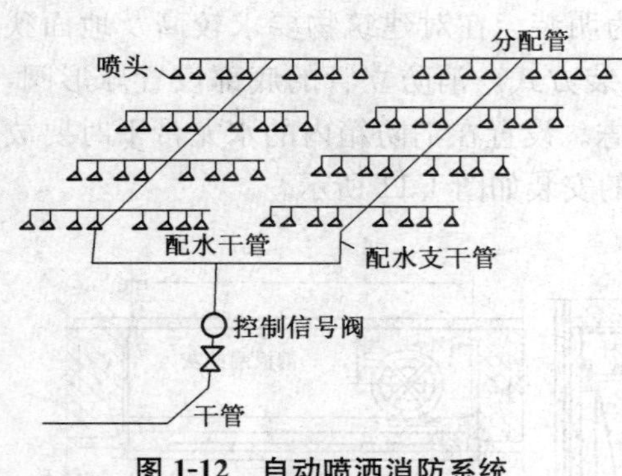

图 1-12 自动喷洒消防系统

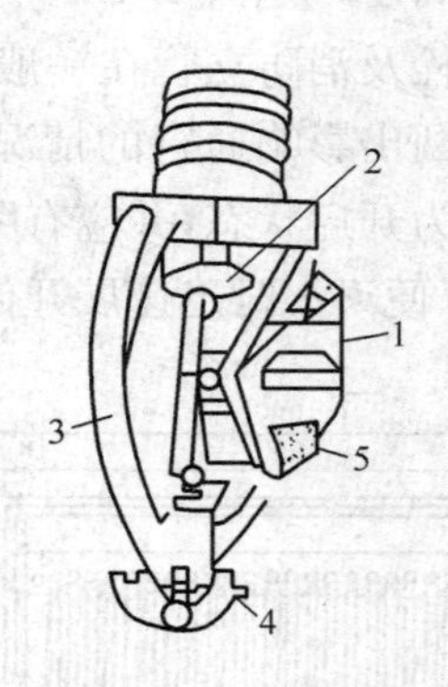

图 1-13 洒水喷头

1. 易熔合金锁片 2. 阀片 3. 喷头外框 4. 布水盘 5. 八角支撑

3. 水幕消防系统

水幕消防装置的作用在于隔离火灾地区或冷却防火隔绝物，防止火灾蔓延，保护火灾邻近地区的房屋建筑免受威胁。水幕消防装置多用在耐火性能差，不能抗拒火灾的门、窗、孔、洞等处，防止火焰蹿入相邻的建筑物。为满足工艺需要，并考虑防火安全，常采用较轻便的耐火材料代替防火墙或防火门窗，在火灾危险较大的一面（或两面）装上水幕设备，以增强耐火防火性能。如剧院舞台上方，防火幕靠台内一侧需用水幕保护，在一定时间内能有效地阻止火灾向观众场蔓延。设在仓库、汽车库内的水幕设备，可将库房分成若干分区，防止火灾迅速扩大。

由于水幕头喷出的水不能构成一幅完整的水幕，在淋水的缝隙中热焰的辐射仍能通过，甚至有燃烧的飞火随热流透过水幕，所以水幕设备仅起到冷却作用，使被保护物的表面在强烈的火焰面前，保持其本身温度在着火点以下。而水幕的阻火作用不是很大，只有在水量充沛情况下与被保护物配合（将水喷淋到防火物上）才能发挥较好的阻火效能。水幕消防系统由喷头、管网、控制设备、水源四部分组成，如图 1-14 所示。

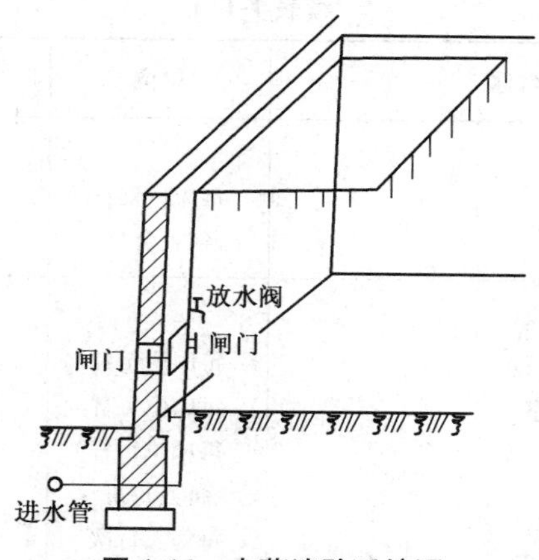

图 1-14 水幕消防系统图

第二节 室内热水

一、室内热水供应系统及方式

1. 热水用水量标准

室内热水供应，是水的加热、储存和输配的总称。

室内热水供应系统主要供给生产、生活用户的洗涤及盥洗用热水，应能保证用户随时可以得到符合设计要求的水量、水温和水质。

热水用水量标准有两种：一种是按热水用水单位所消耗的热水量及其所需水温而制定的，如每人每日的热水消耗量及所需水温，洗涤每千克干衣所需的水量及水温等，热水用水定额见表 1-1；另一种是按照卫生器具一次或一小时热水用水量和所需水温而制定的，见表 1-2。

表 1-1 热水用水定额

序号	建筑物名称	单位	最高日用水定额/L	使用时间/h
1	住宅 有自备热水供应和沐浴设备 有集中热水供应和沐浴设备	每人 每日	 40～80 60～100	24
2	别墅	每人每日	70～110	24
3	单身职工宿舍、学生宿舍、招待所、培训中心、普通旅馆 设公用盥洗室 设公用盥洗室、淋浴室 设公用盥洗室、淋浴室、洗衣室 设单独卫生间、公用洗衣室	 每人每日 每人每日 每人每日 每人每日	 25～40 40～60 50～80 60～100	24 或定时供应

续表 1-1

序号	建筑物名称	单位	最高日用水定额/L	使用时间/h
4	宾馆客房			
	旅客	每床位每日	120～160	24
	员工	每人每日	40～50	
5	医院住院部			
	设公用盥洗室	每床位每日	60～100	24
	设公用盥洗室、淋浴室	每床位每日	70～130	
	设单独卫生间	每床位每日	110～200	
	医务人员	每人每班	70～130	8
	门诊部、诊疗所	每病人每次	7～13	
	疗养院、休养所住房部	每床位每日	100～160	24
6	养老院	每床位每日	50～70	24
7	幼儿园、托儿所			
	有住宿	每儿童每日	20～40	24
	无住宿	每儿童每日	10～15	10
8	公共浴室			
	淋浴	每顾客每次	40～60	12
	淋浴、浴盆	每顾客每次	60～80	
	桑拿浴(淋浴、按摩池)	每顾客每次	70～100	
9	理发室、美容院	每顾客每次	10～15	12
10	洗衣房	每千克干衣	15～30	8
11	餐饮厅			
	营业餐厅	每顾客每次	15～20	10～12
	快餐店、职工及学生食堂	每顾客每次	7～10	11
	酒吧、咖啡厅、茶座、卡拉 OK 房	每顾客每次	3～8	18
12	办公楼	每人每班	5～10	8
13	健身中心	每人每次	15～25	12
14	体育场(馆)			
	运动员淋浴	每人每次	25～35	4
15	会议厅	每座位每次	2～3	4

注:1. 热水温度按 60℃计。

2. 本表以 60℃热水水温为计算温度,卫生器具的使用水温见表 1-2。

表 1-2 卫生器具的一次或一小时热水用水定额及水温

序号	卫生器具名称	一次用水量/L	小时用水量/L	使用水温/℃
1	住宅、旅馆、别墅、宾馆			
	带有淋浴器的浴盆	150	300	40
	无淋浴器的浴盆	125	250	40
	淋浴器	70～100	140～200	37～40
	洗脸盆、盥洗槽水嘴	3	30	30
	洗涤盆(池)	—	180	50
2	集体宿舍、招待所、培训中心淋浴器			
	有淋浴小间	70～100	210～300	37～40
	无淋浴小间	—	450	37～40
	盥洗槽水嘴	3～5	50～80	30
3	餐饮业			
	洗涤盆(池)	—	250	50
	洗脸盆:工作人员用	3	60	30
	顾客用	—	120	30
	淋浴器	40	400	37～40
4	幼儿园、托儿所			
	浴盆:幼儿园	100	400	35
	托儿所	30	120	35
	淋浴器:幼儿园	30	180	35
	托儿所	15	90	35
	盥洗槽水嘴	15	25	30
	洗涤盆(池)	—	180	50
5	医院、疗养院、休养所			
	洗手盆	—	15～25	35
	洗涤盆(池)	—	300	50
	浴盆	125～150	250～300	40
6	公共浴室			
	浴盆	125	250	40
	淋浴器:有淋浴小间	100～150	200～300	37～40
	无淋浴小间	—	450～540	37～40
	洗脸盆	5	50～80	35
7	办公楼 洗手盆	—	50～100	35
8	理发室 美容院 洗脸盆	—	35	35
9	实验室			
	洗脸盆	—	60	50
	洗手盆	—	15～25	30

续表 1-2

序号	卫生器具名称	一次用水量/L	小时用水量/L	使用水温/℃
10	剧场			
	淋浴器	60	200～400	37～40
	演员用洗脸盆	5	80	35
11	体育场馆 淋浴器	30	300	35
12	工业企业生活间			
	淋浴器：一般车间	40	360～540	37～40
	脏车间	60	180～480	40
	洗脸盆或盥洗槽水嘴：			
	一般车间	3	90～120	30
	脏车间	5	100～150	35
13	净身器	10～15	120～180	30

注：一般车间指现行《工业企业设计卫生标准》中规定的3、4级卫生特征的车间，脏车间指该标准中规定的1、2级卫生特征的车间。

2. 热水供应系统

(1)热水供应系统的组成。比较完整的热水供应系统，通常由下列几部分组成：加热设备——锅炉、炉灶、太阳能热水器、各种热交换器等；热媒管网——蒸汽管或过热水管，凝结水管等；热水储存水箱——开式水箱或密闭水箱，热水储水箱可单独设置也可与加热设备合并，热水输配水管网与循环管网；其他设备和附件——循环水泵、各种器材和仪表、管道伸缩器等。

(2)热水供应的要求。室内热水供应系统的选择和组成主要是根据建筑物用途，热源情况，热水用水量大小，用户对水质、水温及环境的要求等而定。

1)热水供应的水温要求。生活所用热水的水温一般为25℃～60℃，考虑到给水系统中不可避免的热损失，水加热器的出水温度一般不高于75℃，但也不应过低。水温过高，则管道容易结垢，也易发生人体烫伤事故；水温过低则不经济。生产用热水的用量标准及水温，应按照各种生产工艺要求来确定。

2)热水供应的水质要求。生产用热水应按生产工艺的不同要求制定；生活用热水水质，除应符合国家现行的《生活饮用水水质标准》要求外，冷水的碳酸盐硬度不宜超过5.4～7.2mg/L，以减少管道和设备结垢，提高系统热效率。

3)热水供应系统的分类。室内热水供应系统按照其供应范围的大小，可分为局部、集中及区域性热水供应系统。

①局部热水供应系统的加热设备，一般设置在卫生用具的附近或单个房间内。冷水是在厨房炉灶、热水灶、煤气加热器、小型电加热器及小型太阳能热水器等设备中加热，只供给单个或几个配水点使用。

②集中热水供应系统可供给的用水量大，能满足层数较多的一幢或几幢建筑物

所需要的热水。这种系统中的热水是由在建筑物内部或附近的锅炉房中的锅炉或热交换器加热的，并用管道输送到一幢建筑物或几幢建筑物内供用户使用。例如，医院、旅馆、集体宿舍、宾馆及饭店等建筑常设置集中热水供应系统。

③区域性热水供应系统一般是在城市或工业区有室外热力网的条件下采用的一种系统，每幢使用热水的建筑物可直接从热网取用热水或取用热媒使水加热。

上述三种类型的热水供应系统，以区域性热水供应系统热效率最高，因此，如条件允许，应该优先采用区域性热水供应系统。此外，如有余热或废热可以利用，则应尽可能利用余热或废热来加热水，以供用户使用。

(3)热水供应的系统方式。系统方式是指由工程实践总结出来的多种布置方案。只有了解了热水系统各种方式的优缺点及适用条件，才能根据建筑物对热水供应的要求及热源情况选定合适的系统。依据热水供应范围的不同，系统方式可以分为下述几种：

1)局部热水供应系统。

①图 1-15a 所示是利用炉灶炉膛余热加热水的供应方式。这种方式适用于单户或单个房间(如卫生所的手术室)需用热水的建筑。它的基本组成有加热套筒或盘管、储水箱及配水管三部分。选用这种方式要求卫生间尽量靠近设有炉灶的房间(如设有炉灶的厨房、开水间等)，方可使装置及管道紧凑、热效率高。

②图 1-15b、图 1-15c 所示为小型单管快速加热和汽水直接混合加热的方式。在室外有蒸汽管道，室内仅有少量卫生器具使用热水，可以选用这种方式。小型单管快速加热用的蒸汽可利用高压蒸汽也可利用低压蒸汽。采用高压蒸汽时，蒸汽的表压不宜超过 0.25MPa，以避免发生意外的烫伤人体的事故。混合加热一定要使用低于 0.07MPa 的低压锅炉。这两种局部热水供应系统的缺点是调节水温困难。

③图 1-15d 所示为管式太阳能热水器的热水供应方式。它是利用太阳照向地球表面的辐射热，把保温箱内盘管(或排管)中的低温水加热后送到贮水箱(罐)以供使用。这是一种节约燃料、不污染环境的热水供应方式。在冬季日照时间短或阴雨天气时效果较差，需要备有其他热源和设备使水加热。太阳能热水器的管式加热器和热水箱可分别设置在屋顶上或屋顶下，也可设在地面上，如图 1-15e～h 所示。

2)集中热水供应系统。

①图 1-16 所示为几种集中热水供应方式。

图 1-16a 所示为干管下行上给式全循环管网方式。其工作原理为：锅炉生产的蒸汽，经蒸汽管送到加热器中的盘管(或排管)把冷水加热，从加热器上部引出配水干管把热水输配到用水点。为了保证热水温度而设置了热水循环干管和立管。在循环干管(也称回水干管)末端用循环水泵把循环水引回加热器继续加热，排管中的蒸汽凝结水经凝结水管排至凝结水池。凝结水池中的凝结水用凝结水泵再送至锅炉继续加热使用。有时为了保证系统正常运行和压力稳定，而在系统上部设置给水箱。这时，管网的透气管可以接到水箱上。这种方式一般分为两部分，一部分是由

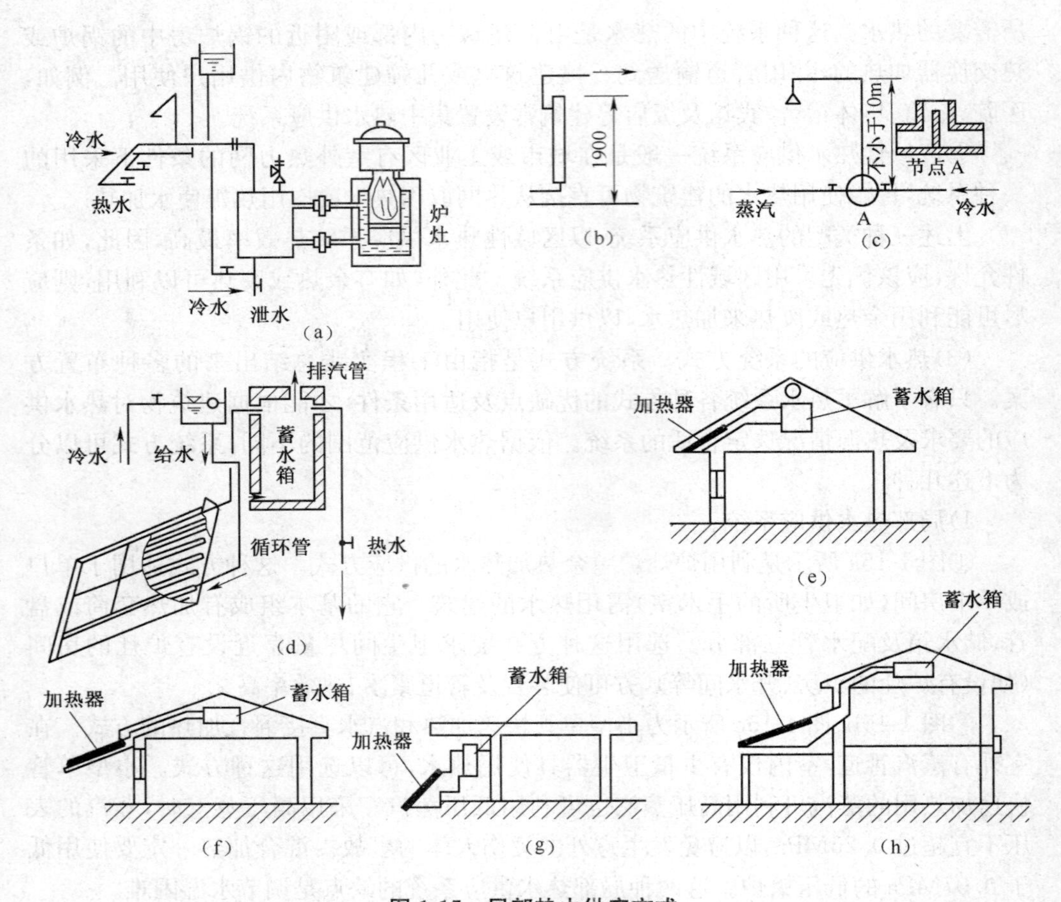

图 1-15 局部热水供应方式

(a)炉灶加热 (b)小型单管快速加热 (c)汽-水直接混合加热 (d)管式太阳能热水装置
(e)管式加热器在屋顶 (f)管式加热器充当窗户遮篷 (g)管式加热器在地面上 (h)管式加热器在单层屋顶上

锅炉、加热器、凝结水泵及热媒管道等组成的，也称热水供应第一循环系统。输送热水部分由配水管道和循环管道等组成，也称为热水供应第二循环系统。

第二循环系统上部如果采用给水箱，应当在建筑物最高层上部设计水箱的位置。热水系统的给水箱一般宜设置在热水供应中心处。给水箱应有专门房间，也可以和其他设备如供暖膨胀水箱等设置在同一房间。给水箱的容积应经计算决定。

第一循环系统的锅炉和加热器在有条件时，最好放在供暖锅炉房内，以便集中管理。

图 1-16b 所示为干管上行下给式全循环管网方式。这种方式一般适用于五层以上，并且对热水温度的稳定性要求较高的建筑。这种系统因配、回水管高差大，往往可以不设循环水泵即能自然循环（必须经过水力计算）。采用这种方式的缺点是维护和检修管道不便。

图 1-16c 所示为干管下行上给式半循环管网方式，适用于对水温的稳定性要求不高的五层以下的建筑物，这种方式比下行上给式全循环方式节省管材。

图 1-16d 所示为不设循环管道的上行下给式管网方式，适用于浴室、生产车间等建筑物内。这种方式的优点是节省管材。缺点是每次供应热水前，需要排泄掉管中冷水。

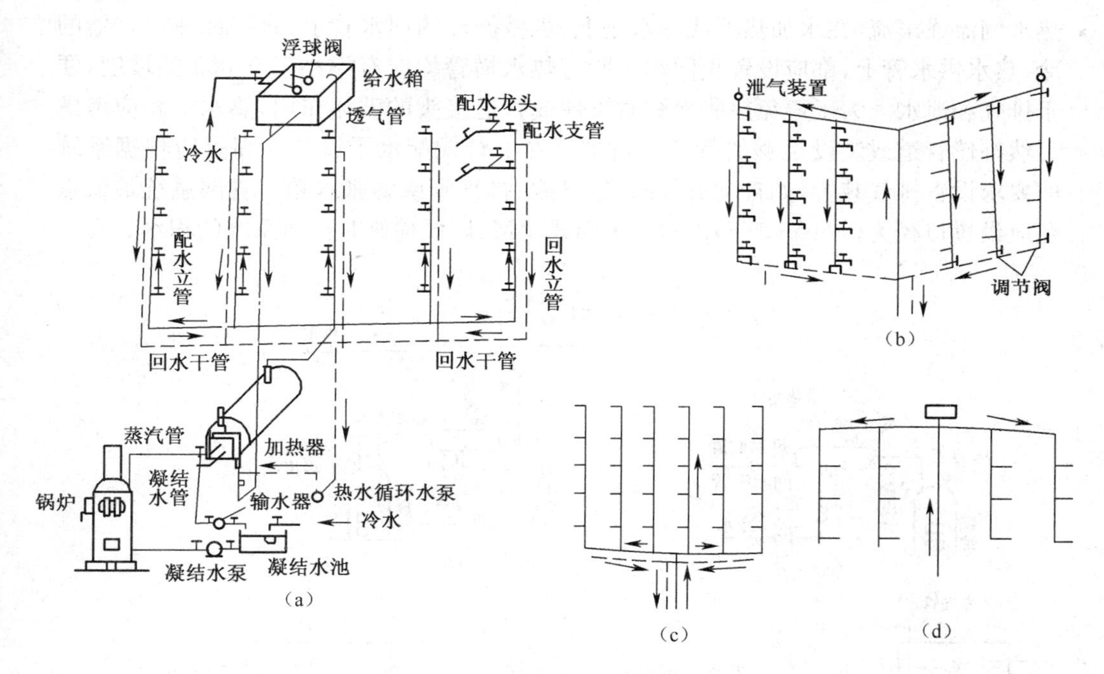

图 1-16 集中热水供应方式

(a)下行上给式全循环管网 (b)上行下给式全循环管网 (c)下行上给式半循环管网 (d)上行下给式管网

除上述几种方式以外，在定时供应热水系统中，也有采用不设循环管的干管下行上给管网方式的。

上述集中热水供应方式中均为热媒与被加热水不直接混合。

②在条件允许时也可采用热媒与被加热水直接混合或热源直接传热加热冷水的方式，如图 1-17 所示。

图 1-17a、b 所示为热水锅炉把水加热；图 1-17c、d、e 所示是用蒸汽与冷水混合加热，加热水箱兼起贮水作用。被用来冷水混合加热的蒸汽，不得含有杂质、油质及对人体皮肤有害的物质。这种加热方式的优点是迅速、设备容积小。缺点是噪声大，凝结水不能回收，适用于有蒸汽供应的生产车间的生活间或独立的公共浴室。

二、室内热水管网布置及敷设

热水管网的布置与给水管网布置原则基本相同。一般多为明装，暗装不得埋于地面下，多敷设于地沟内、地下室顶部、建筑物最高层的顶板下或顶棚内、管道设备层内。设于地沟内的热水管应尽量与其他管道同沟敷设，地沟断面尺寸要与同沟敷设的管道统一考虑后确定。热水立管明装时，一般布置于卫生间内，暗装一般都设于管道井内。管道穿过墙和楼板时应设套管。穿过卫生间楼板的套管应高出室内地面5～10cm，以避免地面的积水从套管渗入下层。配水立管始端与回水立管末端以及多于五个配水龙头的支管始端，均应设置阀门，以便于调节和检修。为了防止热水倒流或窜流，在水加热器或热水罐上、机械循环的回水管上、直接加热混合器的冷、热水供水管上，都应设置止回阀。所有热水横管均应有不小于0.003的坡度，便于排气和泄水。为了避免热胀冷缩对管件或管道接头的破坏作用，热水干管应考虑自然补偿管道或装设足够的管道补偿器。在上行式配水干管的最高点应根据系统的要求设置排气装置，如自动放气阀、集气罐、排气管或膨胀水箱。管网系统最低点还应设置口径为(1/10～1/5)d 的泄水阀式丝堵，以便检修时排泄系统的积水。

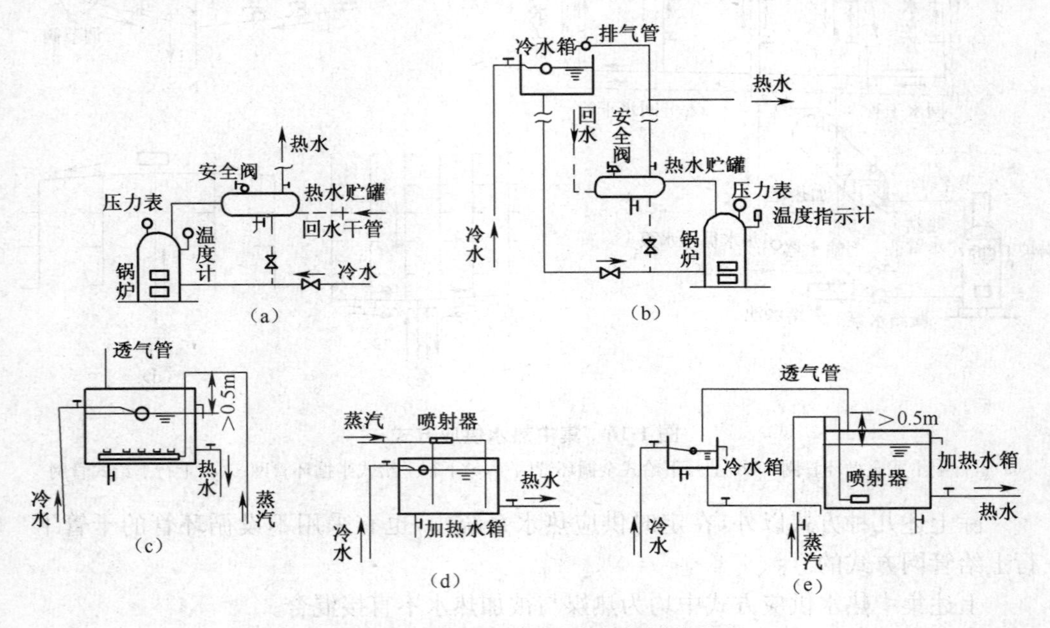

图1-17 热源或热媒直接加热冷水方式

(a)热水锅炉配贮水缸 (b)冷水箱、热水锅炉配贮水罐 (c)多孔管蒸汽加热
(d)蒸汽喷射器加热(装在箱外) (e)蒸汽喷射器加热(装在箱内)

下行式回水立管的起端，应装在立管最高点以下0.5m处，以使热水中析出的气体不至于被循环水带回加热器或锅炉中。热水立管与水平干管的连接方式如图1-18所示，这样可以消除管道受热伸长时的各种影响。

热水配水干管、贮水罐、水加热器一般均须保温，以减少热量损失。保温材料有石棉灰、泡沫混凝土、蛭石、硅藻土、矿渣棉等。管道保温层厚度要根据管道中热媒温度、管道保温层外表面温度及保温材料性质确定。

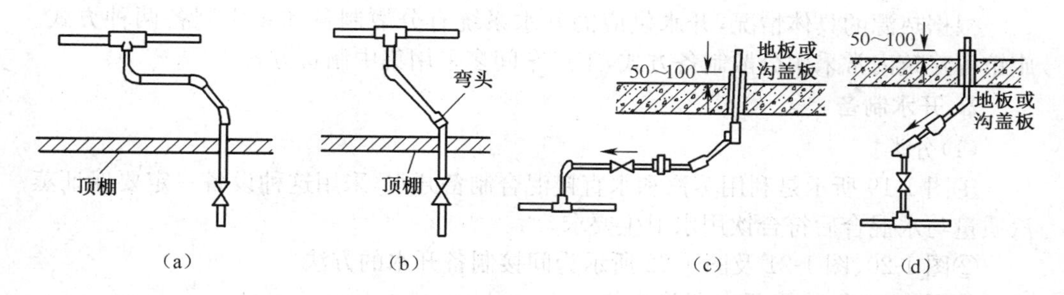

图 1-18 热水立管与水平干管的连接方式

三、室内热水管网计算

热水系统计算包括第一循环系统计算及第二循环系统计算。前者的内容是选择热源、确定加热设备类型和热媒管道的管径。后者的内容包括确定配水及回水管道的直径、选择附件和器材等。现就第二循环系统管道计算要点作一介绍。

确定配水干管、立管及支管的直径，其计算方法与室内给水管道计算方法完全相同。仅在选择卫生器具给水额定流量时，应当选择一个阀开的配水龙头，使用热水管网水力计算表计算管道沿程水头损失。热水管中流速不宜＞1.2m/s。

循环管道的直径，一般可按照对应的配水管管径小一号来确定。

四、开水供应

1. 饮用开水量标准

室内饮水供应包括开水、凉开水和凉水供应三类。饮用开水量标准一般按用水单位制定，饮水定额及小时变化系数见表 1-3。开水水温通常接近 100℃，其水质应符合国家现行的《生活饮用水水质标准》的要求。

表 1-3 饮水定额及小时变化系数

建筑物名称	单位	饮水定额/L	K_h
热车间	每人每班	3～5	1.5
一般车间	每人每班	2～4	1.5
工厂生活间	每人每班	1～2	1.5
办公楼	每人每班	1～2	1.5
集体宿舍	每人每日	1～2	1.5
教学楼	每学生每日	1～2	2.0
医院	每病床每日	2～3	1.5
影剧院	每观众每场	0.2	1.0
招待所、旅馆	每客人每日	2～3	1.5
体育馆(场)	每观众每场	0.2	1.0

注：K_h 小时变化系数是指饮水供应时间内的变化系数。

根据热源的具体情况，开水供应的开水系统有分散制备和集中制备两种方式。旅馆等建筑内常采用分散制备方式，工厂车间多采用集中制备方式。

2. 开水制备

(1)分类。

①图 1-19 所示是利用蒸汽和水直接混合制备开水，采用这种设备一定要保证蒸汽质量与水混合后符合饮用水卫生要求。

②图 1-20、图 1-21 及图 1-22 所示为间接制备开水的方法。

③图 1-20 所示是开水器设在楼层间的方式。适用于设有集中锅炉房的机关、学校、工厂等。优点是使用方便，维护管理简单。

④如图 1-21 及图 1-22 所示的方式适用于大型饮水站，兼备凉开水。制备饮用冷水一定要保证冷水符合卫生标准，主要措施是过滤和消毒。饮用冷水多用在公共集会场所，如体育馆、车站、大剧院等。

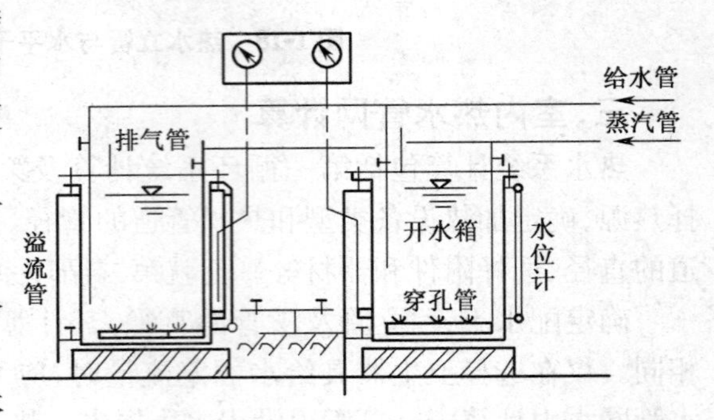

图 1-19 蒸汽与冷水混合制备开水

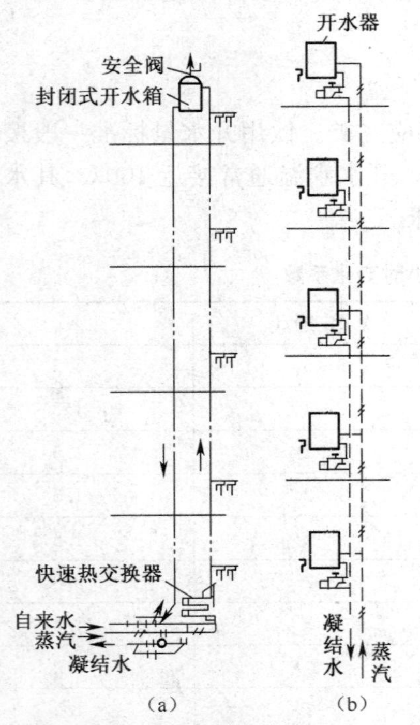

图 1-20 楼层间间接制备开水方式

(a)底层集中制备开水 (b)每层分散设开水器

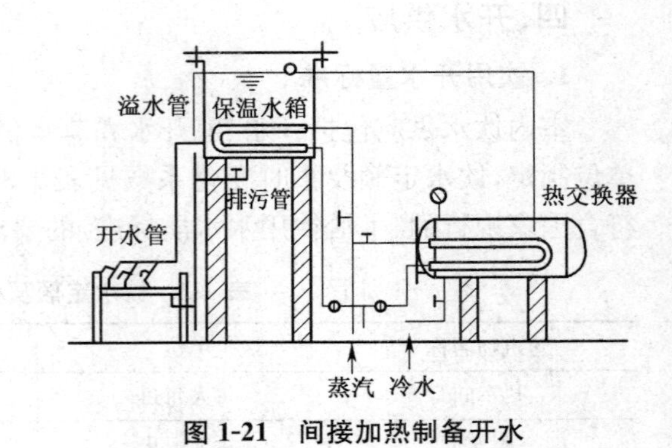

图 1-21 间接加热制备开水

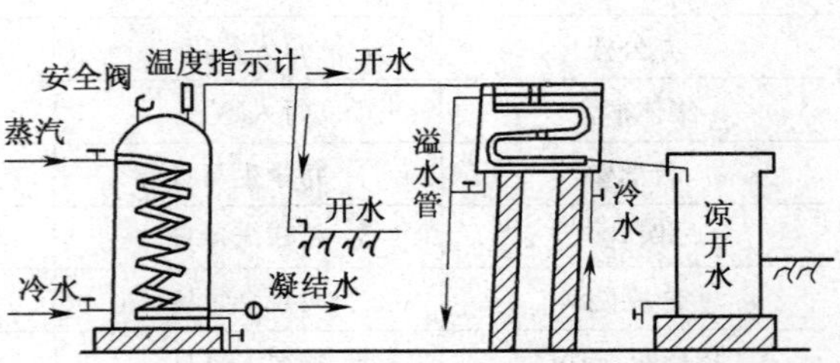

图 1-22 间接制备开水同时供应凉开水

⑤图 1-23 所示为常用的一种砂滤棒过滤器，起截留微细悬浮体作用。图 1-24 所示为紫外线消毒饮水系统。过滤和消毒后的冷水，通过饮水器供人们饮用。开水供应设备应装设在使用方便，不受污染以及易于检修的地方。

(2)安装。开水锅炉或开水器均应装设溢水管($d\geqslant25$mm)，泄水管($d\geqslant$15mm)，通气管($d\geqslant32$mm)。这些管道末端出口不得与排水管道直接连接，以保证卫生。蒸汽连续式开水炉的结构尺寸见表 1-4。

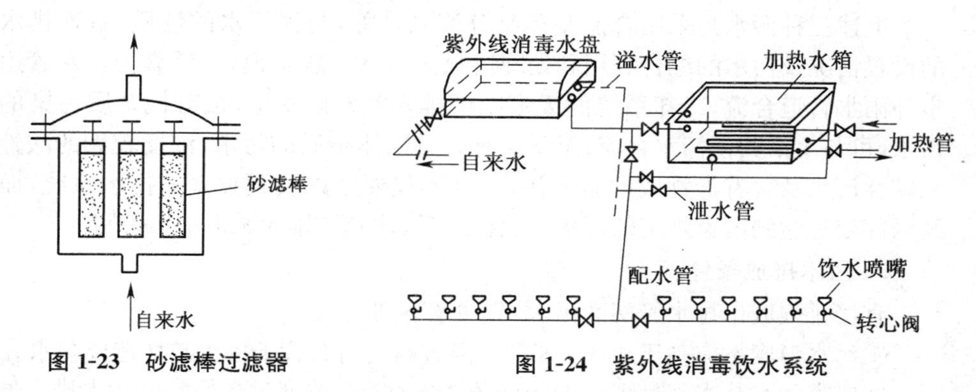

图 1-23 砂滤棒过滤器

图 1-24 紫外线消毒饮水系统

表 1-4 蒸汽连续式开水炉的结构尺寸

型号	容积/L	直径/mm	高度/mm	开水量/(L/h)
Ⅰ	45	400	852	80
Ⅱ	74	500	926	127
Ⅲ	112	600	1008	210
Ⅳ	118	600	1040	245

开水管道一般采用明装，并应保温。管道常用镀锌钢管，零件及配件应采用镀锌、镀铬或铜制材料，以防铁锈污染水质。

开水供应的计算主要是确定饮用水总量、设计小时耗热量和设计秒流量，据此选择开水器、贮水器、开水炉设备容积和能力以及选定管径。

第三节 建筑排水

一、室内排水系统的分类和污水排放条件

1. 室内排水系统的分类

室内排水系统的任务是排除居住建筑、公共建筑和生产建筑内的污水。按所排除的污水性质，室内排水系统可分为：

(1)生活污水管道，排除人们日常生活中所产生的洗涤污水和粪便污水等。此类污水多含有有机物及细菌。

(2)生产污(废)水管道,排除生产过程中所产生的污(废)水。因生产工艺种类繁多,所以生产污水的成分很复杂。有些生产污水被有机物污染,并带有大量细菌;有些含有大量固体杂质或油脂;有些为强酸、碱性;有些含有氰、铬等有毒元素。对于生产废水中仅含少量无机杂质而不含有毒物质,或是仅升高了水温的(如一般冷却用水、空调制冷用水等),经简单处理就可循环或重复使用。

(3)雨水管道,排除屋面雨水和融化的雪水。

上述三种污水是采用合流制还是分流制排除,要视污水的性质、室外排水系统的设置情况及污水的综合利用和处理情况而定。一般来说,生活粪便污水管道不与室外雨水管道合流,冷却系统的废水则可排入室外雨水道;被有机杂质污染的生产污水,可与生活粪便污水合流;至于含有大量固体杂质的污水、浓度较大的酸性污水和碱性污水及含有毒物或油脂的污水,则不仅要考虑设置独立的排水系统,而且要经局部处理达到国家规定的污水排放标准后,才允许排入城市排水管网。

2. 污水排放条件

直接排入城市排水管网的污水,应注意下列几点:

①污水温度不应高于40℃,因为水温过高会引起管子接头破坏造成漏水。

②要求污水基本上呈现中性(pH值为6～9)。浓度过高的酸碱污水排入城市下水道不仅对管道有侵蚀作用,而且会影响污水的进一步处理。

③污水中不应含有大量的固体杂质,以免在管道中沉淀而阻塞管道。

④污水中不允许含有大量汽油或油脂等易燃液体,以免在管道中产生易燃、爆炸和有毒气体。

⑤污水中不能含有毒物,以免伤害管道养护工作人员和影响污水的利用、处理和排放。

⑥对伤寒、痢疾、炭疽、结核、肝炎等病原体,必须严格消毒灭除;对含有放射性物质的污水,应严格按照国家有关规定执行,以免危害农作物、污染环境和危害人民身体健康。

⑦排出的污水应符合《工业企业设计卫生标准》的要求,利用污水进行农田灌溉时,也应符合有关部门颁布的污水灌溉农田卫生管理的要求。

二、室内排水系统的组成

室内排水系统一般由卫生器具、排水横支管、立管、排出管、通气管、清通设备及某些特殊设备等组成,如图1-25所示。

(1)卫生器具(或生产设备)是室内排水系统的起点,接纳各种污水后排入管网系统。污水从器具排出口经过存水弯和器具排水管流入横支管。

(2)横支管。横支管的作用是把从各卫生器具排水管流来的污水排至立管。横支管应具有一定的坡度。

(3)立管。立管接受各横支管流来的污水,然后再排至排出管。为了保证污水畅通,立管管径不得<50mm,也不应小于任何一根接入的横支管的管径。

(4)排出管。排出管是室内排水立管与室外排水检查井之间的连接管段,它接收一根或几根立管流来的污水并排至室外排水管网。排出管的管径不得小于与其连接的最大立管的管径,连接几根立管的排出管,其管径应由水力计算确定。

(5)通气管。通气管的作用是:

①使污水在室内外排水管道中产生的臭气及有毒害的气体能排到大气中去。

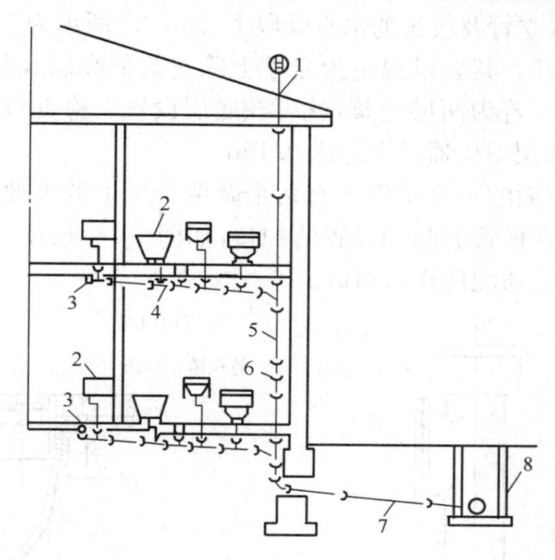

图 1-25 室内排水系统

1. 通气管 2. 卫生器具 3. 清扫口 4. 横支管 5. 立管 6. 检查口 7. 排出管 8. 检查井

②使管系内的污水排放时的压力变化尽量稳定并接近大气压力,因而可保护卫生器具存水弯内的存水不致因压力波动而被抽吸(负压时)或喷溅(正压时)。

对于层数不多的建筑,在排水横支管不长、卫生器具数不多的情况下,采取将排水立管上部延伸出屋顶的通气措施即可,如图 1-26a 所示。排水立管上延部分称为通气管。一般建筑物内的排水管道均设通气管,仅设一个卫生器具或虽接有几个卫生器具但共用一个存水弯的排水管道,以及建筑物内底层污水单独排除的排水管道,可不设通气管。

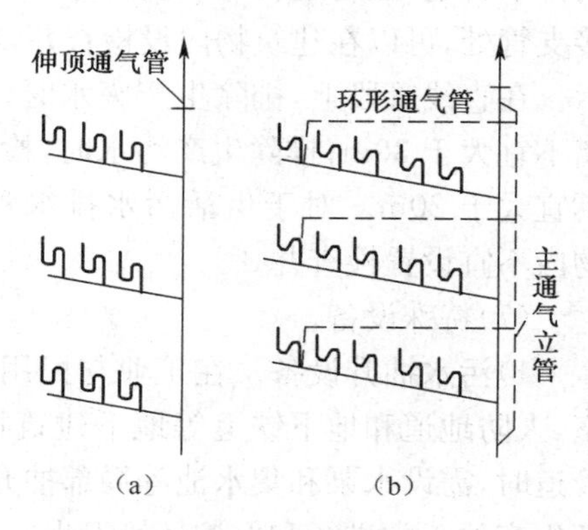

图 1-26 通气管系

对于层数较多及高层建筑,由于立管较长而且卫生器具设置数量较多,可能同时排水的机会多,更易使管道内压力产生波动而将器具水封破坏,所以在多层及高层建筑中,除了伸顶通气管外,还应设环形通气管或主通气立管等,如图 1-26b 所示。

通气管的管径一般与排水立管管径相同或小一级，但在最冷月平均温度低于−2℃的地区和没有采暖的房间内，从顶棚以下0.15～0.2m起，其管径应较立管管径大50mm，以免管中因结冰霜而缩小或阻塞管道断面。

(6)清通设备。为了疏通排水管道，在室内排水系统中，一般均需设置三种清通设备:检查口、清扫口、检查井。

检查口设在排水立管及较长的水平管段上，图1-27所示为一带有螺栓盖板的短管，清通时将盖板打开。其装设规定为立管上除建筑最高层及最低层必须设置外，可每隔两层设置一个，若为两层建筑，就可在底层设置。检查口的设置高度一般距地面1m，并应高于该层卫生器具上边缘0.15m。

当悬吊在楼板下面的污水横管上有两个及两个以上的大便器或三个及三个以上的卫生器具时，应在横管的起端设置清扫口，如图1-28所示。也可采用带螺栓盖板的弯头、带堵头的三通配件作清扫口。

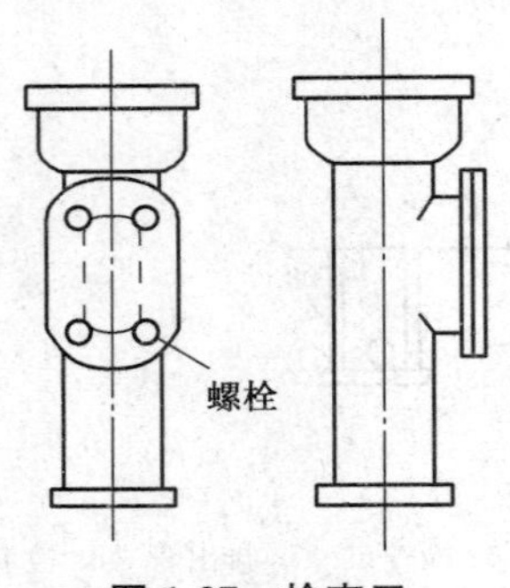

图1-27 检查口

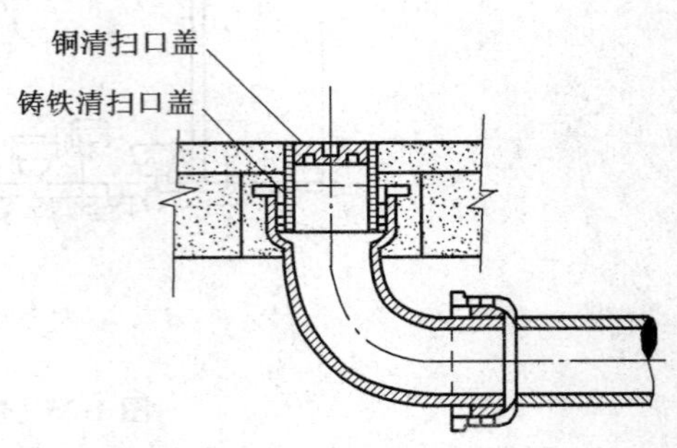

图1-28 清扫口

对于不散发有害气体或大量蒸汽的工业废水的排水管道，在管道转弯、变径处和坡度改变及连接支管处，可以在建筑物内设检查井，如图1-29所示。在直线管段上，排除生产废水时，检查井的距离不宜大于30m;排除生产污水时，检查井的距离不宜大于20m。对于生活污水排水管道，在建筑物内不宜设置检查井。

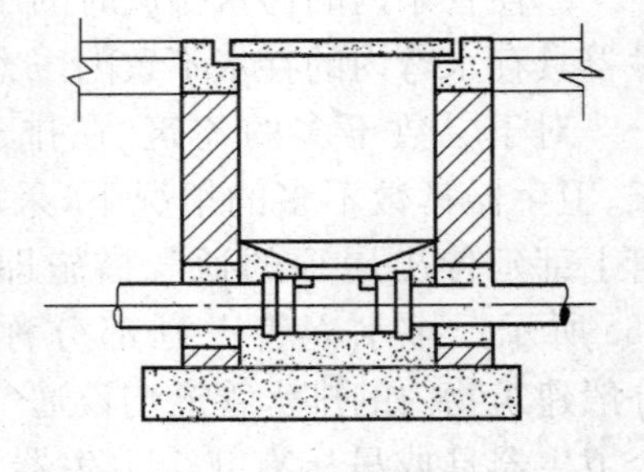

图1-29 室内检查井

(7)特殊设备。

1)污水抽升设备。在工业与民用建筑的地下室、人防地道和地下铁道等地下建筑物中，卫生器具的污水不能自流排至室外排水管道时，需设水泵和集水池等局部抽升设备，将污水抽送到室外排水管道中去，以保证生产的正常进行和保护环境卫生。

2)污水局部处理设备。当个别建筑内排出的污水不允许直接排入室外排水管道时(如呈强酸性、强碱性，含多量汽油、油脂或大量杂质的污水)，则要设置污水局部处理设备，使污水水质得到初步改善后再排入室外排水管道。此外，当没有室外排水管网或有室外排水管网但没有污水处理厂时，室内污水也必须经过局部处理后才能排入附近水体、渗入地下或排入室外排水管网。根据污水性质的不同，可以采用不同的污水局部处理设备，如沉淀池、除油池、化粪池、中和池及其他含毒污水的局部处理设备。在此，仅着重介绍一下化粪池。

化粪池的主要作用是使粪便沉淀并发酵腐化，污水在上部停留一定的时间后排走，沉淀在池底的粪便污泥经消化后定期清掏。尽管化粪池处理污水的程度很不完善，所排出的污水仍具有恶臭，但是在目前我国多数城镇还没有污水处理厂的情况下，化粪池的使用还是比较广泛的。

化粪池可采用砖、石或钢筋混凝土等材料砌筑，其中最常用的是砖砌化粪池。

化粪池的形式有圆形的和矩形的两种，通常多采用矩形化粪池。为了改善处理条件，较大的化粪池往往用带孔的间壁，分为 2 ～3 个隔间，如图 1-30 所示。

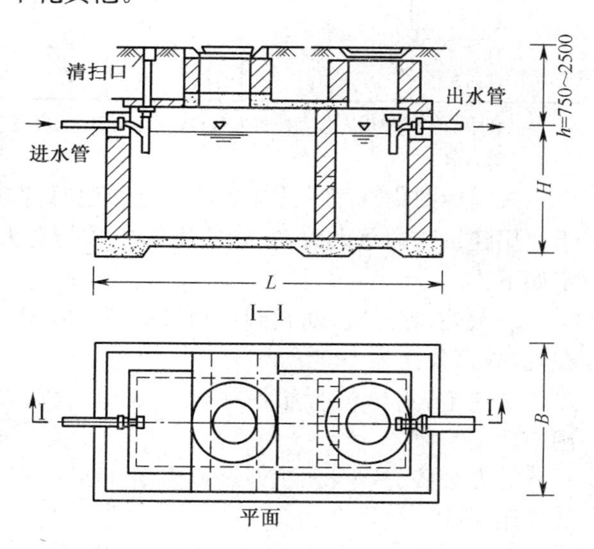

图 1-30 化粪池

化粪池多设置在庭院内建筑物背面靠近卫生间的地方，因在清理淘粪时不卫生、有臭气，不宜设在人们经常停留活动之处。化粪池池壁距建筑物外墙不宜小于5m，如受条件限制，也可酌情减少，但不得影响建筑物基础。化粪池距离地下水取水构筑物不得小于 30m。池壁、池底应防止渗漏。

3)化粪池的选用。化粪池的容积及尺寸，通常需根据使用人数、每人每日的排水量标准、污水在池中的停留时间和污泥的清淘周期等因素通过计算确定。我国现行的《给水排水标准图集》制订了有效容积为 4～100m³ 的砖砌和钢筋混凝土矩形及圆形化粪池的尺寸，可供设计时选用。国家标准图集各种型号砖砌化粪池的容积、尺寸及适用人数见表 1-5。

表 1-5 国家标准图集各种型号砖砌化粪池容积、尺寸及使用人数

化粪池型号（无地下水）	有效容积 /m³	尺寸/m			实际使用人数
		长(L)	宽(B)	高(H)	
Ⅰ	3.75	5.05	1.69	1.85	120 以下
Ⅱ	6.25	5.33	1.94	2.05	120～200
Ⅲ	12.50	5.46	2.44	2.60	200～400

续表 1-5

化粪池型号（无地下水）	有效容积/m³	尺寸/m			实际使用人数
		长(L)	宽(B)	高(H)	
Ⅳ	20.0	6.31	3.44	2.20	400～600
Ⅴ	30.0	6.48	3.44	3.05	600～800
Ⅵ	40.0	8.08	3.44	3.05	800～1100
Ⅶ	50.0	9.68	3.44	3.05	1100～1400

注：表中的实际使用人数是按每人每日污水量25L、污泥量0.4L、污水停留时间12h、清淘周期120天计算得到的。

按国标图集选用单栋建筑物的化粪池时，实际使用卫生设备的人数并不完全等于使用建筑物的总人数，实际使用的人数与总人数的百分比，根据建筑物的性质规定如下：

①医院、疗养院、幼儿园（有住宿）等一类建筑，因病员、休养员和儿童全天生活在内，故百分比为100%。

②住宅、集体宿舍旅馆一类建筑中，人员在其中逗留时间约为16小时，故采用70%。

③办公楼、教学楼、工业企业生活间等工作场所，职工在其内工作时间为8小时，故采用40%。

④公共食堂、影剧院、体育场等建筑，人们在其中逗留时间约2～3小时，故采用10%。

三、室内排水管网的布置和敷设

横支管的敷设位置，在底层时，可以埋设在地下，在楼层时，可以沿墙明装在地板上或悬吊在楼板下。当建筑有较高要求时，可采用暗装，将管道敷设在吊顶内，但必须考虑安装和检修的方便。

架空或悬吊横管不得布置在遇水后会引起损坏的原料、产品和设备的上方，不得布置在卧室内及厨房炉灶上方，或布置在食品及贵重物品储藏室、变配电室、通风小室及空气处理室内，以保证安全和卫生。

横管不得穿越沉降缝、烟道、风道，并应避免穿越伸缩缝，必须穿越伸缩缝时，应采取相应的技术措施，如装伸缩接头等。

横支管不宜过长，以免落差过大，一般不得超过10m，并应尽量少转弯，以避免阻塞。

污水立管宜靠近最脏、杂质最多、排水量最大的排水点处设置，例如，尽量靠近坐便器。立管应避免穿越卧室、办公室和其他对卫生、环境噪声要求较高的房间。生活污水立管应避免靠近与卧室相邻的内墙。

立管一般布置在墙角，明装，无冰冻危害地区也可布置在墙外。当对建筑有较高要求时，可在管槽或管井内暗装。暗装时需考虑检修的方便，在检查口处设检修门，如图1-31所示。

排出管可埋在底层地下或悬吊在地下室的顶板下面。排出管的长度取决于室外排水检查井的位置。检查井的中心距建筑物外墙面一般为 2.5～3m，不宜大于 10m。

排出管与立管宜采用两个 45°弯头连接，如图 1-32 所示。排出管穿越承重墙的基础时，应防止建筑物下沉压破管道，具体的措施同给水管道。

排出管在穿越基础时，应预留孔洞，其大小为：当排出管直径 d 为 50mm、75mm、100mm 时，孔洞尺寸为 300×300mm；当管径 d>100mm 时，孔洞高为(d+300)mm，宽为(d+ 200)mm。

为防止机械破坏，在一般的厂房内排水管的最小覆土深度见表 1-6。

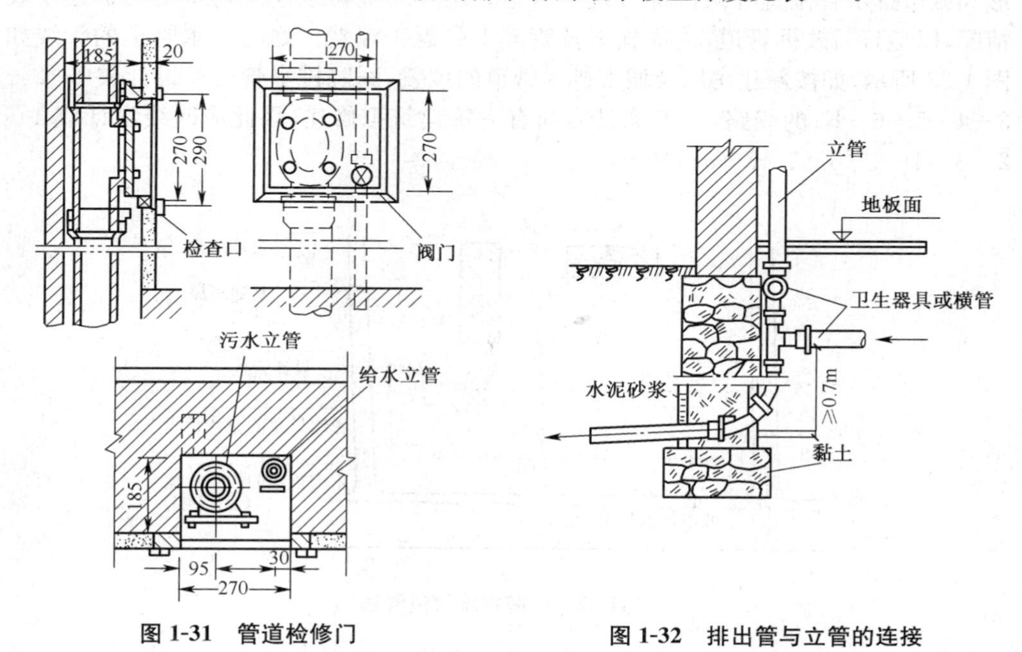

图 1-31　管道检修门

图 1-32　排出管与立管的连接

表 1-6　生产厂房内排水管最小覆土深度　(m)

管　材	地面至管顶的距离	
	素土夯实、碎石、砾石、砖地面	水泥、混凝土地面
排水铸铁管	0.7	0.4
混凝土管	0.7	0.5
带釉陶土管	1.0	0.6

通气管高出屋面不得小于 0.30m，且必须大于最大积雪厚度，以防止积雪覆盖通气口。对于平屋顶屋面，若有人经常逗留活动，则通气管应高出屋面 2.0mm，并应根据防雷要求考虑设置防雷装置。在通气管出口 4m 以内有门窗时，通气管应高出门窗顶 0.6m 或引向无门窗的一侧。通气管出口不宜设在建筑物的挑出部分(如屋檐口、阳台、雨篷等)的下面，以免影响周围空气卫生。

通气管不得与建筑物的风道或烟道连接。通气管的顶端应装设网罩或风帽。通气管与屋面交接处应防止漏水。

四、庭院排水系统

庭院排水系统是室内污水排水管道与城市排水管道的连接部分。庭院排水系统的范围可以很小,如城市街道旁建筑物的室外排水管道,也可以很大,如若干栋建筑物组成的建筑群内的排水管网。

庭院排水系统的管道布置通常根据建筑群的平面布置、房屋排出管的位置、地形和城市排水管位置等条件综合统一考虑。定线时应特别注意建筑物的扩建发展情况,以免日后改拆管道,造成施工及管理上的返工浪费。庭院排水管道的管线如图 1-33 所示,如按新建房屋及城市排水管道的位置,庭院排水管道可设计成 1—2—3—4—5—6—K_1 的线路,但考虑日后尚有一栋建筑拟修建,因此应改线设计成 1—2—3—4—5—6—7—8—9—10—K_2。

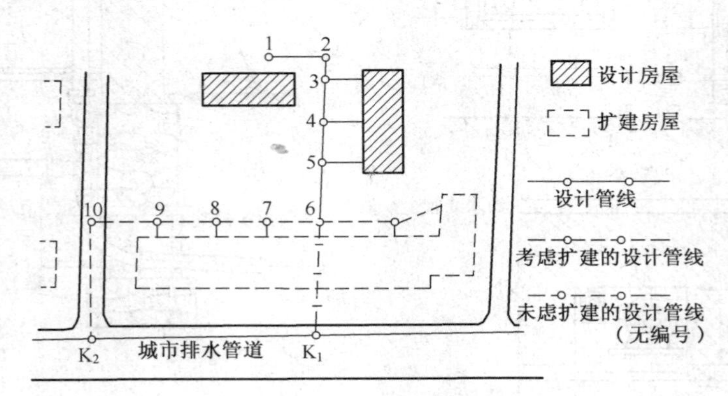

图 1-33 庭院排水管道管线

庭院排水管道通常埋设在屋内设有卫生间、厨房的一侧,以减少房屋排出管的长度。庭院排水管道宜沿建筑物平行敷设,在与房屋排出管交接处应设排水检查井。管道或排水检查井中心至建筑物外墙面的距离不宜少于 0.5～3m。

庭院排水管道应以最小埋深敷设,以利减少城市排水管的埋设深度。影响室外排水管道埋深的因素有三个:

①房屋排出管的埋深。

②土壤冰冻的深度。

③管顶所受动荷载的情况。

一般应尽量将室外排水管道埋设在绿化草地或其上不通行车辆的地段。在我国南方地区,若管道埋设处无车辆通行,则管顶覆土厚度为 0.3m 即可;有车辆通行时,管顶至少要有 0.7m 的覆土厚度;在北方地区,则应受当地冰冻线控制。

庭院排水管道多采用陶土管或水泥管,用水泥砂浆接头,最小管径采用 150mm。

在排水管道交接处，管径、管坡及管道方向改变处均需设置排水检查井，在较长的直线管段上，也需设置排水检查井，检查井的间距约为 40m，排水检查井一般都采用砖砌，钢筋混凝土井盖，如图 1-34 所示。

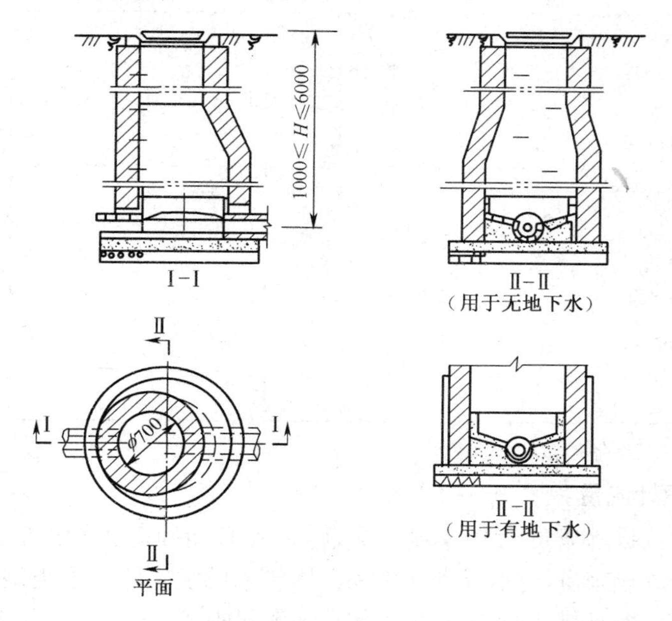

图 1-34　室外排水检查井

五、室内排水管道的计算

1. 排水量标准

每人每日排出的生活污水量和用水量一样，是与气候、建筑物卫生设备的完善程度以及生活习惯等因素有关的。生活污水排水量标准和时间变化系数，一般采用生活用水量标准和时间变化系数。生产污（废）水排水量标准和时间变化系数应按工艺要求确定。各种卫生器具的排水量、当量、排水管管径及管道的最小坡度见表 1-7。

表 1-7　卫生器具的排水量、当量、排水管管径和管道的最小坡度

序号	卫生器具名称	排水量/(L/s)	当量	排水管管径/mm	管道的最小坡度
1	污水盆(池)	0.33	1.0	50	0.025
2	单格洗涤盆(池)	0.67	2.0	50	0.025
3	双格洗涤盆(池)	1.00	3.0	50	0.025
4	洗手盆、洗脸盆(无塞)	0.10	0.3	32～50	0.020
5	洗脸盆(有塞)	0.25	0.75	32～50	0.020
6	浴盆	0.67	2.0	50	0.020
7	淋浴器	0.15	0.45	50	0.020

续表 1-7

序号	卫生器具名称	排水量/(L/s)	当量	排水管管径/mm	管道的最小坡度
8	坐便器				
	高水箱	1.5	4.50	100	0.012
	低水箱	2.0	6.00	100	0.012
	自闭式冲洗阀	1.5	4.50	100	0.012
9	蹲便槽(每蹲位)	1.5	4.50		
10	小便器				
	手动冲洗阀	0.05	0.15	40～50	0.020
	自动冲洗水箱	0.17	0.50	40～50	0.020
11	小便槽(每米长)	0.05	0.15		
12	妇女卫生盆	0.10	0.30	40～50	0.020
13	饮水器	0.05	0.15	25～50	0.010～0.020

注:排水管管径是指存水弯以下的支管管径。

2. 排水设计流量

在确定室内排水管的管径及坡度之前,首先必须确定各管段中的排水设计流量。对于某个管段来讲,它的设计流量和它所接入的卫生器具的类型、数量、同时使用百分数及卫生器具排水量等有关。为了计算方便,和室内给水一样,卫生器具的排水量也以当量表示。与一个排水当量相当的排水量为 0.33L/s。

3. 水力计算

排水管管道水力计算的目的是根据排水设计流量,确定排水管的管径和管道坡度,以使管系能正常地工作。

根据生活污水含杂质多、排水量大而急等特点,为了防止管道阻塞,对生活污水管道的最小管径作了如下的规定:除了单个的饮水器、洗脸盆、浴盆和妇女卫生盆等排泄较洁净污水的卫生器具排出管允许采用小于 50mm 的钢管外,其余室内排水管管径均不得小于 50mm;对于排泄含大量油脂、泥沙杂质的公共食堂排水管、干管管径不得小于 100mm,支管不得小于 75mm;对于含有棉花球、纱布杂物的医院住院部卫生间内洗涤盆或污水池的排水管以及易结污垢的小便槽排水管等,管径不得小于75mm,对于连接有坐便器的管段,即使仅有一个坐便器,其管径仍应不小于100mm;对于蹲便槽的排出管,管径应不小于 150mm。为确保排水系统在良好的水力条件下工作,排水横管应满足下述三个水力要素的规定:

①管道充满度。管道充满度表示管道内的水深 h 与其管径 d 的比值。在重力流的排水管中,污水应在非满流的情况下排除,管道上部未充满水流的空间的作用是使污(废)水中的有害气体能经过通气管排走,或容纳未被估计到的高峰流量。排水管道的最大计算充满度见表 1-8。

表 1-8 排水管道的最大计算充满度

排水管道名称	管径/mm	最大计算充满度/(h/d)
生活污水管道	≤125	0.5
	150～200	0.6
生产废水管道	50～75	0.6
	100～150	0.7
	≥200	1.0
生产污水管道	50～75	0.6
	100～150	0.7
	≥200	0.8

注：1. 生活污水管道，在短时间内排泄大量洗涤污水时（如浴室、洗衣房污水），可按满流计算。
2. 生产废水和雨水合流的排水管道，可按地下雨水管道的设计充满度计算。

②管道流速。为防止管壁因受污水中坚硬杂质高速流动的摩擦和防止过大的水流冲击而损坏，排水管应有最大允许流速的规定，各种管材的排水管道最大允许流速见表 1-9。

表 1-9 排水管道最大允许流速 (m/s)

管道材料	生活污水	含有杂质的工业废水、雨水
金属管	7.0	10.0
陶土及陶瓷管	5.0	7.0
混凝土及石棉水泥管	4.0	7.0

污（废）水在管道内的流速对于排水管道的正常工作有很大影响。为使污水中的悬浮杂质不致沉淀在管底，并且使水流能及时冲刷管壁上的污物，管道流速必须有一个最小的保证值，这个流速称为自清流速。各种排水管道在设计充满度下的自清流速见表 1-10。

表 1-10 各种排水管道的自清流速

管渠类别	生活污水管道			明渠	雨水道及合流制排水管道
	d<150mm	d=150mm	d=200mm		
自清流速/(m/s)	0.60	0.65	0.70	0.40	0.75

③管道坡度。排水管道的敷设坡度应满足流速和充满度的要求，一般情况下应采用标准坡度，管道的最大坡度不得大于 0.15。生活污水和工业废水排水管道的标准坡度和最小坡度见表 1-11。

为了简化计算，根据水力计算公式并按不同的管道粗糙系数计算编制成了各种水力计算表，这样就可按所算得的排水设计流量方便地查出排水管所需的管径和坡度。

表 1-11 排水管道标准坡度和最小坡度

管径/mm	工业废水(最小坡度)		生活污水	
	生产废水	生产污水	标准坡度	最小坡度
50	0.020	0.030	0.035	0.025
75	0.015	0.020	0.025	0.015
100	0.008	0.012	0.020	0.012
125	0.006	0.010	0.015	0.010
150	0.005	0.006	0.010	0.007
200	0.004	0.004	0.008	0.005
250	0.0035	0.0035	—	—
300	0.0030	0.003	—	—

六、屋面雨水排放

降落在建筑物屋面的雨水和融化的雪水，必须妥善地予以迅速排除，以免造成屋面积水、漏水，影响生活及生产。屋面雨水的排除方式，一般可分为外排水和内排水两种。根据建筑结构形式、气候条件及生产使用要求，在技术经济合理的情况下，屋面雨水应尽量采用外排水系统排水。

1. 外排水系统

(1)檐沟外排水(水落管外排水)。对一般的居住建筑、屋面面积较小的公共建筑及单跨的工业建筑，雨水多采用屋面檐沟汇集，然后流入外墙的水落管排至屋墙边地面或明沟内。若排入明沟，再经雨水口、连接管引到雨水检查井，檐沟外排水如图 1-35 所示。水落管多用镀锌铁皮制成，截面为矩形或半圆形，其断面尺寸约为 100mm×80mm，或 120mm×80mm；也有用石棉水泥管的，但其下段极易因碰撞而破裂，故使用时，其下部距地 1m 高应考虑保护措施(多用水泥砂浆抹面)。工业厂房的水落管也可用铸铁管，管径为 100mm 或 150mm。水落管的间距在民用建筑中约为 12～16m，在工业建筑中约为 18～24m。

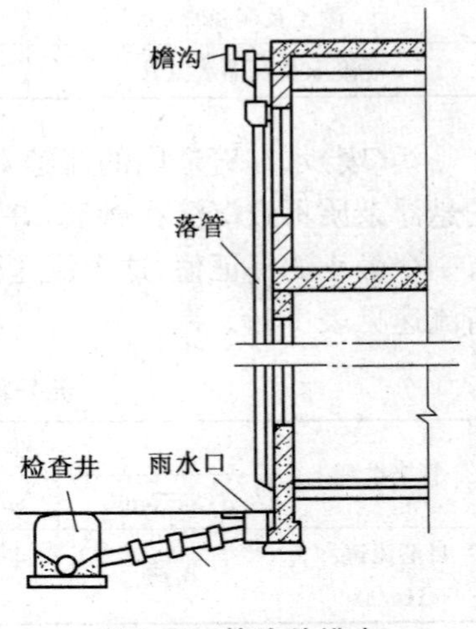

图 1-35 檐沟外排水

(2)长天沟外排水。在多跨的工业厂房，中间跨屋面雨水的排除，过去常设计为内排水系统，这样在经济上增加了投资，在使用过程中常有检查井冒水的现象。因此，近年来，国内对多跨厂房常采用长天沟外排水的方式。这种排水方式的优点是可消除厂房内部检查井冒水的问题，而且具有节约投资、节省金属、施工简便(不需搭架安装悬吊管道等)以及为厂区雨水系统提供明沟排水或减少管道埋深等。但若设计不善或施工质量不佳，将会发生天沟渗漏的问题。

长天沟布置示意图如图 1-36 所示。天沟以伸缩缝为分水线坡向两端，其坡度不小于 0.005m，天沟伸出山墙 0.4m。天沟与雨水立管连接，如图1-37所示。

在寒冷地区，设置天沟时雨水立管也可设在室内。

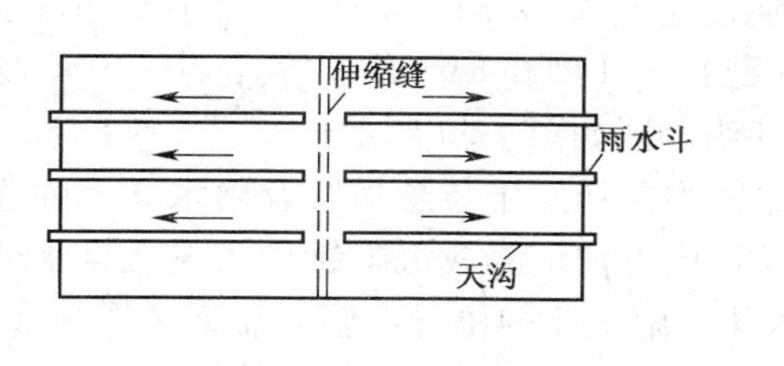

图 1-36 长天沟布置示意

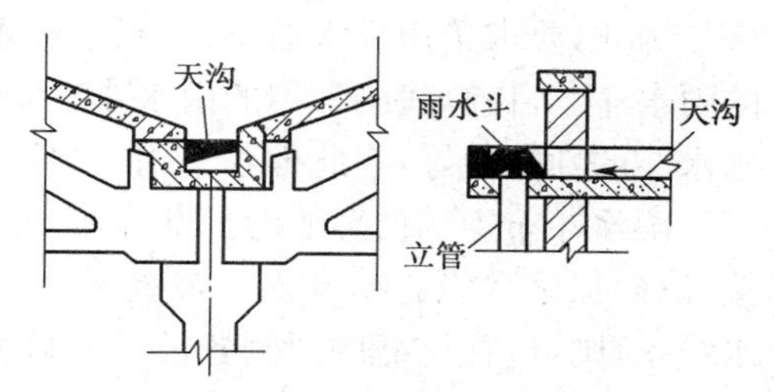

图 1-37 天沟与雨水立管连接

2. 内排水系统

对于大面积建筑屋面及多跨的工业厂房，当采用外排水有困难时，可以采用内排水系统。

(1)内排水系统的组成。内排水系统由雨水斗、悬吊管、立管、地下雨水沟管及清通设备等组成。内排水系统示意图如图 1-38 所示。

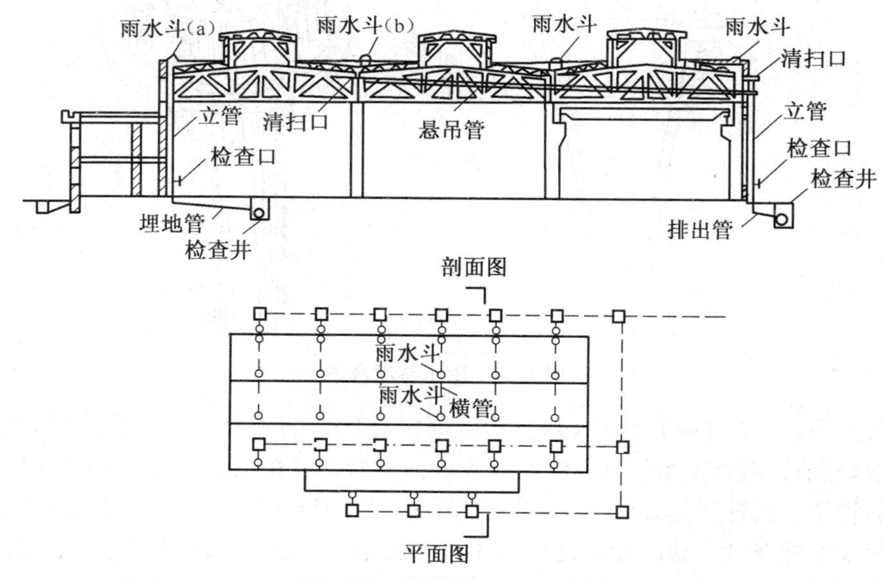

图 1-38 内排水系统示意图

当车间内允许敷设地下管道时，屋面雨水可由雨水斗经立管直接流入室内检查井，再由地下雨水管道流至室外检查井，如图 1-38 雨水斗 a 所示。但因这种系统可能造成检查井冒水的现象，所以此种方法采用较少，排水方式如图 1-38 雨水斗 b 所示。雨水由雨水斗经悬吊管、立管、排出管流至室外检查井。在冬季不甚寒冷的地区,可将悬吊管引出山墙,立管设在室外,固定在山墙上,类似天沟外排水的处理方法。

(2)内排水系统的布置和安装。

①雨水斗。雨水斗的作用是迅速地排除屋面雨雪水,并能将粗大杂物拦阻下来。为此,要求选用导水通畅、水流平稳、通过流量大、天沟水位低、水流中掺气量小的雨水斗。目前,我国常用的雨水斗有 65 型、64—I 型和 64—II 型等,其中,以 65 型雨水斗的性能最好,因此推荐采用。雨水斗组合图如图 1-39 所示。

雨水斗布置的位置要考虑集水面积比较均匀和便于与悬吊管及雨水立管的连接,以确保雨水能通畅流入。布置雨水斗时,应以伸缩缝或沉降缝作为屋面排水分水线,否则,应在该缝的两侧各设一个雨水斗。雨水斗的位置不要太靠近变形缝,以免遇暴雨时,天沟水位涨高,从变形缝上部流入屋内。雨水斗的间距除按计算外,还应考虑建筑物的构造格柱子布置等特点而确定。在工业厂房中,间距一般采用 12m、18m、24m,通常采用 100mm 口径的雨水斗。

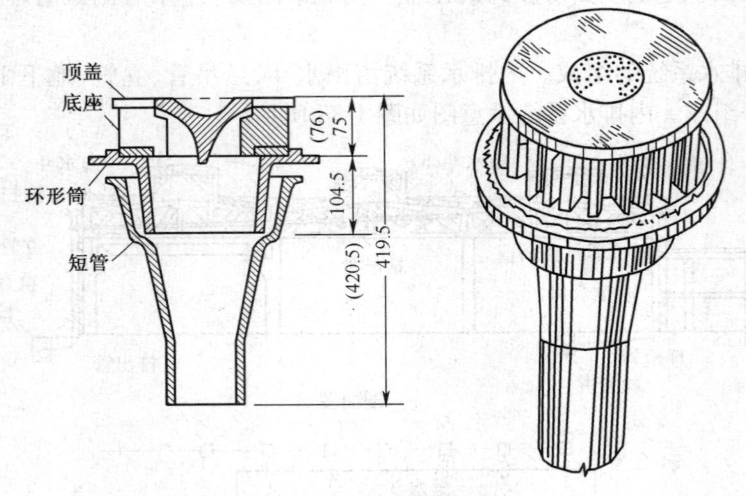

图 1-39 雨水斗组合图

②悬吊管。在工业厂房中,悬吊管常固定在厂房的桁架上,为便于经常性的维修清通,悬吊管需有不小于 0.003 的管坡坡向立管。悬吊管管径不得小于雨水斗连接管的管径。当管径≤150mm,长度超过 15m 时,或管径为 200mm,长度超过 20m 时均应设置检查口。悬吊管应避免从不允许有滴水的生产设备的上方通过。悬吊管在实际工作中为压力流,因此管材应采用给水铸铁管,石棉水泥接口。

③立管。雨水立管一般直沿墙壁或柱子明装。立管上应装设检查口,检查口中心至地面的高度一般为 1m。立管管径应由计算确定,但不得小于与其连接的悬吊管的管径。雨水立管一般采用铸铁管,用石棉水泥接口。在可能受到振动的地方采用焊接钢管,焊接接口。

④地下雨水管道。地下雨水管道接纳各立管流来的雨水及较洁净的生产废水并将其排至室外雨水管道中去。厂房内地下雨水管道大都采用暗管式，其管径不得小于与其连接的雨水立管管径，也不得大于600mm，因为管径太大时，埋深会增加，与旁支管连接也会更困难。埋地管常用混凝土管或钢筋混凝土管，也可采用陶土管或石棉水泥管等。

在车间内，当敷设暗管受到限制或采用明沟有利于生产工艺时，则地下雨水管道也可采用有盖板的明沟排水。

(3)内排水系统的计算。

①降雨量。设计降雨量一般用小时降雨强度(mm/h)来表示。各地区的设计降雨量是根据当地长期记录的降雨气象资料通过数理分析而推算出来的。我国部分城市的设计降雨量(重现期 $P=1$)见表1-12。

②雨水斗的集水面积。雨水斗的排水能力与雨水斗前(天沟内)的水深和降雨量大小有关。雨水斗前积水深，根据试验以及考虑建筑物屋面情况，一般采用60mm、80mm、100mm为宜，在具体设计中需按屋面形式、建筑物的重要性及当地实际情况酌情采用。65型雨水斗的最大允许集水面积见表1-13，可供查用。

表1-12　我国部分城市的设计降雨量

城市名称	北京	天津	上海	哈尔滨	长春	太原	济南	银川	天水	杭州	南京	广州	福州	南昌	长沙	汉口	郑州	南宁	成都	重庆	昆明	贵阳
降雨量 h/(mm/h)	128	119	126	101	120	101	103	41	70	166	79	136	141	167	120	125	120	142	111	111	113	107

③架空管系管径的确定。架空管系是指雨水连接管(连接雨水斗和悬吊管的管段)、悬吊管、立管和引出管(立管至第一个雨水检查井之地下管段)各管段的总称。在工作时，整个管系处于密闭状态，管内水流为压力流。其排泄雨水的流量随天沟水深(雨水斗前水深)、天沟高度(自雨水斗至引出管的几何高差)、各管段长度和管径、雨水斗数量以及布置形式而变动。内排水系统中，一般采用单斗、单悬吊管及单立管排水。允许时，一根悬吊管及立管最多可连接4个雨水斗。单斗系统示意图如图1-40所示。

表1-13　65型雨水斗的最大允许集水面积

天沟水深 h_g/cm	降雨量 h/(mm/h)											
	50	60	70	80	90	100	110	120	140	160	180	200
6	665	537	461	403	358	322	293	269	230	202	179	161
8	1528	1274	1092	995	849	764	695	637	546	478	425	382
10	2412	2010	1723	1507	1340	1206	1096	1005	861	754	670	603

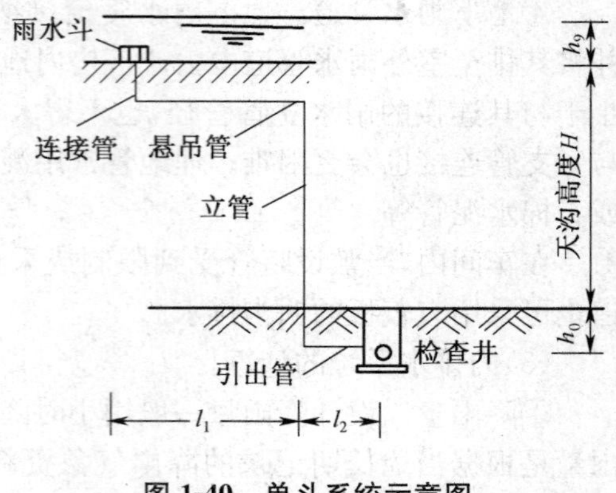

图 1-40 单斗系统示意图

④埋地横管管径的确定。埋地横管是指起点在检查井以后的地下雨水管道,其埋设深度可按表 1-6 确定,最小坡度见表 1-11 中的生产废水最小坡度确定。参照该表中所规定的坡度范围数值,并根据所承纳的集水面积确定。

七、高层建筑室内排水系统的特点

1. 排水系统

建筑物内部生活污水,按其污染性质可分为两种:一种是粪便污水;另一种为盥洗、洗涤污水。这两种污水可分流或合流排出。

近年来,在水资源紧张地区兴建的高层建筑和小区建筑群,为了节约用水,有的建筑物把洗涤污水进行中水处理作为冲洗粪便用水。这样,为综合利用水资源创造条件,高层建筑生活污水可采用分流排水系统。

2. 高层建筑排水方式

高层建筑排水立管长、排水量大,立管内气压波动大。排水系统功能的好坏很大程度上取决于排水管道通气系统是否合理,这也是高层建筑排水系统的特点之一。

(1)通气管的排水系统。当层数在 10 层及 10 层以上且承担的设计排水流量超过排水立管允许负荷时,应设置专用通气立管,如图 1-41 所示,排水立管与专用通气立管每隔两层用斜三通相连接。合流排放专用通气立管如图 1-41a 所示。当两根立管共用一根专用通气立管时,如图 1-41b 所示,专用通气立管管径应与排水立管管径相同。

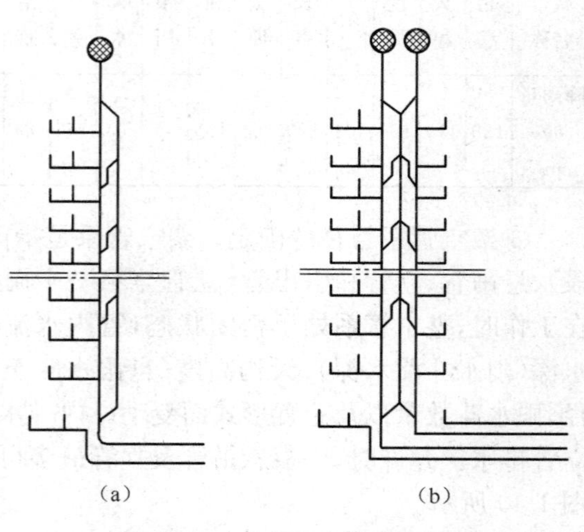

图 1-41 专用通气立管系统

对于使用要求较高的建筑和高层公共建筑也可设置环形通气管、主通气立管或副通气立管。对卫生、噪声要求较高的建筑物内,生活污水管道宜设器具通气管,如图 1-42c 所示。

通气管管径应根据排水管负荷、管道长度确定,一般不小于排水管管径的 1/2,

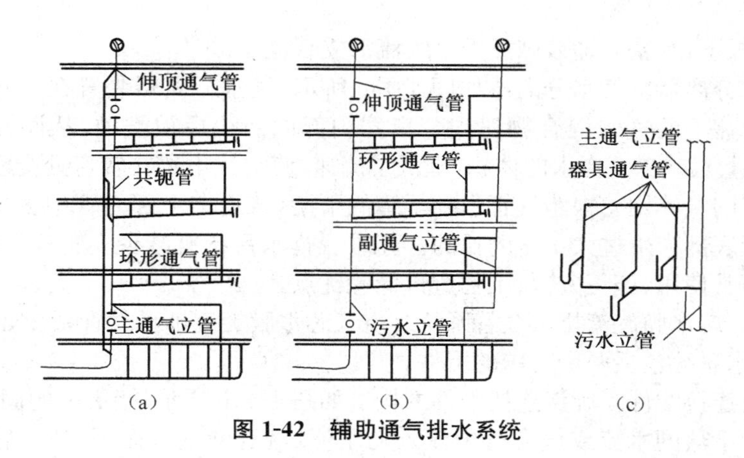

图 1-42 辅助通气排水系统

其最小管径见表 1-14。

表 1-14 通气管管径 (mm)

污水管管径	32	40	50	75	100	150
器具通气管	32	32	32		50	
环形通气管			32	40	50	
通气立管管径			40	50	75	100

(2)苏维脱排水系统。苏维脱排水系统如图 1-43a 所示,系统有两个特殊部件:气水混合器和气水分离器。

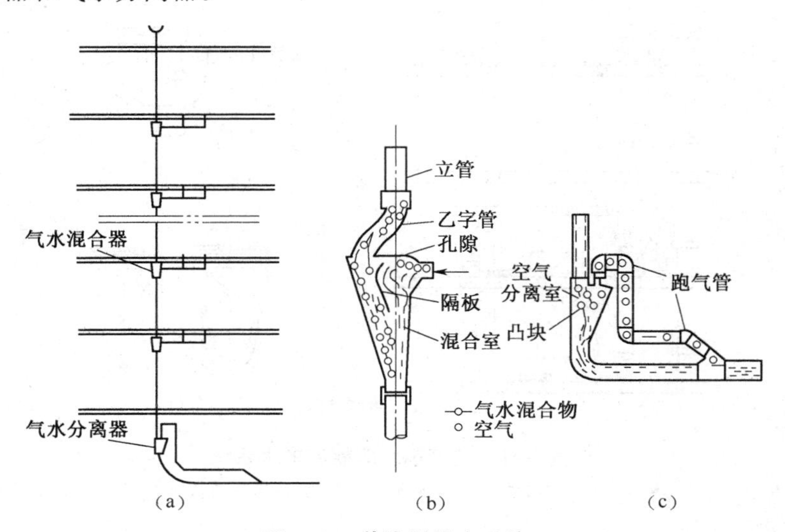

图 1-43 苏维脱排水系统

①气水混合器。气水混合器如图 1-43b 所示。气水混合器为一长 80cm 的连接配件,装置在立管与每根横支管相接处,气水混合器有三个方向可接入横支管,混合器的内部有一隔板,隔板上部有约 1cm 高的孔隙,隔板的设置使横支管排出的污水仅在混合器内右半部形成水塞,此水塞通过隔板上部的孔隙从立管补气并同时下

降，降至隔板下，水塞立即被破坏而呈膜流沿立管流下。

②气水分离器。气水分离器如图 1-43c 所示，气水分离器装置在立管底部转弯处。沿立管流下的气水混合物遇到分离器内部的凸块后被溅散，从而分离出气体（约 70%以上）、减少了污水的体积，降低了流速，使空气不致在转弯处受阻；另外，还将分离出来的气体用一根跑气管引到干管的下游（或返向上部立管中去），这就达到了防止立管底部产生过大正压的目的。苏维脱排水系统有减少立管气压波动，保证排水系统正常使用、施工方便、工程造价低等优点。

(3)空气芯水膜旋流排水立管系统。空气芯水膜旋流排水立管系统如图 1-44 所示，这种排水系统包括两个特殊的配件。

①旋流连接配件。旋流连接配件的构造如图 1-44b 所示，接头中的固定式叶片，能使立管中下落的水流或横支管中流入的水流，沿管壁旋转而下，使立管从上至下形成一条空气芯，由于空气芯的存在，使立管内的压力变化很小，从而避免了水封被破坏，提高了立管的排水能力。

②特殊排水弯头。在排水立管底部装有有特殊叶片的弯头，如图 1-44c 所示，叶片装在立管的“凸管”一边，迫使下落水流溅向对壁并沿着弯头后方流下，这就避免了在横干管内发生水跃而封闭住立管内的气流，造成过大的正压。

此系统广泛用于十层以上的建筑物。

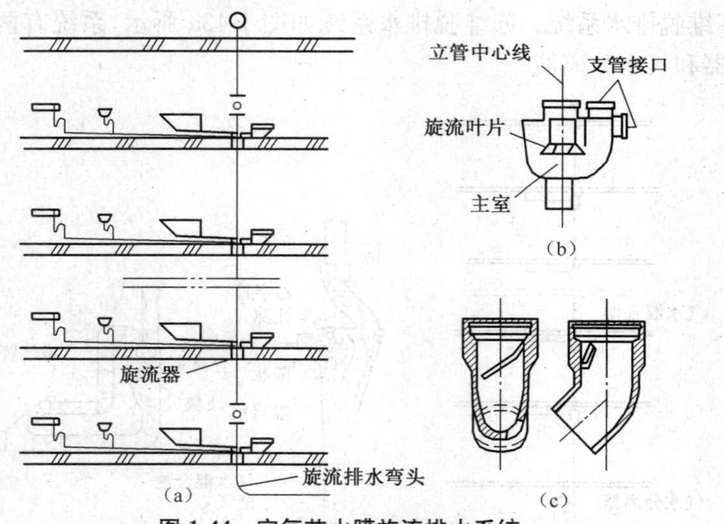

图 1-44 空气芯水膜旋流排水系统

(a)排水系统 (b)旋流器 (c)旋流排水弯头

3. 高层建筑排水管材

高层建筑的排水立管高度大，管中流速大，冲刷能力强，应采用比普通排水铸铁管强度高的管材。对高度很大的排水立管应考虑采取消能措施，通常在立管每隔一定的距离装设一个乙字弯管。由于高层建筑层间位变较大，立管接口应采用弹性较好的柔性材料连接，以适应变形要求。

第二章　采暖通风工程

第一节　供 暖 系 统

为使室内保持所需要的温度，就必须向室内供给相应的热量。这种向室内供给热量的工程设备，称为供暖系统。

供暖系统主要由三部分组成：热源、输热管道、散热设备。如热源和散热设备都在同一个房间内，称为局部供暖系统。这类供暖系统包括火炉供热、煤气供暖及电热供暖。如热源远离供暖房间，利用一个热源产生的热量去弥补很多房间散出去的热量称为集中供暖系统，如图 2-1 所示。

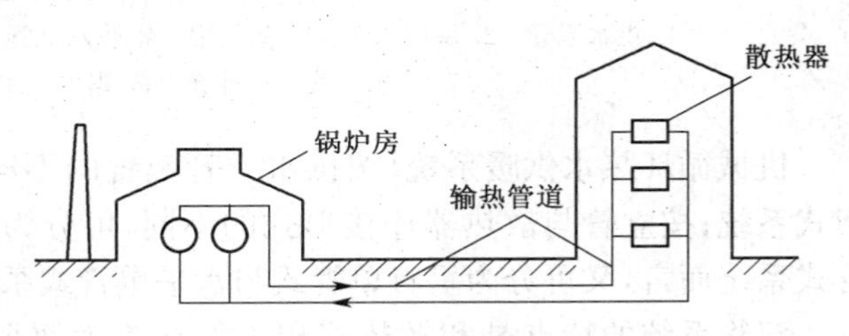

图 2-1　集中供暖系统

在集中供暖系统中，把热量从热源输送到散热器的物质称为热媒。按所用的热媒不同，集中供暖系统分为三类：热水供暖系统、蒸汽供暖系统以及热风供暖系统。

一、热水供暖系统

在热水供暖系统中，热媒是水。热源中的水经输热管道流到供暖房间的散热器中，放出热量后经管道流回热源。系统中的水如果是靠水泵来循环的，就称为机械循环热水供暖系统。当系统不大时，也可不用水泵而仅靠供水与回水的容重差所形成的压头使水进行循环，称为自然循环热水供暖系统。

1. 机械循环热水供暖系统

这种系统在热水供暖系统中得到广泛的应用。它由锅炉、输热管道、水泵、散热器以及膨胀箱等组成。机械循环双管上供下回式热水供暖系统如图 2-2 所示。在这种系统中，主要依靠水泵所产生的压头促使水在系统内循环，水在锅炉中被加热后，沿总立管、供水干管、供水立管流入散热器，放热后沿回水立管、回水干管被水泵送回锅炉。

在机械循环热水供暖系统中，为了顺利地排除系统中的空气，供水干管应按水流方向有向上的坡度，并在供水干管的最高点设置集气罐。

在这种系统中，水泵装在回水干管上，并将膨胀水箱连在水泵吸入端。膨胀水箱位于系统最高点，它的作用主要是容纳水受热后所膨胀的体积。当将膨胀水箱连在水泵吸入端时，它可使整个系统处于正压（高于大气压）下工作，这就保证了系统中的水不致汽化，从而避免了因水汽化而中断水的循环。

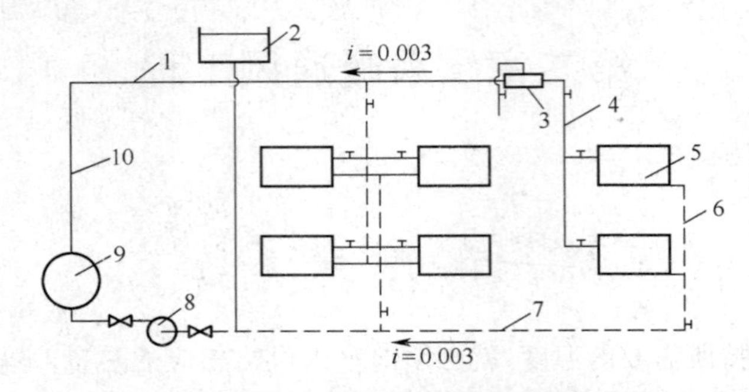

图 2-2 机械循环双管上供下回式热水供暖系统

1. 供水干管 2. 膨胀水箱 3. 集气罐 4. 供水立管 5. 散热器 6. 回水立管 7. 回水干管 8. 水泵 9. 锅炉 10. 总立管

机械循环热水供暖系统，按供水干管位置的不同，可分为上供下回式和下供下回式系统；按立管与散热器连接形式的不同，可分为双管式及单管式系统。对于单管式系统而言，又可分为垂直单管式与水平单管式系统。

双管系统的特点是和散热器相连的立管为两根，热水平行地分配给所有散热器，从散热器流出的回水均直接回到锅炉。

如图 2-2 所示的双管上供下回式热水供暖系统中，水在系统内循环，除主要依靠水泵所产生的压头外，同时也存在着自燃压头，它使流过上层散热器的热水量多于实际需要量，并使流过下层散热器的热水量少于实际需要量，从而造成上层房间温度偏高，下层房间温度偏低。楼层越高，这种现象就越严重。由于上述原因，双管系统不宜在四层以上的建筑物中采用。

机械循环双管下供下回式热水供暖系统如图 2-3 所示。在这种系统中，供水干管及回水干管均位于系统下部。为了排除系统中的空气，在系统的上部装设了空气管，通过集气罐将空气排除。

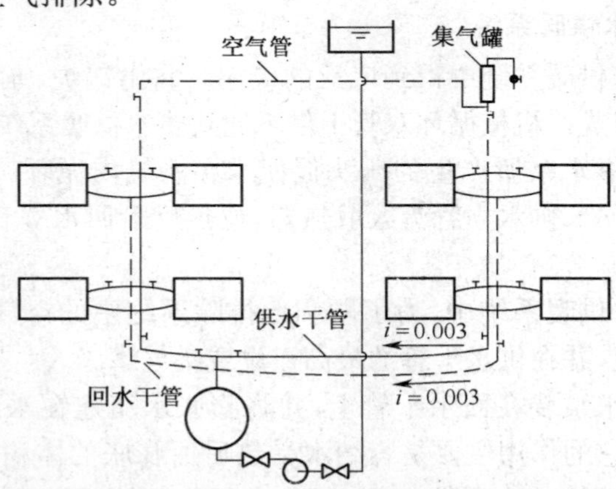

图 2-3 机械循环双管下供下回式热水供暖系统

机械循环单管热水供暖系统如图 2-4 所示。单管系统的优点是省去了立管、安装方便以及不会因自然压头的存在而有上层房间温度偏高、下层房间温度偏低的现象，其缺点是下层散热器片数多(因进入散热器的水温低)占地面积大，以及单管顺流式系统无法调节个别散热器的放热量。对于不需要单独调节个别散热器放热量的公共建筑物，如学校、办公楼及集体宿舍等，宜采用这种系统。

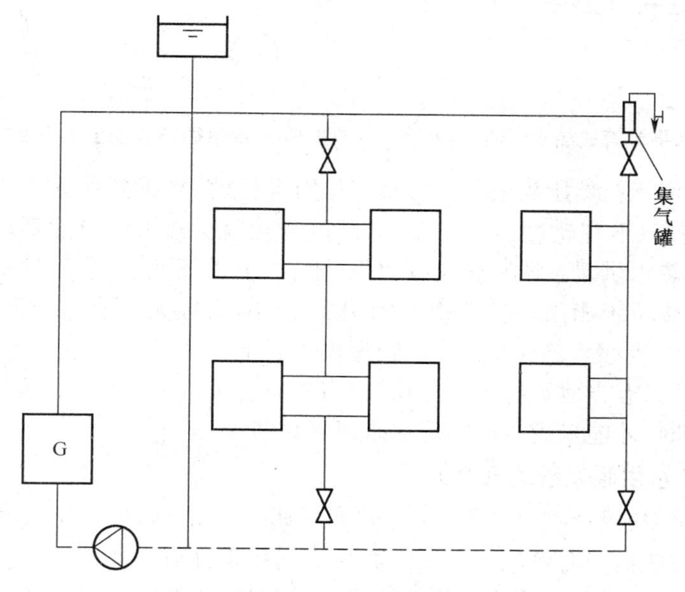

图 2-4　机械循环单管热水供暖系统

机械循环单管热水供暖系统如图 2-4 所示，左侧是单管顺流式系统，右侧是单管跨越式系统，热水顺序地流经多层散热器，然后返回到锅炉中去。下层为水平单管式系统的优点是安装简单，少穿楼板，并可随房屋的建造进度逐层安装供暖系统。缺点是在间歇供暖时，管道与散热器接头处有时因热胀冷缩作用使螺纹接头损坏以至于漏水，以及必须在每组散热器上装放气旋塞。另外，对于水平单管顺流式系统还有无法调节单个散热器放热量的缺点。

水平单管式热水供暖系统如图 2-5 所示，其上层为水平单管顺流式系统，下层为水平单管跨越式系统。

2. 自然循环热水供暖系统

自然循环双管上供下回式热水供暖系统如图 2-6 所示。在这种系统中不设水泵，仅依靠热水散热、冷却所产生的自然压头促使水在系统内循环。

在自然循环热水供暖系统中，膨胀水箱连接在总立管顶端，它不仅能容纳水受热后膨胀的体积，而且还有排除系统内空气的作用。在自然循环热水供暖系统中，水流速度很小，为了能顺利地通过膨胀水箱排除系统内的空气，供水干管沿水流方向应有向下的坡度。

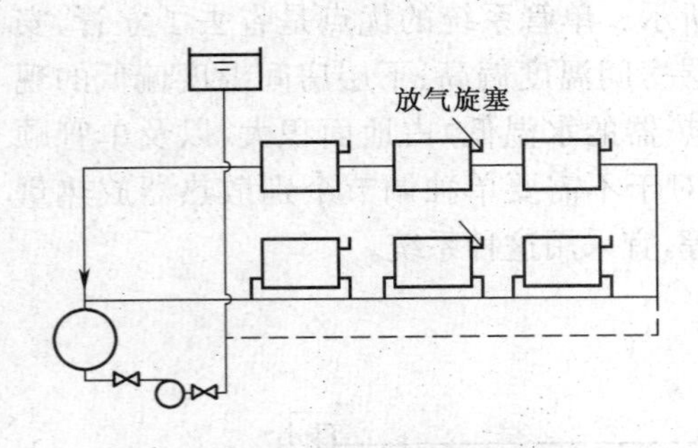

图 2-5 水平单管式热水供暖系统

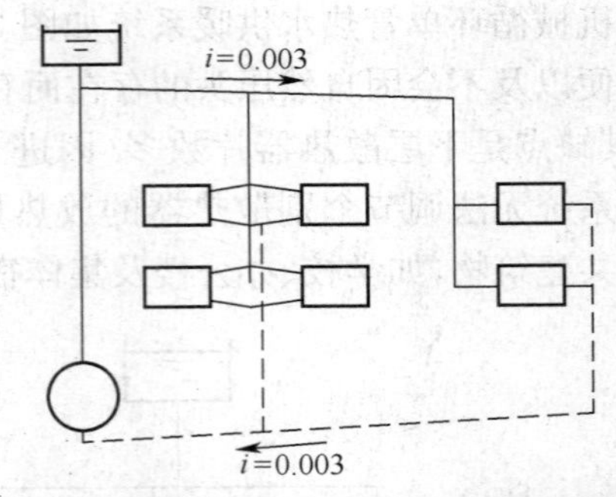

图 2-6 自然循环双管上供下回式热水供暖系统

这种系统由于自然压头很小，因而其作用半径(总立管到最远立管沿供水干管走向的水平距离)不宜超过 50m，否则系统的管径就会过大。自然循环热水供暖系统与机械循环热水供暖系统一样也有双管、单管、上供下回、下供下回等形式。与机械循环热水供暖系统相比，这种系统的作用半径小，管径大。但由于不设水泵，因此工作时不消耗电能，无噪声，而且维护管理也较简单。

综上所述，只有当建筑物占地面积较小，且有可能在地下室、半地下室或就近较低处设置锅炉时，才能采用自燃循环热水供暖系统。

3. 有关热水供暖系统的几个问题

(1)从系统中排除空气的问题。在热水供暖系统中，如果有空气积存在散热器中，将会减少散热器的有效散热面积。如果空气积聚在管道中，就可能形成空气塞，堵塞管道，破坏水的循环，造成局部系统不热。此外，空气与钢管内表面相接触将引起腐蚀，缩短管道寿命。

在热水供暖系统中之所以会有空气，一是因为在充水前系统中充满空气；二是因为冷水中也溶有部分空气，运行时将水加热后，这部分空气将不断地从水中析出。为了保证热水供暖系统能正常工作，必须及时方便地排除系统中的空气。

在机械循环上供下回式热水供暖系统中，由于供水干管沿水流方向有向上的坡度，因此在供水干管的末端，也就是最高点设置集气罐，以聚集和排出系统中的空气(图 2-2 及图 2-4)。集气罐有卧式及立式两种，卧式集气罐如图 2-7 所示。气罐一般用直径为 159～267mm 的管子制成。水流经集气罐时，流速降低，水中的气泡便自行浮出水面而聚集在集气罐的上部。用集气罐上部的排气管将空气排出，排气管应引至附近的洗涤盆上。在供暖系统充水时，应将排气管上的阀门打开，直到有水从管中流出为止。在系统运转期间要定期打开阀门，以便将从热水中析出的空气排入大气。集气罐安装地点要尽可能与三通、弯

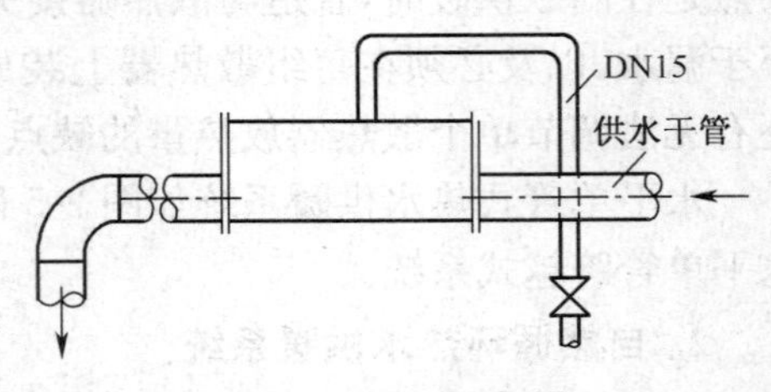

图 2-7 卧式集气罐

头等构件保持5～6倍管径的距离，以免三通、弯头等管件影响气泡的排除。在机械循环下供下回式热水供暖系统中，利用空气管和集气罐排除系统中的空气(图2-3)。在水平单管式热水供暖系统中，利用装在每组散热器上的放气旋塞排出空气(图2-5)

(2)在系统中水受热膨胀的问题。热水供暖系统在运转时，要将系统中的水加热，因而水的体积就要膨胀。在热水供暖系统中用膨胀水箱来容纳水所膨胀的体积。图2-8和图2-9所示分别为膨胀水箱及其与机械循环热水供暖系统连接的示意图。

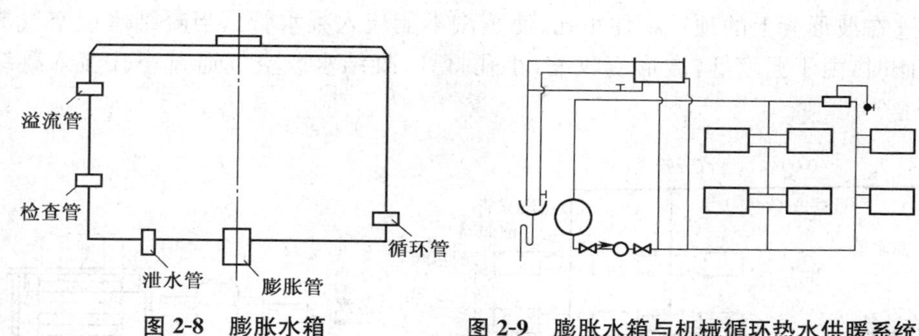

图2-8 膨胀水箱 **图2-9 膨胀水箱与机械循环热水供暖系统连接**

膨胀水箱上接有检查管、膨胀管、循环管、溢流管和泄水管。上述各接管宜引至锅炉房内，以便于系统的运行管理。这些接管的用途如下：在供暖系统运转前，首先要将系统充水。充水时应打开检查管上的阀门。当水从检查管流出时，说明整个系统的静水面已超过系统管路的最高点，这时停止充水并关闭检查管上的阀门。然后将系统中的水加热，水受热体积膨胀，使膨胀水箱内水面上升。为了防止膨胀水箱内的水冻结，设置了循环管，使水在膨胀管与循环管组成的小环路内流动。溢流管的作用是将多余的水排至下水道。泄水管的作用是检修时将水箱内的水放掉。膨胀水箱的有效容积是指检查管与溢流管之间的容积，它由整个系统内的水容量及水的温升来确定。

二、蒸汽供暖系统

在蒸汽供暖系统中，热媒是蒸汽。蒸汽含有的热量由两部分组成：一部分是水在沸腾时含有的热量；另一部分是从沸腾的水变为饱和蒸汽的汽化潜热。在这两部分热量中，后者远大于前者(在1个绝对大气压下，两部分热量分别为418.68kJ/kg，2260.87kJ/kg)。在蒸汽供暖系统中所利用的是蒸汽的汽化潜热。蒸汽进入散热器后，充满散热器，通过散热器将热量散发到房间内，与此同时，蒸汽冷凝成同温度的凝结水。

蒸汽供暖系统按系统起始压力的大小可分为：高压蒸汽供暖系统(系统起始压力大于1.7个绝对大气压)、低压蒸汽供暖系统(系统起始压力等于或低于1.7个绝对大气压)、真空蒸汽供暖系统(系统起始压力小于1个绝对大气压)。

1. 低压蒸汽供暖系统

在低压蒸汽供暖系统中，得到广泛应用的是用机械回水的双管上供下回式蒸汽供暖系统，如图 2-10 所示。由锅炉产生的蒸汽经蒸汽总立管、蒸汽干管、蒸汽立管进入散热器，放热后，凝结水沿凝水立管、凝水干管流入凝结水箱。然后用水泵将凝结水送入锅炉。

在每一组散热器后都装有疏水阀，以阻止蒸汽进入凝水管。疏水阀的形式很多，在低压蒸汽供暖系统中，最常用的是恒温式疏水阀，如图 2-11 所示。这种疏水阀的波形囊中盛有少量酒精，当蒸汽通过疏水阀时，酒精受热蒸发，体积膨胀，波形囊伸长。连在波形囊上的顶针堵住小孔，使蒸汽不能流入凝水管。当凝结水或空气流入疏水阀时，由于温度低，波形囊收缩，小孔打开，凝结水或空气通过小孔流入凝结水管。

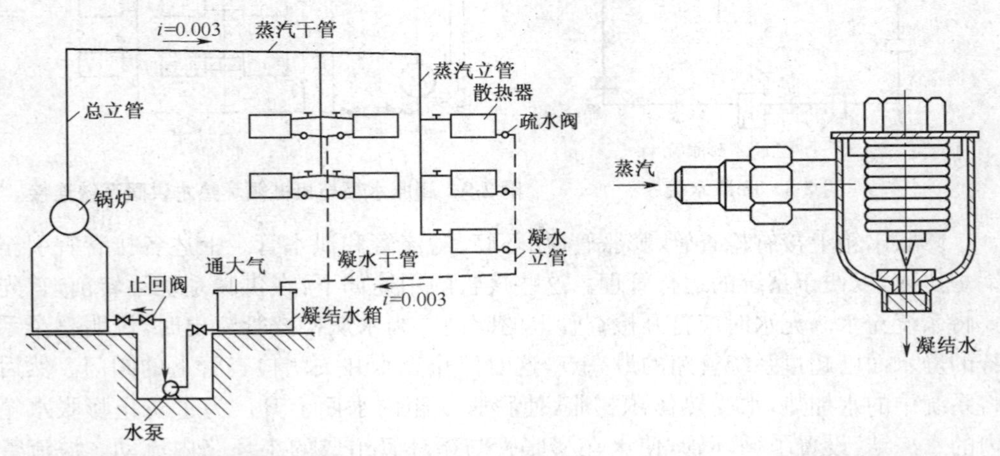

图 2-10 机械回水的双管上供下回式蒸汽供暖系统

图 2-11 恒温式疏水阀

由于蒸汽沿管道流动时向管外散失热量，因此就会有一部分蒸汽凝结成水，称为沿途凝水。为了排除这些沿途凝水，在管道内最好使凝结水与蒸汽同向流动，也即蒸汽干管应沿蒸汽流动方向有向下的坡度。在一般情况下，沿途凝水经由蒸汽立管进入散热器，然后排入凝水管。必要时，在蒸汽干管上可设置专门排除沿途凝水的排水管。

能顺利地排除系统中的空气是保证系统正常工作的重要条件。在系统开始运行时，蒸汽把积存于管道中和散热器中的空气赶至凝水管，然后经凝结水箱排入大气。如空气不能及时排入大气，则空气便会堵在管道和散热器中，从而影响蒸汽供暖系统的放热量。当系统停止工作时，空气便通过凝结水箱，凝水干管而充满管路系统。

为了在水泵停止工作时，锅炉内的水不致流回凝结水箱，在水泵和锅炉相连接的管道上设有止回阀。

凝结水箱的有效容积应能容纳凝结 0.5～1.5h 的凝结水量，水泵应能在少于 30min 的时间内将这些凝结水送回锅炉。

在水泵工作时，为了避免水泵吸入口处压力过低而使凝结水汽化，凝结水箱的位置应高于水泵，凝结水箱的底面高于水泵的数值，取决于箱内凝结水的温度。当凝结水温度在 70℃以下时，水泵低于凝结水箱底面 0.5m 即可。

在蒸汽供暖系统中，要尽可能地减少"水击"现象。产生"水击"现象的原因是蒸汽管道的沿途凝结水被高速运动的蒸汽推动而产生浪花或水塞，在弯头、阀门等处，浪花或水塞与管件相撞就会产生振动，水管应尽量避免"水击"现象。

2. 高压蒸汽供暖系统

由于高压蒸汽的压力及温度均较高，因此在热负荷相同的情况下，高压蒸汽供暖系统的管径和散热器片数都小于低压蒸汽供暖系统。这就显示出高压蒸汽供暖系统有较好的经济性。高压蒸汽供暖系统的缺点是卫生条件差，并容易烫伤人。因此，这种系统一般只在工业厂房中应用。

工业企业的锅炉房，往往既供应生产工艺用汽，同时也供应高压蒸汽供暖系统所需要的蒸汽。由这种锅炉房送出的蒸汽，压力常常很高，因此将这种蒸汽送入高压蒸汽供暖系统之前，要用减压装置将蒸汽压力降至所要求的数值。一般情况下，高压蒸汽供暖系统的蒸汽压力不超过 3 个相对大气压。和低压蒸汽供暖系统一样，高压蒸汽供暖系统也有上供下回、下供下回、双管、单管等形式。但是为了避免高压蒸汽和凝结水在立管中反向流动所发出的噪声，一般高压蒸汽供暖均采用双管上供下回式系统。

高压蒸汽供暖系统在起动和停止运行时，管道温度的变化要比热水供暖系统和低压蒸汽供暖系统都大，应充分注意管道的热胀冷缩问题。另外，由于高压蒸汽供暖系统的凝结水温度很高，在它通过疏水阀减压后，部分凝水会重新汽化，产生二次蒸汽。也就是说在高压凝水管中输送的是凝结水和二次蒸汽的混合物。在有条件的地方，要尽可能将二次蒸汽送到附近低压蒸汽供暖系统或热水供应系统中综合利用。

3. 蒸汽供暖与热水供暖的比较

①在一般热水供暖系统中，供水温度为 95℃，回水温度为 70℃，散热器内热媒的平均温度为 82.5℃，而在低压及高压蒸汽供暖系统中，散热器内热媒的温度≥100℃，并且蒸汽供暖系统散热器的传热系数也比热水供暖系统散热器高。这就使蒸汽供暖系统所用散热器的片数比热水供暖系统少（约 30%）。在管路造价方面，蒸汽供暖系统也比热水供暖系统要少。因此，蒸汽供暖系统的初投资少于热水供暖系统。

②由于蒸汽供暖系统系间歇工作，管道内时而充满蒸汽，时而充满空气，管道内壁的氧化腐蚀要比热水供暖系统快。因而蒸汽供暖系统的使用年限要比热水供暖系统短，特别是凝结水管，更易损坏。

③在蒸汽供暖系统中，蒸汽的容重很小，所以当蒸汽充满系统时，由本身重力所产生的静压力也很小。热水的容重远大于蒸汽的容重，当热水供暖系统高到30～40m时，最底层的铸铁散热器就有被压破的危险。因此在高层建筑中采用热水供暖系统时，就要将供暖系统在垂直方向分成几个互不相通的热水供暖系统。

④在真空蒸汽供暖系统中，蒸汽的饱和温度低于100℃。蒸汽的压力越低，则蒸汽的饱和温度也越低。在这种系统中，散热器表面温度能满足卫生要求，且能用调节蒸汽饱和压力的方法来调节散热器的散热量。但由于系统中的压力低于大气压力，稍有缝隙空气就会漏入，从而破坏系统的正常工作。因此对系统的控制要求较高，并需要抽气设备和保持真空的专门自控设备。这就使真空蒸汽供暖系统应用不广。

⑤一般蒸汽供暖系统不能调节蒸汽温度。当室外温度高于供暖室外计算温度时，蒸汽供暖系统必须运行一段时间后，停止一段时间，即采用间歇调节，间歇调节会使房间温度上下波动，从卫生角度来看，室内温度波动过大是不合适的。

⑥蒸汽供暖系统的热惰性很小，即系统的加热和冷却过程都很快。对于人数骤多骤少或不经常有人停留而要求迅速加热的建筑物，如工业车间、会议厅、剧院等是比较合适的。

⑦在热水供暖系统中，散热器表面温度较低，从卫生角度看，采用热水供暖系统为佳。在低压蒸汽供暖系统中，散热器表面温度始终在100℃左右，有机灰尘剧烈升华，对卫生不利。因此，对卫生要求较高的建筑物，如住宅、学校、医院、幼儿园等宜采用热水供暖系统。

⑧在蒸汽供暖系统中，目前由于疏水阀不好用，致使有大量蒸汽通过疏水阀流入凝结水管，最后经凝结水箱排入大气。这种情况对热能的有效利用极为不利。

三、热风供暖系统

系统以空气作为热媒。在热风供暖系统中，首先将空气加热，然后将高于室温的空气输入室内，热空气在室内降低温度，放出热量，从而达到供暖的目的。

可以用蒸汽、热水或烟气来加热空气。利用蒸汽或热水通过金属壁传热而将空气加热的设备称为空气加热器。利用烟气来加热空气的设备称为热风炉。

在既需通风换气又需供暖的建筑物内，常常用一个送出较高温度空气的通风系统来完成上述两项任务。

在产生有害物质很少的工业厂房中，广泛地应用暖风机进行供暖。暖风机是由通风机、电动机以及空气加热器组合而成的供暖机组。暖风机直接装在厂房内。

NA型暖风机外形如图2-12所示。这种暖风机可以吊装在柱子上，也可装在埋于墙内的支架上。NBL型暖风机外形如图2-13所示。这种暖风机直接放在地面上。暖风机送风口的高度在2.2～2.5m。在工业厂房中暖风机的布置方案很多，常见的布置方案如图2-14所示。

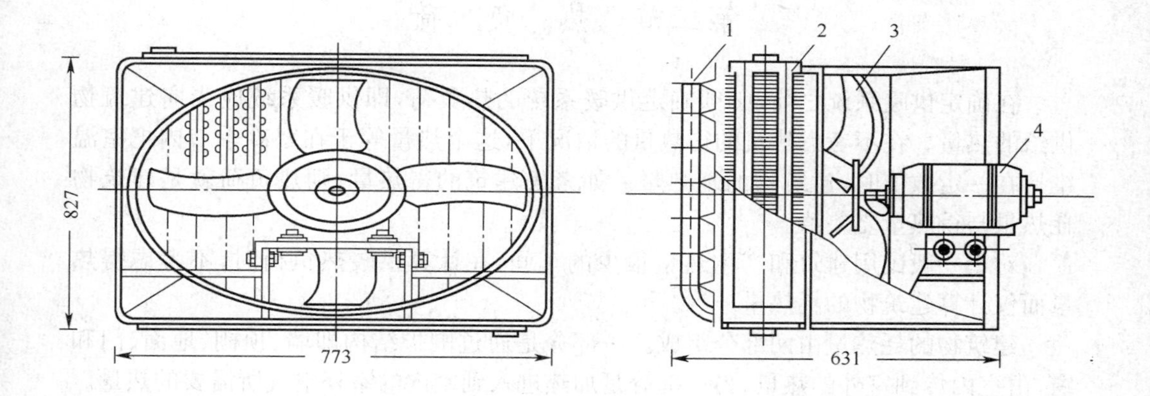

图 2-12　NA 型暖风机外形图

1. 导向板　2. 空气加热器　3. 轴流风机　4. 电动机

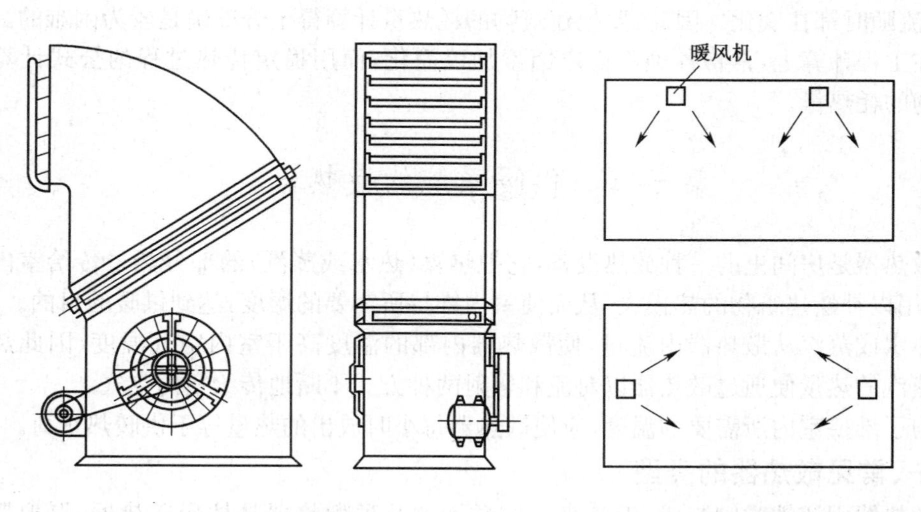

图 2-13　NBL 型暖风机外形图

图 2-14　暖风机布置方案

热风供暖系统与蒸汽供暖系统相比，有以下优缺点：

①热风供暖系统热惰性小，能迅速提高室温，对于人们短时间逗留的场所，如体育馆、戏院等最为合适。

②大面积的工业厂房，冬季需要补充大量热量，因此往往采用暖风机或采用与送风系统相结合的热风供暖方式，与此同时，大面积工业厂房应采用少量散热器，在下班后及 节假日维持车间温度为 5℃。

③热风供暖系统可同时兼有通风换气作用。

④热风供暖系统噪声比较大。

第二节 热 负 荷

在确定供暖系统之前，必须确定供暖系统的热负荷，即供暖系统应当向建筑物供给的热量。在不考虑建筑的得热量的情况下，这个热量等于在寒冷季节内把室温维持在一定数值时，建筑物的耗热量。如考虑建筑的得热量，则热负荷就是建筑物耗热量与得热量之差值。

对于一般民用建筑和产生热量很少的车间，在计算供暖热负荷时，不考虑得热量而仅计算建筑物的耗热量。

建筑物的耗热量由两部分组成。一部分是通过围护结构即墙、顶棚、地面、门和窗，由室内传到室外的热量，另一部分是加热进入到室内的室外空气所需要的热量。

正确计算出建筑物的耗热量是设计供暖系统的第一步。但由于确定建筑物耗热量值的某些因素，例如，室外空气温度、日照时间和照射强度以及风向、风速等都是随时间而变化的，这就使经过建筑围护结构的传热过程成为复杂的不稳定传热过程，热流随时都在变化。因此，要把建筑物的耗热量计算得十分准确是较为困难的。

在工程计算上，常将各种不稳定因素加以简化，而用稳定传热过程的公式计算建筑物的耗热量。

第三节 供暖系统的散热器

散热器是房间里的一种放热设备，它把热媒（热水或蒸汽）的部分热量传给室内空气，用以补偿建筑物的热损失，从而使室内维持所需要的温度，达到供暖的目的。

热水或蒸汽从散热器内流过，使散热器内部的温度高于室内空气温度，因此热水或蒸汽的热量便通过散热器以对流和辐射两种方式不断地传给室内空气。

为了维持室内所需要的温度，应使散热器每小时放出的热量等于供暖热负荷。

一、常见散热器的类型

散热器用铸铁或钢制成，近年来我国常用的几种散热器是柱形散热器、翼形散热器、光管散热器、钢串片对流散热器等。

1. 柱形散热器

柱形散热器由铸铁制成。它又分为二柱、四柱及五柱三种。

图 2-15 所示是四柱 800 型散热片简图。有些集中供暖系统的散热器就是由这种散热片组合而成的。四柱 800 型散热片高 800mm，宽 164mm，长 57mm。它有四个中空的立柱，柱的上、下端全部互相连通。在散热片顶部和底部各有一对带丝扣的穿孔供热媒进出，并可借正、反螺纹把单个散热片组合起来。在散热片的中间有两根横向连通管，以增加结构强度。并使散热器表面温度比较均匀。这种散热器在落地布置的情况下，为使其放置平稳，两端的散热片必须是带足的。当组装片数较

多时，在散热器中部还应多用一个带足的散热片，以避免因散热器过长而产生中部下垂的现象。

图 2-16 所示为二柱 132 型铸铁散热片简图。这种散热片两柱之间有波浪形的纵向肋片，用以增加散热面积。在制造工艺方面，它在柱形散热片中是比较简单的。

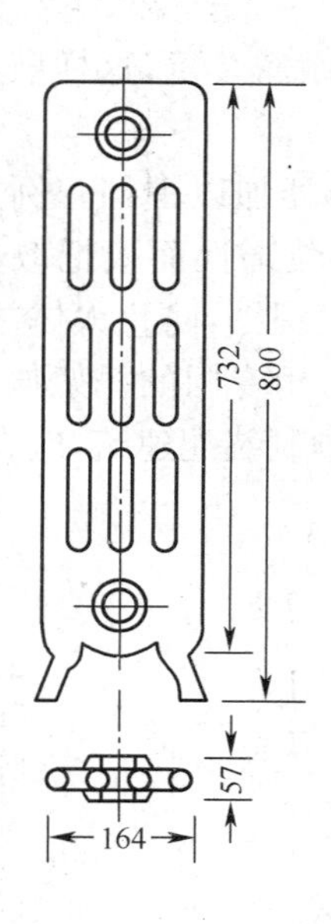

图 2-15 四柱 800 型散热片

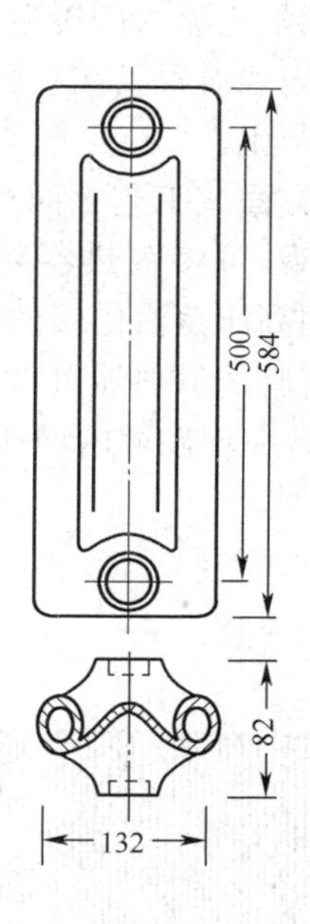

图 2-16 二柱 132 型铸铁散热片

2. 翼形散热器

翼形散热器由铸铁制成。分为长翼形和圆翼形两种。

长翼形散热器如图 2-17 所示，是一个在外壳上带有翼片的中空壳体，在壳体侧面的上、下端各有一个带丝扣的穿孔，供热媒进出，并可借正反螺纹把单个散热器组合起来。

这种散热器有两种规格，由于其高度为 600mm，所以习惯上称这散热器为"大 60"及"小 60"。大 60 的长度为 280mm 带有 14 个翼片。

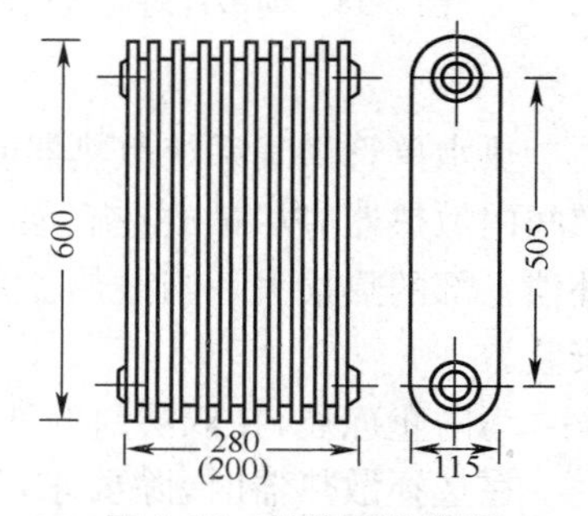

图 2-17 长翼形散热器

3. 钢串片对流散热器

钢串片对流散热器是在用联箱连通的两根（或两根以上）钢管上串上许多长方形薄钢片而制成的，如图 2-18 所示。这种散热器的优点是承压能力强、体积小、质量轻、容易加工、安装简单和维修方便。其缺点是薄钢片间距小，不易清扫以及耐腐蚀性能不如铸铁好。薄钢片因热胀冷缩容易松动，日久传热性能会严重下降。

除上述散热器外还有钢制板式散热器、钢制柱形散热器等,在此不再一一介绍。

二、散热器的布置与选择

散热器设置在外墙内侧的窗口下最为合理。散热器加热的空气沿外墙内侧的窗口上升,能阻止渗入的冷空气直接进入室内工作地区。对于要求不高的房间,散热器也可靠内墙设置。在一般情况下,散热器在房间内敞露装置,这样散热效果好,且易于清除灰尘。

当建筑方面或工艺方面有特殊要求时,就要将散热器加以围挡。例如,某些建筑物为了美观,可将散热器装在窗下的壁龛内,外面用装饰性面板把散热器遮住。另外,在采用高压蒸汽供暖的浴室中,也要将散热器加以围挡,防止人体烫伤。安装散热器时,有脚的散热器可直立在地上,无脚的散热器可用专门的托架挂在墙上,如图 2-19 所示,在现砌墙内埋托架,应与土建平行作业。预制装配建筑,应在预制墙板时即埋好托架。

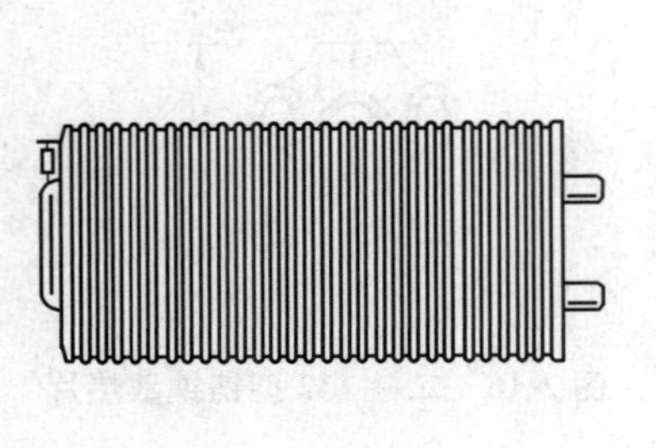

图 2-18 钢串片对流散热器

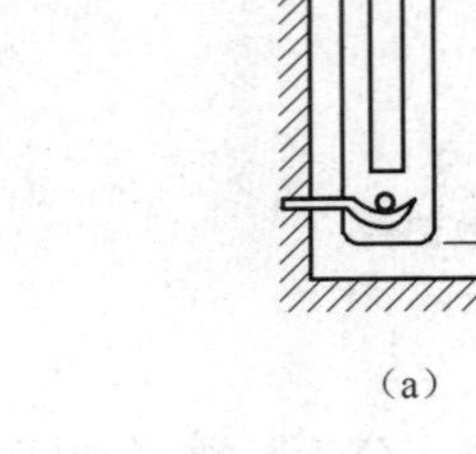

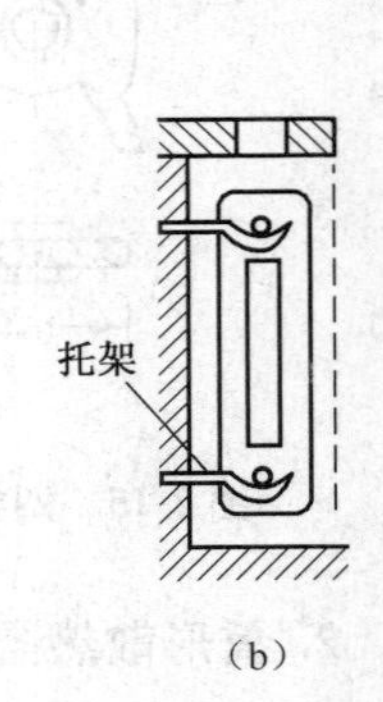

图 2-19 安装散热器

(a)明装 (b)暗装

热水单管供暖系统散热器明装、半暗装、暗装的立、支管连接如图 2-20 所示。楼梯间内散热器应尽量放在底层,因为底层散热器所加热的空气能够自行上升,从而补偿上部的热损失。当散热器数量多,底层无法布置时,可将散热器分配到其他层安装。

为防止冻裂,在双层门的外室以及门斗中不宜设置散热器。

在选择散热器时,除要求散热器能供给足够的热量外,还应综合考虑经济、卫生、运行安全可靠以及与建筑物相协调等问题。例如,常用的铸铁散热器不能承受大于 0.4MPa 的工作力,钢制散热器虽能承受较高的工作压力,但耐腐蚀能力却比铸铁散热器差等。近年来,选用钢制散热器的民用建筑物在逐渐增多。

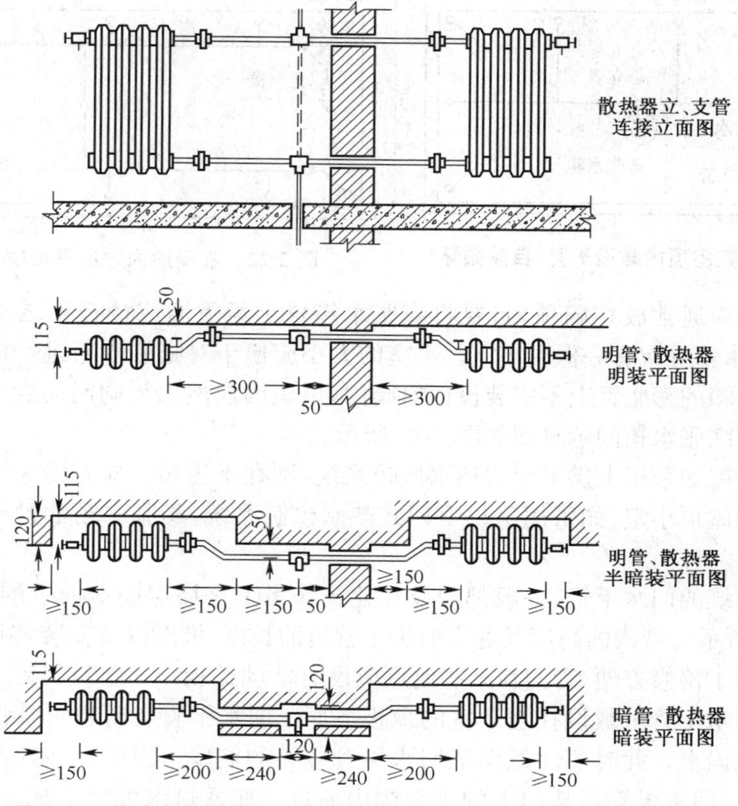

图 2-20　热水单管供暖系统散热器明装、半暗装、暗装的立、支管连接

第四节　供暖管网的布置和敷设

在布置供暖管道之前，首先要根据建筑物的使用特点及要求，确定供暖系统的种类及形式。然后根据所选用的供暖系统及锅炉房位置去进行供暖管道的布置。在布置供暖管道时，应力求管道最短、便于维护管理并且不影响房间美观。

一、上供下回式系统的管道布置

在上供下回式系统中，无论是供水干管或者是蒸汽干管一般都敷设在建筑物的闷顶内，但有时也可把干管敷设在顶棚下边。如建筑物是平顶的，从美观上又不允许将干管敷设在顶棚下时，则可在平屋顶上建造专门的管槽。

在闷顶内敷设干管时，为了节省管道，一般在房屋宽度 $b<10$m，且立管数较少的情况下，可在闷顶的中间布置一根干管，如图 2-21 所示；当房屋宽度 $b>10$m 或闷顶中有通风装置，则用两根干管沿外墙布置，如图 2-22 所示。为了便于安装和检修，闷顶中干管与外墙的距离不应小于 1.0m。

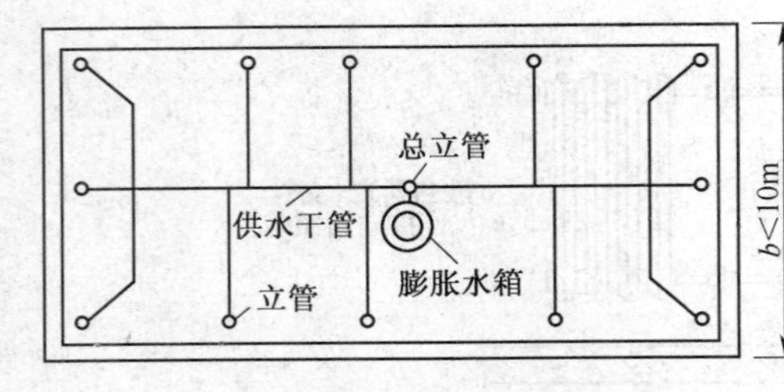

图 2-21 在闷顶内敷设干管(自然循环)

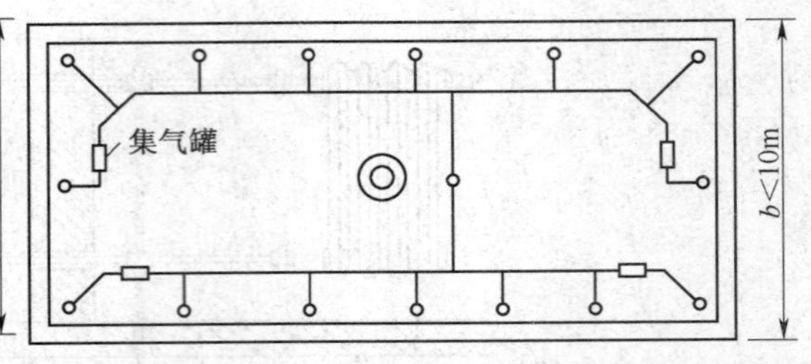

图 2-22 在闷顶内敷设干管(机械循环)

膨胀水箱通常放在闷顶内,要将膨胀水箱置于承重墙或楼板梁之上。为了防冻,在膨胀水箱外应有一保温小室。小室的大小应便于对膨胀水箱进行拆卸维修工作。膨胀水箱的膨胀管上不应装设任何阀门,以免因偶然关闭阀门而发生事故。在闷顶中设置膨胀水箱的示意图如图 2-23 所示。

平顶房屋如采用上供下回式热水供暖系统,则在平屋顶上应有专为设置膨胀水箱而增设的屋顶小室;如采用下供下回式热水供暖系统,膨胀水箱常置于楼梯间上面的平台上。

供暖系统的回水干管,一般都敷设在建筑物最下一层房间地面下的管沟之中,如图 2-24 所示。管沟的高度及宽度取决于管道的长度、坡度以及安装与检修所必要的空间。为了检修方便,管沟在某些地点应设有活动盖板。如建筑物有不供暖的地下室。则回水干管可敷设在地下室的顶板下面。回水干管有时也可敷设在最下一层房间的地面上。此时要注意保证回水干管应有的坡度。当敷设在地面上的回水干管过门时,回水干管可从门下的小管沟内通过。如系热水供暖系统,可如图 2-25 所示处理,此时应注意坡度以便于排气。如系蒸汽供暖系统,则如图 2-26 所示处理,此时凝水干管在门下已形成水封,使空气不能顺利地通过,因此必须设置空气绕行管。

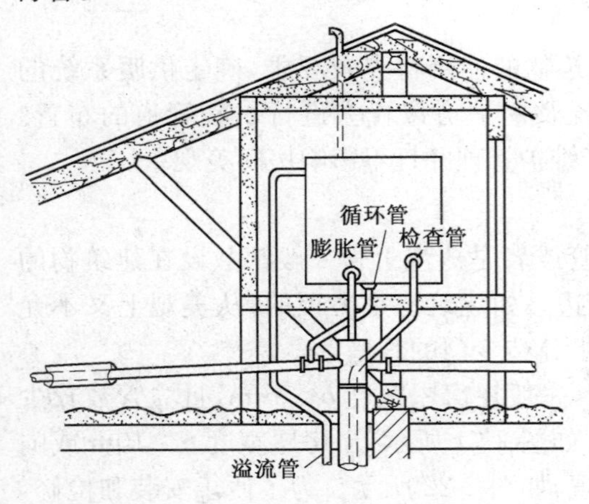

图 2-23 在闷顶中设置膨胀水箱

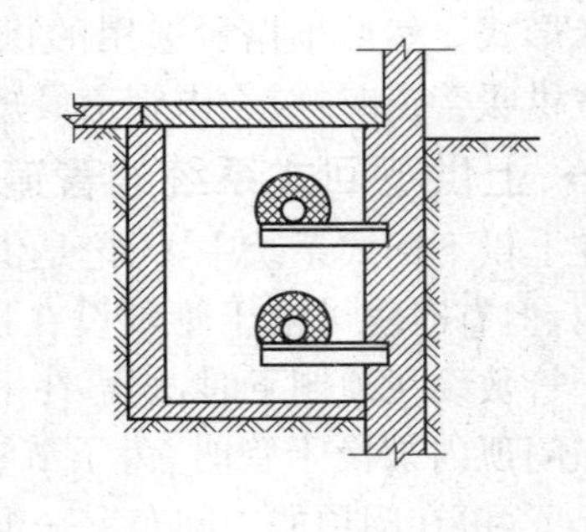

图 2-24 采暖系统的管沟

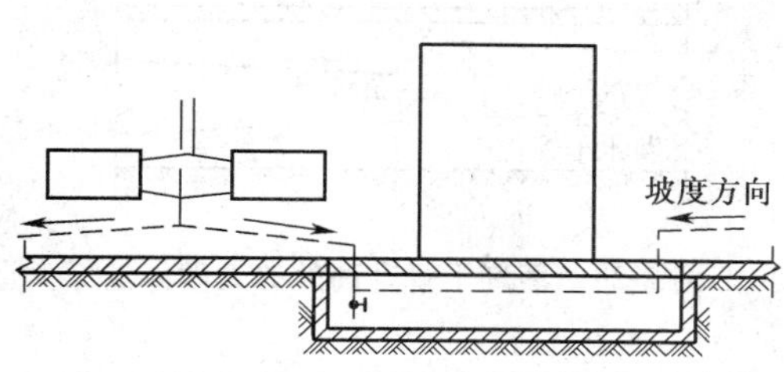

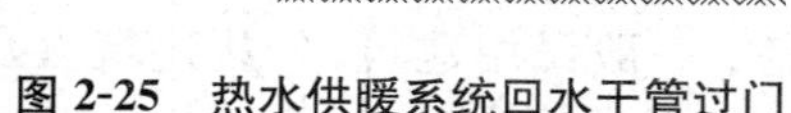

图 2-25　热水供暖系统回水干管过门

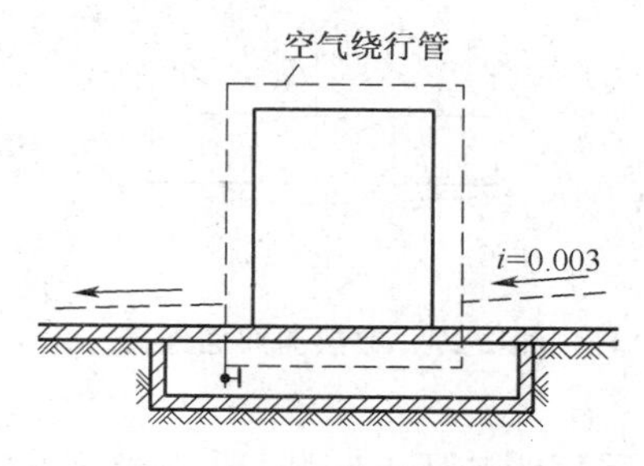

图 2-26　凝水干管过门

二、下供下回式系统的管道布置

在设有地下室的建筑中或在平屋顶建筑棚下难以布置供水干管的场合，常采用下供下回式系统。下供下回式系统的供水干管（蒸汽干管）及回水干管均敷设在管沟内，如条件允许也可敷设在地下室的顶板下。

在下供下回式系统中，用空气管和集气罐（图 2-3）或用装在散热器上的放气旋塞排除系统中的空气。空气管通常装在最高层房间的顶棚下面，沿外墙布置。集气罐宜放在储藏间、楼梯间等处。集气罐上的排气管应引至有下水道的地方。

三、其他需注意的事项

（1）立管的位置。为了向两侧连接散热器，立管应布置在窗间墙处，并应尽可能地将立管布置在房间的角落里。有两面外墙的房间，由于两面外墙的交接处温度最低，极易结露或结霜，因此在房屋的外墙转角处应布置立管。楼梯间中的供暖管路和散热器冻结的可能性较大，因此楼梯间的立管应单独设置，以免因冻结而影响其他房间供暖。

（2）管道的保温。为了减少耗热量及防止冻结，凡在闷顶中、管沟中以及可能受到剧烈冷却地方的供暖管道均应保温。

（3）散热器。每组柱形散热器最好不多于 20 片。片数过多不仅给施工安装带来困难，而且放热效率也低。多于 20 片的散热器必须用双面连接，如图 2-27 所示。

安装在同一房间内的散热器允许串联，其连接管直径一般采用 DN32。

在单管上供下回式热水供暖系统中，由于上层散热器的进水温度比下层散热器高，因此热负荷相同但楼层不同的房间，散热器的片数就不一样，即上层散热器片数少，下层散热器片数多，这在施工中要特别加以在意。

（4）管道的坡度。在管沟内布置很长的蒸汽干管时，常因管沟高度不够而影响蒸汽干管应保持的坡度。此时可使蒸汽干管在某些地点升高，以保证所要求的坡度。

干管升高处应装疏水阀，以排除前一段干管中的沿途凝结水，蒸汽干管升高处的处理方法如图 2-28 所示。

（5）管道的明装及暗装。供暖管道的安装方法，有明装及暗装两种。如果在安装后能看到管道时，称为明装，反之，在安装后将管道隐蔽起来，看不见管道的，则称为暗装。

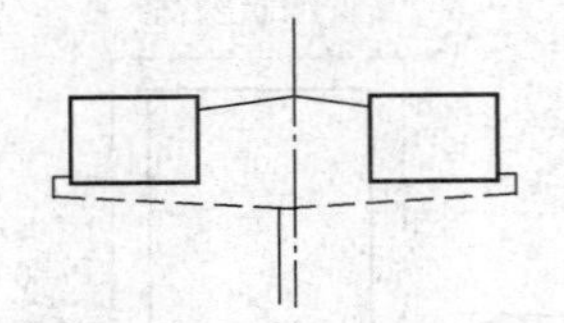

图 2-27 散热器双面连接

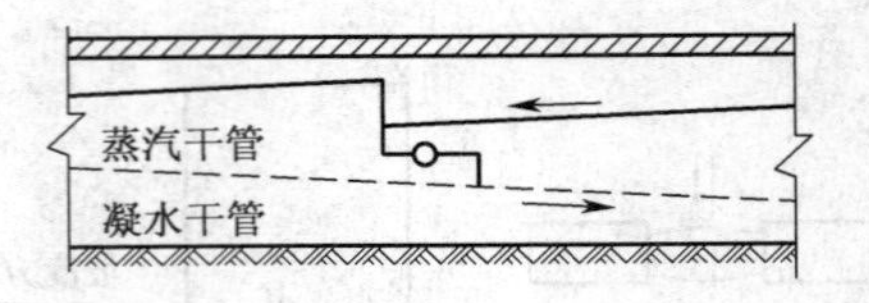

图 2-28 蒸汽干管升高处的处理办法

采用明装还是暗装，要依建筑物的要求而定。一般民用建筑、公共建筑以及工业厂房都采用明装。装饰要求较高的建筑物如剧院，礼堂、展览馆、宾馆以及某些有特殊要求的建筑物常采用暗装。

管道系统安装时，立管应垂直地面安装，同一房间内散热器的安装高度应一致，并且要使干管及散热器支管具有规范要求的坡度。

(6)管道及沟槽的设置。管道穿过楼板或隔墙时，为了使管道可自由移动且不损坏楼板或墙面，应在穿楼板或隔墙的位置预埋套管，套管的内径应稍大于管道的外径。在管道与套管之间，应填以石棉绳，如图 2-29 所示。

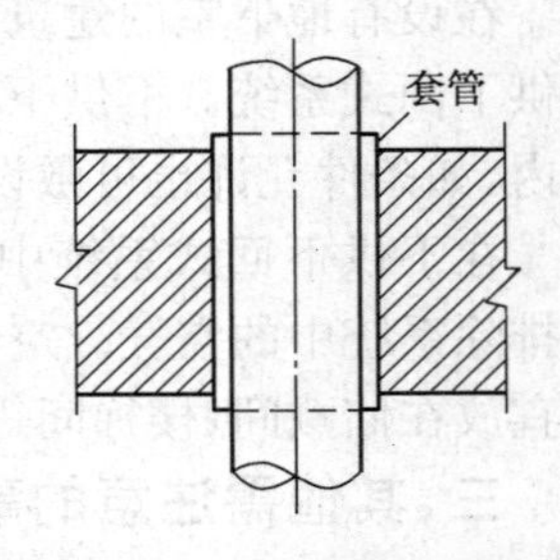

图 2-29 管道穿楼板或隔墙

暗装管道时，最重要的一点是要求确保质量。管道及配件在安装前后都要详细检查，以免外面覆盖起来后，有漏水、漏气等现象不易发现，即使发现了检修也很困难，这不仅对供暖系统不利，而且也会影响建筑物的寿命。

在设计和安装暗装系统时，要考虑暗装管道沟槽对墙的厚度强度和热工等方面的影响，对沟槽砌砖的质量应要求高些，并且在沟槽内部应抹灰，使沟槽与室外不能有不严密的砖缝，以免因冷空气渗透，加大管道的耗热量或将管道冻坏。为了减少沟槽内空气对流运动造成的立管耗热量，在多层建筑物中，沟槽应在每层之间都有隔板以把空气隔开。

(7)补偿器及固定支架。在供暖系统中金属管道会因受热而伸长，每米钢管当它本身的温度每升高 1℃时，便会伸长 1.012mm。因此，平直管道的两端因被固定而不能伸长时，管道就会因伸长而弯曲，当伸长量很大时，管道的管件就有可能因弯曲而破裂，因此管道的伸长问题必须妥善处理。解决管道热胀冷缩变形问题最简单的办法是合理地利用管道本身具有的弯曲。如图 2-30 所示的管道系统，在两个固定点间的管道伸缩均可由弯曲的部分补偿。一般供暖系统中的室内管道都具有很多的弯曲部分，而且直线管段并不太长，因此不必设置专门的补偿装置。当伸缩量很大，管道的弯曲部分不能很好地起补偿作用，或管段上没有弯曲部分时，就要用伸缩补偿器来补偿管道的伸缩量。最常见的伸缩补偿器是 U 形补偿器，如图 2-31 所示。U 形补偿器具有制作简单、工作可靠等优点。其缺点是占据空间大或占地面积大，而且费管材，投资也多。为了使管道的伸缩不致相互间有很大的影响，要将管道在某些点固定，在设有固定点的地方，管道就不能有位移了。因此，在两个固定点之间要有管道本身的弯曲部分或设有伸缩补偿器。

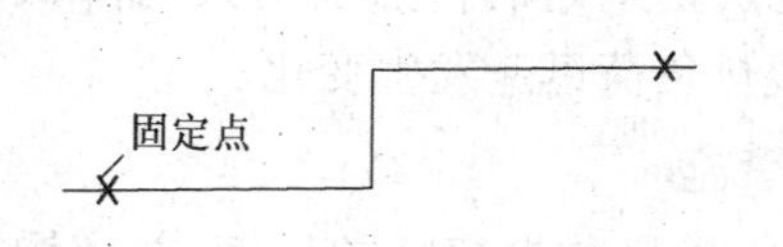

图 2-30　管道本身具有的弯曲和固定点

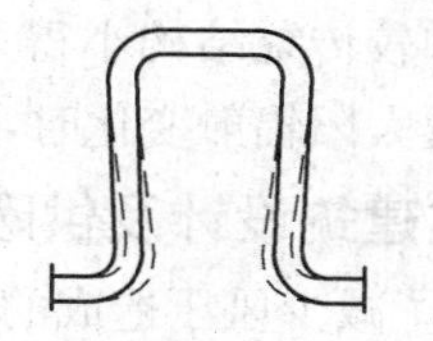

图 2-31　U 形补偿器

第五节　高层建筑供暖特点

一、高层建筑供暖应特殊考虑的问题

前面已经介绍了一般建筑物供暖方面的有关问题。而对于高层建筑物来说，在供暖方面应该特殊考虑的问题有如下几点。

1. 围护结构的传热系数

围护结构的传热系数与围护结构的材料、材料的厚度以及内、外表面的传热系数有关。在上述因素中，围护结构外表面的换热系数取决于外表面的对流放热量与辐射放热量。室外风速从地面到上空逐渐加大，对一般建筑来讲，在建筑物上部和下部的风速差别可不予考虑。然而对于高层建筑物，由于高层部分的室外风速大，因此高层部分外表面的对流换热系数也大。除此之外，一般建筑物由于邻近有高度差不多的建筑，所以建筑物之间的相互辐射可忽略不计。而高层建筑物其高层部分的四周一般无其他建筑物，使高层建筑物不断向天空辐射热量，而周围建筑物向高层建筑物的辐射热量却很少，几乎没有。因此高层部分外表面辐射放热量的增加不能忽视。

由于高层部分外表面对流换热系数加大，并且辐射放热量也增加，所以加大了高层部分围护结构的传热系数。

2. 室外空气进入量

室外风速随高度而增加，使作用于高层建筑物高层部分迎风面上的风压也相应地增加，这就加大了室外冷空气的渗透量。冷空气从迎风面缝隙渗入，并从背风面缝隙排出，为了不使迎风面房间温度过低，必须将渗入的冷空气加热，这就加大了高层部分的热负荷。

此外，在冬季高层建筑物内热外冷，使得室外空气经建筑物下部出入口（或缝隙）进入建筑物，然后通过上部各种开口排出。这种在热压作用下的空气流动，当高度越高，室内外温差越大时，就会使更多的室外空气流入建筑物。这种作用增大了高层建筑物下层部分的热负荷。

3. 室内负荷的特点

在国外，高层建筑一般均采用幕墙。其传热系数虽然可能比传统结构要小，但其热容量却较传统结构小得多。这就使高层建筑物室内的蓄热能力大为降低。在室外温度及太阳辐射变化时，便会使房间的供暖热负荷迅速发生变化。

二、在建筑设计及供暖方面所采取的措施

(1)为了减少风压造成的室外空气渗入量，应尽量减少窗缝的长度，并应增加窗缝的气密性。例如，采用单扇窗，并在窗缝间加装橡胶密封衬垫等。

由热压造成的空气流动，使室外空气主要经底层大门进入建筑物。为了避免门厅部分温度过低，通常将底层大门做成双层门、旋转门，在门外加一个深度适当的门斗或者加装空气幕。冷空气进入建筑物后，沿楼梯间上升，经上层房间的窗缝或其他开口排至室外。楼梯间通向走廊的地方，应设置常闭的内门，如弹簧门、自动开关门等。

(2)宜将供暖系统按朝向分区，并在每区的系统中加装室温自控装置。

(3)在高层建筑内，如采用热水供暖系统，则由于下层散热器只能承受一定的水静压力，因而限制了供暖系统的高度，这就使高层建筑内的热水供暖系统必须沿垂直方向的压力等级分区。

图 2-32 所示是高层建筑热水供暖系统分区示意图。在建筑物的低层部分，供暖系统与热水热力管网直接连接。混合设备可用混水器，也可用水泵。在高层部分，供暖系统则通过水-水加热器与热水热力管网间接连接。用这种方法把上、下两个系统分开，使最下面的散热器所承受的水静压力与上层系统无关。

水-水加热器及水泵等均设置在辅助的房间内，这个房间可布置在建筑物的中间层，也可布置在建筑物的底层，这要视具体情况而定。通常将供暖设备、空调设备、给排水设备和电气设备等的机房设备均放在同一楼层内，它可占去这一层楼的大部分面积，这一层楼就称为设备层。据国外资料介绍，设备层比标准层高，其高度大约是标准层的 1.6 倍。对于旅馆之类的高层建筑物，各种机房所占的面积是总建筑面积的 4%～7%。

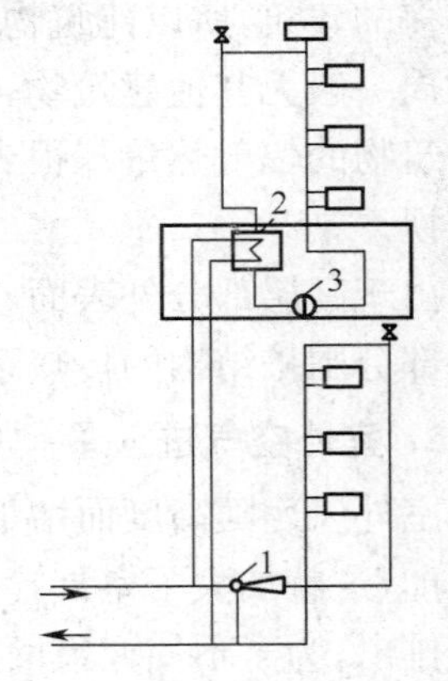

图 2-32 高层建筑的热水供暖系统分区示意图

1. 混合器 2. 水-水加热器 3. 水泵

在高层建筑中，除了用地下层或屋顶层作为设备层以外，也有必要在中间层和最上层设置设备层。一般认为每 10～20 层设一设备层最好。

供暖系统可用锅炉也可用室外热力管网作为热源。

(4)在高层建筑中,如采用蒸汽供暖系统,则系统的高度不受限制。但在高层建筑中通常不用高压或低压蒸汽供暖系统。这是因为,高压或低压蒸汽供暖系统散热器表面温度过高,不符合卫生要求.而且只能用间歇工作的方法调节散热器的散热量,这就会造成室温在较大的范围内波动。但在高层建筑中,可用真空蒸汽供暖系统。它既不受高度限制,也没有蒸汽供暖系统在卫生及调节方面的缺点。在采用真空蒸汽供暖系统时,不仅要使系统内保持真空,而且要用改变真空度的办法调节散热器的散热量,这就要求系统严密不漏,并需要保持真空的自控设备。

三、热源

1. 供热锅炉及锅炉房

(1)常用锅炉类型及适用范围。

①类型。在供暖系统中,锅炉是加热设备,用锅炉可将回水加热成蒸汽或热水。锅炉有两大类,即蒸汽锅炉和热水锅炉。对于供暖系统所用的锅炉来说,每一类型都可分为低压及高压两种。在蒸汽锅炉中,蒸汽压力低于 0.7MPa(表压力)的称为低压锅炉,蒸汽压力高于 0.7MPa 的称为高压锅炉。在热水锅炉中,温度低于 115℃的称为低压锅炉,温度高于 115℃的称为高压锅炉。

②适用范围。集中供暖系统常用的热水温度为 95℃,常用的蒸汽压力往往小于 0.7MPa,所以大都用低压锅炉。在区域供热系统中,则多用高压锅炉。低压锅炉用铸铁或钢制造,高压锅炉则完全用钢制造。

(2)锅炉的构成及基本工作过程。

①构成。锅炉本体的最主要构成是汽锅与炉子。燃料在炉子中燃烧,放出大量的热量,这些热量以辐射、对流和热传导三种方式传给汽锅里的水,使水汽化。为了满足系统对蒸汽温度的特殊要求,设置了蒸汽过热器。为了提高锅炉运行的经济性,设置了省煤器与空气预热器。这些也都是锅炉本体的组成部分。除此之外,为了使锅炉能安全、可靠地工作,还必须配备水位表(热水锅炉不必装水位表)、压力表、温度指示计、安全阀、给水阀、止回阀和排污阀等配件,由于供暖系统不用过热蒸汽,因此供暖锅炉通常不装蒸汽过热器。

②基本工作过程。当蒸汽锅炉工作时,在锅炉内部要完成三个过程,即燃料的燃烧过程、烟气与水的热交换过程以及水受热的汽化过程。热水锅炉则只完成前两个过程。

(3)锅炉基本特性的表示。习惯上用蒸发量(或产热量)、蒸汽(或热水)参数、受热面蒸发率(或发热效率)以及锅炉效率来表示锅炉的基本特性。蒸发量即蒸汽锅炉每小时的蒸汽产量,单位是 t/h;热水锅炉用供热量或"产热量"表示单位是 kcal/h。现在采用法定计量单位用热功率来表示锅炉的出力(容量),单位是 MW。蒸汽(或热水)参数是指蒸汽(或热水)的压力及温度。对于生产饱和蒸汽的锅炉,由于饱和压力和饱和温度之间有固定的对应关系,因此通常只标明蒸汽的压力就可以了。

对于生产热水的锅炉,则压力与温度都要标明。受热面蒸发率(或发热率)是指每平方米受热面每小时生产的蒸汽量[或热量,单位是 kg/(m^2 · h)或 kW/m^2]。锅炉效率是指锅炉中被蒸汽或热水接收的热量与燃料在炉子中应放出的全部热量的比值。

(4)铸铁片式锅炉介绍。铸铁片式锅炉为常见的小容量低压供暖锅炉,具有可增减炉片来改变发热量,耐腐蚀,经久耐用等优点,但也有效率低、产热量较小以及耗铸铁量大等缺点。这种锅炉每一个炉片都是中空的,其上下都有管接口,借助管接口将各个炉片连接成为炉体,并以钢条螺栓拉紧。冷水自锅炉后端进入彼此相通的炉体,经加热后,热水由上部流出。这种锅炉有双层炉排,上炉排为水冷炉排,下炉排为固定式铸铁炉排,上炉排上部的空间为风室,上、下炉排之间为燃烧室,下炉排之下是灰坑。空气由风室的炉门及灰坑的灰门流入,经上、下炉排上的燃料层,到达燃烧室而成为高温烟气,高温烟气经燃烧室后边的燃烬室及各炉片的中间烟道流到前烟室,再由沙片的两侧烟道返到锅炉后部而排入烟囱。在正常工作时,只往上炉排上面投新燃料,上炉排形成灰渣,通过定时的拨火落到下炉排上,通过灰门适量的给风,使炉火中的炭持续燃烧。在燃烧室内,自上而下的半煤气与自下而上的含有过剩空气的燃烧产物相混合,形成明火半煤气燃烧。此后,未燃尽的挥发物、悬浮的微小炭粒和剩余空气中的氧再在燃烧室内充分燃烧,使烟气中的炭黑含量下降到最低的程度,从而在消烟除尘方面有了更好的效果。在一般情况下,这种锅炉要用机械通风,但当烟囱砌筑良好(不漏风),且高度在 28m 以上时,也可采用自然通风。这种锅炉的产热量为 232.6 ~488.5kW。

(5)卧式快装锅炉。这是钢制锅炉,它已在我国许多地方被推广使用。其工作压力分为 0.8MPa 和 1.3MPa 两种,蒸发量为 1~4t/h。图 2-33 所示是 KZL4-13-II

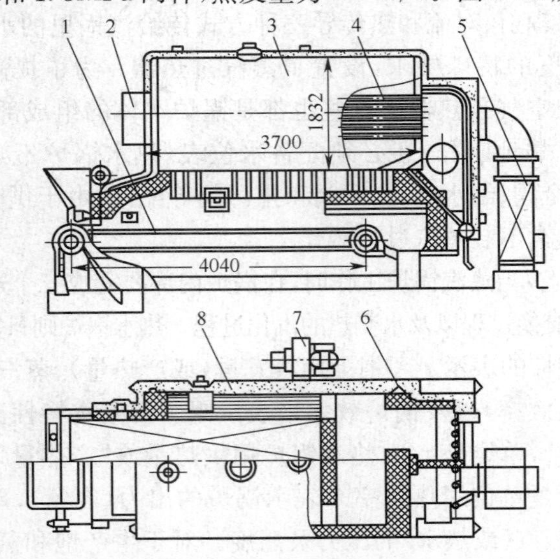

图 2-33 KZL4-13-II 型快装锅炉简图

1. 链条炉排 2. 前烟箱 3. 锅筒 4. 烟管 5. 铸铁省煤器 6. 下降管 7. 送风机 8. 水冷壁管

型快装锅炉简图。

(6)锅炉台数的选择。根据供暖系统的热媒及其参数和所用的燃料选择锅炉的类型。根据建筑物总热负荷及每台锅炉的产热量选择锅炉的台数。在一般情况下,锅炉最好选两台或两台以上。这样考虑是因为,一年中由于气候的变化,建筑物的热负荷并不均匀,当室外温度等于供暖室外计算温度时,全部锅炉都要满负荷工作;而当室外温度升高时,便可停止部分锅炉工作,使工作的锅炉仍处于经济运行状态。锅炉台数增多时,对调节来说是比较合理的,但管理不便,还会增加锅炉房的占地面积。

(7)锅炉房位置的确定及对建筑设计的要求。根据锅炉监督机构的规定,低压锅炉可设在供暖建筑物内的专用房间或地下室中,而高压锅炉则必须设在供暖建筑物以外的独立锅炉房中。用于供暖的锅炉房,大体上可分为两类:一类为工厂供热或区域供热用的独立锅炉房;另一类为生活或供暖用的附属锅炉房,它既可附设在供暖建筑物内,也可建筑在供暖建筑物以外。为安全起见,在供暖建筑物内设置的锅炉只能是低压锅炉。这两类锅炉房并无本质差异,只是大小、繁简稍有差别而已,这里以后一类锅炉房为例加以介绍。

①锅炉房的位置应力求靠近供暖建筑物的中央。这样可减少供暖系统的半径,并有助于供暖系统各环路间的阻力平衡。

②应尽量减少烟灰对环境的影响,锅炉房一般应位于建筑物供暖季主导风向的下风方向。

③锅炉房的位置应便于运输和堆放燃料与灰渣。

④在锅炉房内除安放锅炉外,还应合理地布置储煤处、鼓风机、水处理设备、凝结水箱及冷凝水泵(蒸汽供暖系统)、循环水泵(热水供暖系统)、厕所浴室及休息室等。

⑤锅炉房应有较好的自然采光,且锅炉的正面应尽量朝向窗户。

⑥锅炉房的位置应符合安全防火的规定。

⑦用建筑物的地下室作为锅炉房时,应有可靠的防止地面水和地下水浸入的措施。此外,地下室的地坪应具有向排水地漏倾斜的坡度。

⑧锅炉房应有两个单独通往室外的出口,分别设在相对的两侧。但当锅炉前端走道的总长度(包括锅炉之间的通道在内)不超过 12m 时,锅炉房可只设一个出入口。

锅炉房通向室外的门应向外开,锅炉房内的生活室等直接通向锅炉间的门,应向锅炉间开。

⑨锅炉应装在单独的基础上。

(8)锅炉房主要尺寸的确定。在锅炉房中,要合理地配置和安装各种设备,以保证安装、运行及检修的方便和安全可靠。

①锅炉房平面尺寸应依据锅炉、其他设备数量和烟道的位置、尺寸而定。

锅炉前部到锅炉房前端的距离一般不小于 3m。对于需要在炉前操作的锅炉,此距离应大于燃烧室总长 1.5m 以上。

锅炉与锅炉房的侧墙之间或锅炉之间有通道时，如不需要在通道内操作，通道宽度不应小于 1.0m。如需要在通道内操作，通道宽度就应保证操作方便，一般为 1.5～2.0m。

鼓风机、引风机和水泵等设备之间的通道宽度，一般不应小于 0.7m。

锅炉后墙与总水平烟道之间应留有足够的距离，以敷设由锅炉引出的烟道及装置烟道闸板，此距离不得小于 0.6m。

②锅炉房的高度应依据锅炉高度而定。在一般情况下，锅炉房的顶棚或屋架下弦应比锅炉高 2.0m。但当锅炉房采用木屋架时，则屋架下弦至少高于锅炉 3m。

(9)烟道、烟囱及煤灰场。

①烟道。燃料燃烧所生成的烟气，一般由锅炉后部排入水平烟道。水平烟道有两种布置方法：一种是将它放到锅炉房的地面下，另一种是放在地面上。烟道壁用 370 砖砌筑。在砌筑烟道转弯、分叉及设闸板处，应设置专门的清扫口，清扫口应当用盖子盖严。

水平烟道的净截面，应根据该烟道内烟气的流量和流速来确定。烟气量取决于燃料的消耗量，燃料的成分和燃烧条件。烟气的流速一般为 4～6m/s。

②烟囱。为了使燃料在锅炉内安全、连续地燃烧，必须不间断地向锅炉内燃料层供给空气，同时将所产生的烟气经烟道及烟囱排入大气。烟囱的主要作用是产生抽力，烟囱越高抽力越大。当空气流过煤层及烟气流经各种受热面，烟道及烟囱的阻力较大时，除了设置烟囱外，还需要用鼓风机向煤层送风和引风机抽取烟气。

供暖锅炉房的烟囱可以靠墙砌筑或者离开建筑物单独砌筑。如用建筑物的地下室作为锅炉房时，一般情况下不希望离开建筑物单独砌筑烟囱，而是将烟囱靠内墙砌筑。这样做的优点是，可以防止烟囱内烟气冷却，水平烟道短，不影响建筑物的美观。如必须将烟囱单独在室外砌筑，则尽量将其布置到对建筑物美观影响较小的地方，并且距外墙应不小于 3m。

烟囱的高度要满足抽力及环境保护的要求。一般情况下，烟囱高度不应低于 15m。

烟囱截面应根据烟囱内烟气的流量及流速来确定。烟囱内烟气流速一般为 4～6m/s。

③煤灰场。在一般情况下，煤及灰渣均堆放在锅炉房主要出入口外的空地上，有时也可在锅炉间旁边设置单独的煤仓。

露天煤场和煤仓的储煤量应根据煤供应的均衡性以及运输条件来确定。煤仓中的煤应能直接流入锅炉间。

灰渣场宜在锅炉房供暖季主导风向的下方，煤灰渣储存量取决于运输条件。

2. 热力管网及热力引入口

供暖系统除可用小型锅炉作为热源外，也可用区域供热系统作为热源。区域供热系统的热源是热电站或大型锅炉房，一个区域供热系统的锅炉房，提供了一个区域中全部房屋的供暖、通风及热水供应系统所需要的全部热量。有时区域供热系统还可供给工业企业中工艺过程所需要的热能。

在区域供热系统中，热源所产生的热量，通过室外管网(即热力管网)送到各个热用户。显然，热用户即指与室外管网相连接的供暖、通风以及热水供应系统。

区域供热系统的优点是，由于使用大型锅炉，其机械化程度高，自动控制及技术管理也均较好，因此燃料中热量的利用率高，能减少管理人员，节省费用，可减少对大气的污染。

区域供热系统的热媒是热水或蒸汽。通过室外管网，将热水或蒸汽送到各个热用户。室外管网以双管系统最为普遍。双管系统即由供热中心引出两根管线，一根将热水或蒸汽送到热用户，另一根流回回水或凝结水。

区域供热系统如以热水为热媒，热水热力管网的供水温度为95℃～150℃，甚至更高一些，回水温度为70℃～90℃。

区域供热系统如以蒸汽为热媒，蒸汽的参数应视热用户的需要和室外管网的长度而定。当供暖系统与区域供热系统的室外管网相连接时，室外热力管网中的热媒参数不可能与全部热用户所要求的热媒参数完全一致，这就要求在各热用户的引入口将热媒参数加以改变。

要使热力管网内热媒参数符合供暖系统等的需要，就要借助于不同的连接方法、专门设备以及自动装置来实现。

(1)与热水热力管网相连接。供暖系统、热水供应系统与热水热力管网连接的原理如图 2-34 所示。图 2-34a 、b、c、d 所示是尾热水供暖系统与热水热力管网连接的方式；图 2-34e、f 所示是热水供应系统与热水热力管网的直接连接方式；图 2-34a、b、c、e 所示是热用户与热水热力管网的直接连接方式，图 2-34d、f 则是借助于表面式水-水加热器的间接连接方式。

在直接连接时，必须遵循以下条件：

①连接后，热用户中的压力，不应高于其管道设备的允许压力。

②连接后，热用户最高点的压力要高于热用户中热水的饱和压力，即不允许热用户中热水汽化。

③要满足热用户对温度和流量的要求。

如图 2- 34a 所示的连接方式，热水从供水干管直接进入供暖系统，放热后返回回水干管。这种连接方式，在热力管网的水力工况(指供水、回水干管的压力及它们的差值)及热力工况(指整个供暖季的温度)与供暖系统相同时才采用。

当热力管网供水温度过高时，就要用如图 2-34b 及图 2-34c 所示的连接方式。供暖系统的部分回水通过混水器或水泵与供水干管送来的热水相混合，达到所需要的水温后，进入供暖系统，放热后，一部分回水返回到回水干管，另一部分与供水干管送来的热水相混合。如图 2-34c 所示方式连接，为防止水泵升压后将热力管网回水干管中的回水压入供水干管，应在供水干管引向供暖系统的引入管上加装止回阀。

如果热力管网中的压力过高，超过了供暖系统所允许的压力，或者当供暖系统所需压力较高而又不宜普遍提高热力管网的压力时，供暖系统就不能直接与热力管网连接，而必须通过表面式水-水加热器将供暖系统与热力管网隔开。此时应按图 2-34d 所示的方式连接。

图 2-34e、f 所示的情况大致与前面相应的方式相同，只不过一个是供暖系统，而另一个是热水供应系统而已。

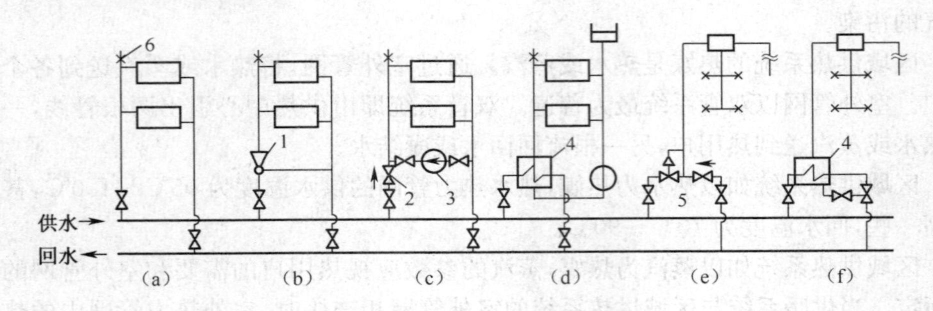

图 2-34 热用户与热水热力管网连接

(a)～(f)连接方式

1. 混水器 2. 止回阀 3. 水泵 4. 加热器 5. 温度调节器 6. 排气阀

(2)与蒸汽热力管网相连接。供暖系统、热水供应系统与蒸汽热力管网连接的原理如图 2- 35 所示。

图 2-35a 所示是蒸汽供暖系统与蒸汽热力管网直接连接方式。蒸汽热力管网中压力较高的蒸汽通过减压阀进入蒸汽供暖系统，放热后，凝结水经疏水阀流入凝结水箱，然后用凝结水泵将凝结水送回热力管网。为了防止热力管网凝结于管中的凝结水和二次蒸发倒流入凝结水箱之中，在凝结水泵出口装置了止回阀。由于这种连接方法比较简单，因此得到了广泛的应用。图 2-35b 是热水供暖系统与蒸汽热力管网的间接连接方式。来自蒸汽热力管网的高压蒸汽，通过汽-水加热器将供暖系统中的循环水加热，热水供暖系统用循环水泵使水在系统内循环。图 2-35c 所示是热水供应系统与蒸汽热力管网连接的方式。

在图 2-34 及图 2-35 中，用于间接连接的主要设备是水-水加热器如图 2-36 所示，或汽-水加热器。汽-水加热器可分为两种：一种是容积式加热器，如图 2-37 所示，另一种是快速加热器如图 2-38 所示。容积式加热器的特点是将加热器与热水储水箱结合在一起，它的传热系数小，用在热水用量不大且有明显高峰负荷的场合。

在上述各种连接方式中，只给出了热用户与热力管网连接处的主要设备。除此之外，根据不同情况还可装有测量、控制及其他附属设备，如温度指示计、压力表、流量表、温度控制器、压力控制器、流量控制器以及除污器等，安装有上述设备的热用户与热力管网的连接处称为用户的热力引入口。

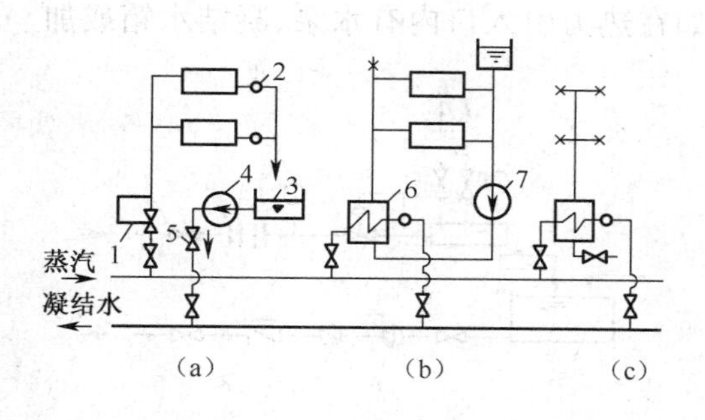

图 2-35　热用户与蒸汽热力管网连接

(a)～(c)连接方式

1. 减压阀　2. 疏水阀　3. 凝结水箱　4. 凝结水泵
5. 止回阀　6. 加热器　7. 循环水泵

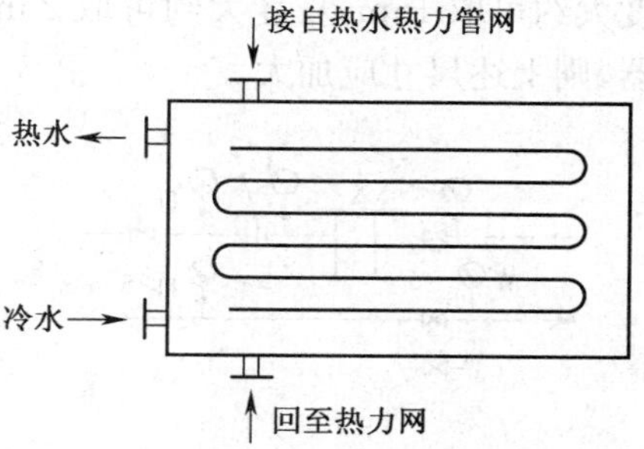

图 2-36　水-水加热器

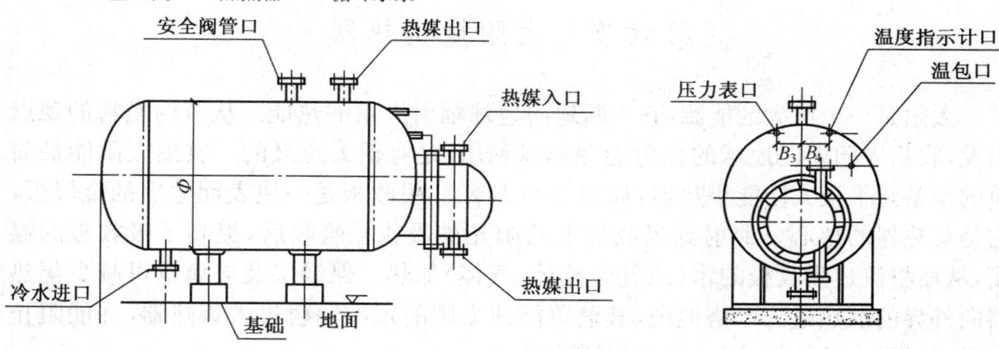

图 2-37　容积式汽-水加热器

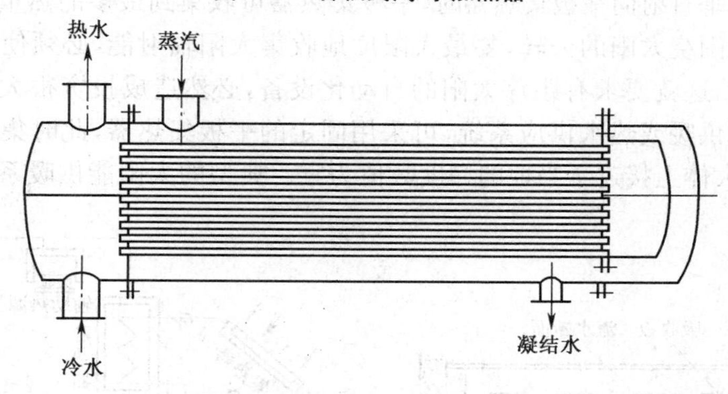

图 2-38　快速汽-水加热器

图 2-39、图 2-40 所示分别是热水和蒸汽热力引入口的示意图。可用地下管沟、地下室、楼梯间或次要的房间作为热力引入口。建筑物热力引入口的位置最好放在整个建筑物的中央。由于热力引入口是调节、统计和分配从热力管网取得热量的中心，因此要求热力引入口房间除应有足够的尺寸，使人能方便地达到所有的设备并进行操作外，还应有照明设备，并要保持清洁。热力引入口的高度最低不低于 2m，

宽度大约可取 15m，长度大约可取 25m。如在热力引入口内有水泵、凝结水箱或加热器，则上述尺寸应加大。

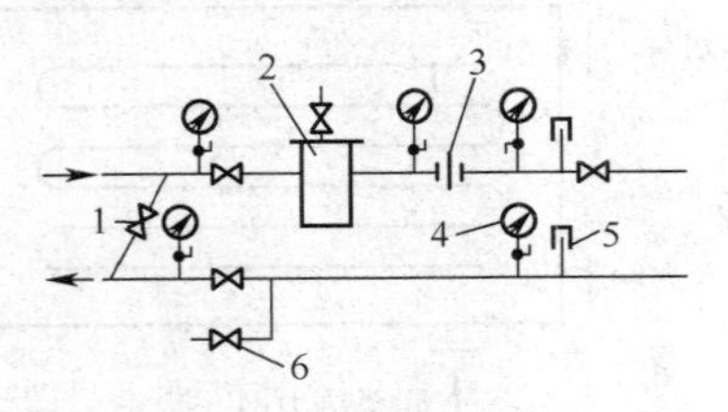

图 2-39 热水热力引入口

1. 旁通阀 2. 除污器 3. 调压孔板 4. 压力表 5. 温度指示计 6. 泄水阀

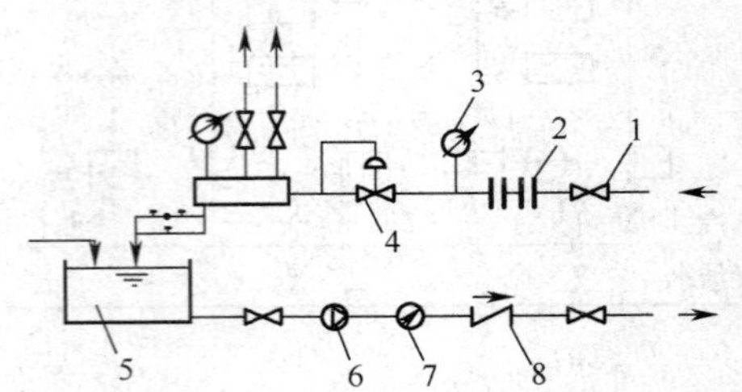

图 2-40 蒸汽热力引入口

1. 阀门 2. 蒸汽流量计 3. 压力表 4. 减压阀 5. 凝结水箱 6. 水泵 7. 水量表 8. 止回阀

第六节 太阳能集热器

太阳是一个巨大的能源，它不断地向地球辐射大量的热能。从节约燃料的观点出发，收集太阳射向地球的辐射能并加以利用，是有很大意义的。收集太阳能最简单的设备是平板太阳能集热器，如图 2-41 所示。吸收板是一块表面涂黑的金属板，它是集热器的核心。照射到吸收板上的阳光被吸收板吸收后，提高了吸收板的温度，从而将流过吸收板的水（或其他液体、气体）加热。保温层及玻璃罩可减少集热器向外界的散热量。严格地说，玻璃罩能使太阳的短波辐射进入集热器，并能阻止由吸收板发出的较长波长的热辐射散出。

当太阳光垂直射向平板集热器时，平板集热器可收集到最多的热量。然而由于地球的自转及围绕太阳的公转，要最大限度地收集太阳辐射能，必须使集热器跟随太阳自动旋转，这就要求有跟踪太阳的自动化设备，必然造成投资很大。对于热负荷不大的热水供暖或热水供应系统，可采用固定的平板集热器，此时集热器与水平面的夹角，以大体上接近于当地的纬度数值为宜。典型的太阳能供暖系统示意图如图 2-42 所示。

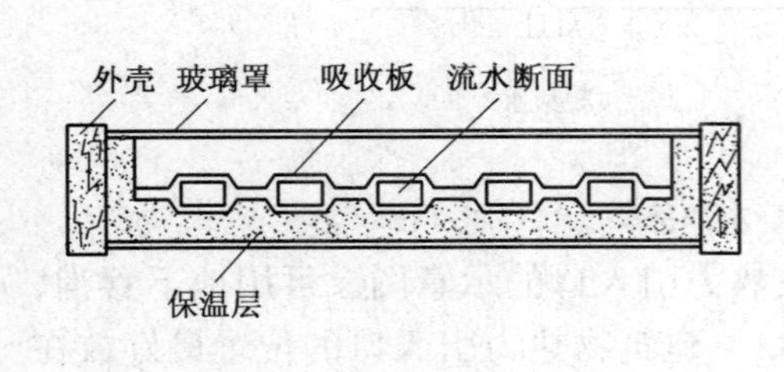

图 2-41 平板太阳能集热器

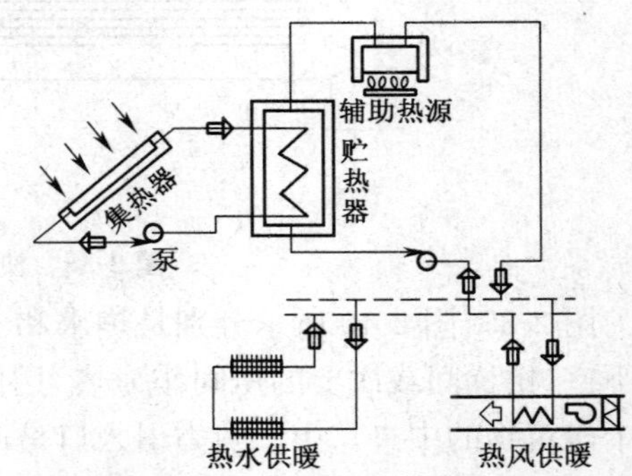

图 2-42 太阳能供暖系统

第七节　空调系统

一、空调概述

1. 空气调节的应用和空调系统的组成

空气调节(简称空调)是为满足人们的生产、生活要求,改善劳动卫生条件,用人工的方法使室内空气温度、相对湿度、洁净度和气流速度参数达到一定要求的技术。

所谓"一定要求",是指一些生产工艺或者人们从事某种活动的客观需要。不同场合,对上述各项参数的要求各有不同的侧重。

大多数空调房间,主要是控制空气的温度和相对湿度。对温度和相对湿度的要求,常用"空调基数"和"允许波动范围"来表示,前者是要求保持的室内温度和相对湿度的基准值,后者是允许工作区内控制点的实际参数偏离基准参数的差值。需要严格控制温度和相对湿度恒定在一定范围内的空调工程,如机械工业的精密加工车间、精密装配车间以及计量室、刻线室等,通常称为"恒温恒湿"。不要求温度、湿度恒定,而是以夏季降温为主,用来满足人体舒适要求的空调,称为一般空调或舒适性空调。

有些工艺过程,不仅要求有一定的温、湿度,而且对于空气的含尘量和尘粒大小也具有严格要求,如电子工业的光刻、扩散、制版、显影等工作间,满足这种要求的空调称为净化空调。

此外,尚有无菌空调(用于医药工业的实验室、药物分装室以及医院里的某些手术室),以除湿为主的空调(用于地下建筑及洞库)以及用以模拟高温、高湿、低温、低湿和高空空间环境等的"人工气候室"等。

图 2-43 所示的是一个常用的以空气作为介质的集中式空调系统示意图。室外空气(新风)和来自空调房间的一部分循环空气(回风)进入空气处理室,经混合后进行过滤除尘以及冷却、减湿(夏季)或加热、加湿(冬季)等各种处理,以达到符合要求的空调送风状态,然后由风机送入各空调房间。送入的空气在室内吸收了余热、余湿及其他有害物后,通过排风设备排至室外,或由回风管道(有时设置回风用的风机吸引一部分回风循环使用,以节约能量。

在室内外各种干扰因素(室外气象参数和室内的散热量、散湿量等)发生变化时,为保证室内空气参数不超出允许的波动范围,必须相应地调节送风的处理过程,或调节送入室内的空气量。这个运行调节工作,根据允许波动范围以及室内热、湿扰量的大小,可通过手动或自动控制系统来实现。可见,对于如图 2-43 所示的空调系统,是由处理空气、输送空气、在室内分配空气以及运行调节四个基本部分组成的。

2. 空调系统的分类

常用的空调系统,按其空气处理设备设置情况的不同,可以分为集中式、分散式和半集中式三种类型。

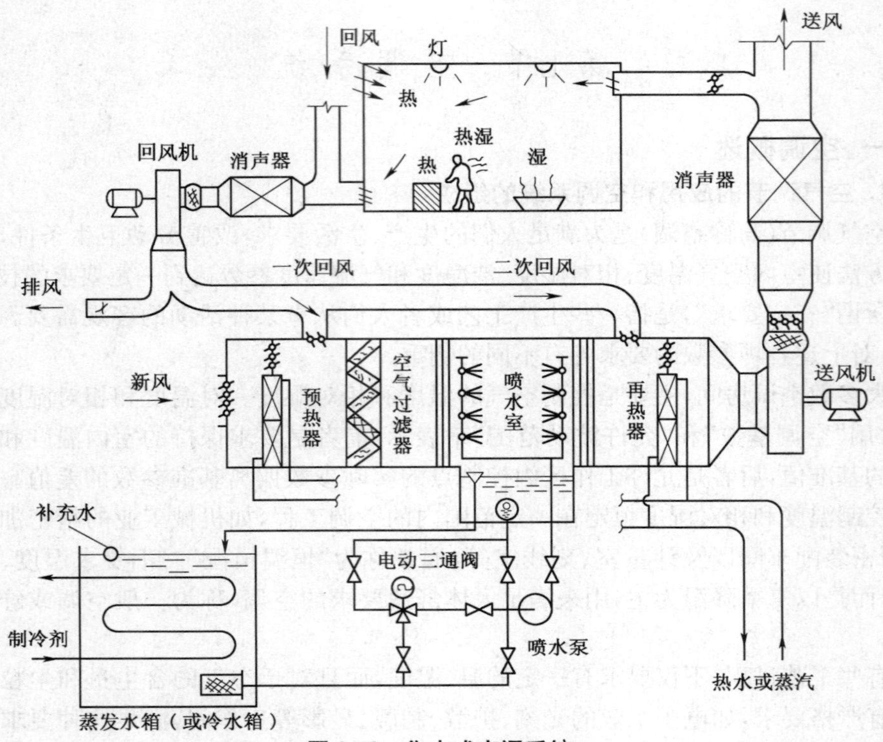

图 2-43 集中式空调系统

集中式空调系统是将各种空气处理设备以及风机都集中设在一个专用的空调机房里，以便于集中管理。空气经集中处理后，再用风管分送给各个空调房间。

分散式空调系统，是利用空调机组直接在空调间内或其邻近地点就地处理空气的一种局部空调的方式。空调机组是将冷源、热源、空气处理、风机和自动控制等设备组装在一个或两个箱体内的定型设备。图 2-44 所示是将空调机组设在邻室的情况。

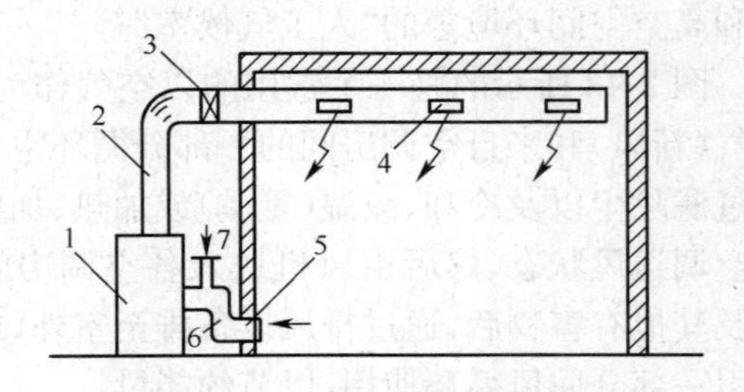

图 2-44 分散式空调系统

1. 空调机组 2. 送风管道 3. 电加热器 4. 送风口 5. 回风口 6. 回风管道 7. 新风入口

半集中式空调系统，除有集中的空调机房外，还有分散在各空调房间内的二次处理设备（或称末端装置），其中多半设有冷、热交换器（也称二次盘管），集中供给新风的风机盘管空调系统，即属此种类型。

二、空气处理和消声减振

1. 空气加热

在空调工程中经常需要对送风进行加热处理。目前，广泛使用的加热设备，有表面式空气加热器和电加热器两种类型。前者用于集中式空调系统的空气处理室和半集中式空调系统的末端装置中，后者主要用在各空调房间的送风支管上作为精调设备，以及用于空调机组中。

表面式空气加热器，是以热水或蒸汽作为热媒通过金属表面传热的一种换热设备。图 2-45 所示是用于集中加热空气的一种表面式空气加热器的外形图。不同型号的加热器，其肋管(管道及肋片)的材料和构造形式多种多样。用于半集中式空调系统末端装置中的加热器，通常称为“二次盘管”，有的专为加热空气用，也有的属于冷、热两用型，即冬季作为加热器，夏季作为冷却器。其构造原理与大型的加热器相同，只是容量小、体积小，并使用有色金属来制作，如铜管铝肋片等。

电加热器有裸线式和管式两种结构。裸线式电加热器的构造如图 2-46 所示，图中只画出一排电阻丝，根据需要电阻丝可以多排组合。管式电加热器是由若干根管状电热元件组成的，管状电热元件是将螺旋形的电阻丝装在细管里，并在空隙部分用导热而不导电的结晶氧化镁绝缘，外形做成各种不同的形状和尺寸。

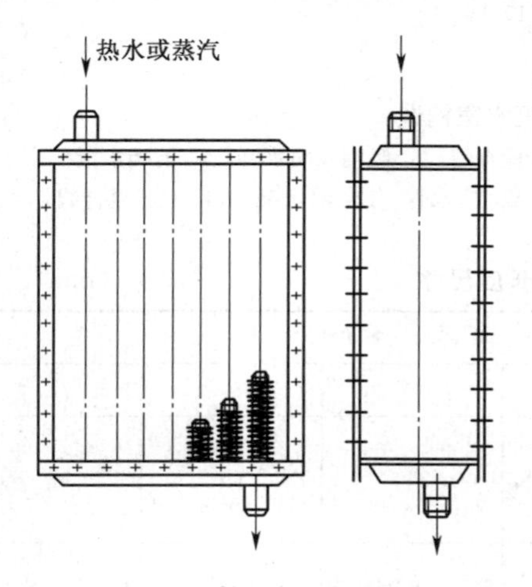

图 2-45 表面式空气加热器

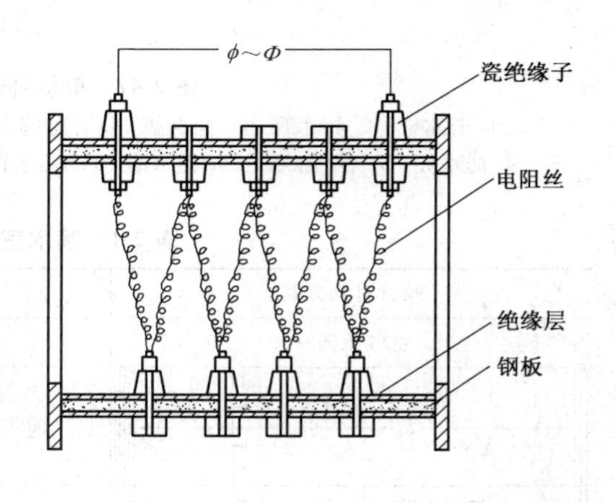

图 2-46 裸线式电加热器

2. 空气冷却

使空气冷却特别是减湿冷却，是对夏季空调送风的基本处理过程。常用的方法如下：

(1)用喷水室处理空气。这种方法，就是在喷水室中直接向流过的空气喷淋大量低温水滴，以便通过水滴与空气接触过程中的热、湿交换而使空气冷却或者减湿冷却。喷水室是由喷嘴、喷水管路、挡水板、集水池和外壳等组成的，集水池内又有回水、溢水、补水和泄水四种管路和附属部件。图 2-47 所示是一个单级卧式喷水室的构造示意图。喷嘴的排数和喷水方向应根据计算来确定，可以是一排逆喷，即喷水方向与空气流向相反，也可以是两排对喷(第一排顺喷，第二排逆喷)或三排对喷

(第一排顺喷,后两排逆喷)。通常多采用两排对喷,只是在喷水量较大时才增为三排。喷水室的横截面积应根据通过的风量和常用流速 $v=2\sim3\text{m/s}$ 的条件来确 定。喷水室的长度取决于喷嘴排数和喷水方向,列举的数据见表 2-1。挡水板分为前挡水板(又称分风板)和后挡水板,通常都是用镀锌薄钢板加工成波折的形状。前挡水板的宽度为 150～250mm,后挡水板的宽度为 350～500mm。

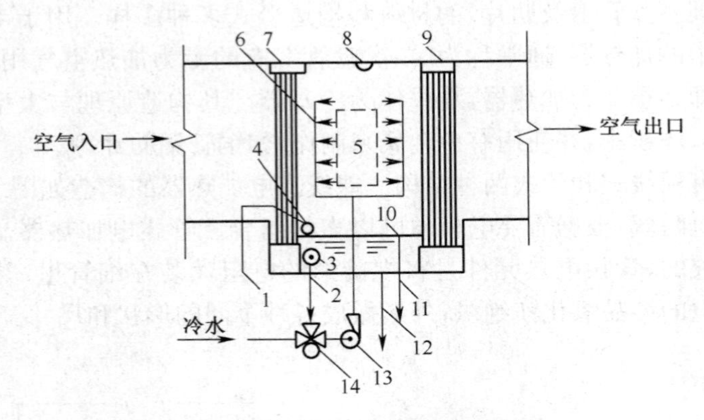

图 2-47 单级卧式喷水室构造

1. 补水管 2. 回水管 3. 滤水器 4. 浮球阀 5. 检查门 6. 喷嘴及喷水管 7. 前挡水板 8. 防水灯 9. 后挡水板 10. 溢水器 11. 溢水管 12. 泄水管 13. 喷水泵 14. 三通混合阀

表 2-1 喷水室的长度尺寸 (mm)

喷管排列方式	间距尺寸			
空气流向→	l_1	l_2	l_3	l_4
l_1 l_2	1000	250	—	—
l_1 l_2 l_3	200	600～1000	250	—
l_1 l_2 l_3 l_4	200	600～1000	600	250

喷水室的外壳一般用钢板加工,也可以用砖砌或用混凝土浇制,但要注意做好防水。

集水池的容积一般按能容纳 2～3min 的喷水量考虑,深度为 0.5～0.6m。

喷水处理法可用于任何空调系统,特别是在有条件利用地下水或山涧水等天然冷源的场合,宜采用这种方法。此外,当空调房间的生产工艺要求严格控制空气的相对湿度(如化纤厂),或要求空气具有较高的相对湿度(如纺织厂)时,用喷水室处理空气的优点尤为突出。但是这种方法也有缺点，主要是耗水量大、机房占地面积较大以及水系统比较复杂。

(2)用表面式冷却器处理空气。表面式冷却器分为水冷式和直接蒸发式两种。水冷式表面冷却器与空气加热器的原理相同，只是将热媒换成冷媒——冷水而已。直接蒸发式表面冷却器就是制冷系统中的蒸发器，这种冷却方式，是靠制冷剂在其中蒸发吸热而使空气冷却的。

表面式冷却器，能对空气进行干式冷却(使空气的温度降低但含湿量不变)或减湿冷却两种处理过程，这取决于冷却器表面的温度是高于还是低于空气的露点温度。

相比较，用表面式冷却器处理空气具有设备结构紧凑、机房占地面积小、水系统简单以及操作管理方便等优点，因此应用也很广泛。但它只能对空气实现上述两种处理过程，而不像喷水室那样能对空气进行加湿等处理，此外，它也不便于严格控制空气的相对湿度。

3. 空气的加湿和减湿

(1)空气加湿。有两种方式，一种是在空气处理室或空调机组中进行，称为集中加湿；另一种是在房间内直接加湿空气，称为局部补充加湿。

加湿空气，是一种常用的集中加湿法。对于全年运行的空调系统，如果夏季是用喷水室对空气进行减湿冷却处理的，在其他季节需要对空气进行加湿处理时，就可仍使用该喷水室，只需相应地改变喷水温度或喷淋循环水，而不必变更喷水室的结构。

喷蒸汽加湿和水蒸发加湿也是常用的集中加湿法。喷蒸汽加湿是用普通喷管(多孔管)或专用的蒸汽加湿器，将来自锅炉房的水蒸气喷入空气中去。例如，夏季使用表面式冷却器处理空气的集中式空调系统，冬季就可以采用这种加湿的方式。水蒸发加湿是用电加湿器加热水以产生蒸汽，使其在常压下蒸发到空气中去，这种方式主要用于空调机组中。

(2)空气减湿。在气候潮湿的地区、地下建筑以及某些生产工艺和产品贮存需要空气干燥的场合，这时要对空气进行减湿处理。空气减湿的方法很多，现介绍常用的两种如下：

1)制冷减湿。制冷减湿是靠制冷除湿机来降低空气的含湿量。制冷除湿机是由制冷系统和风机等组成的，制冷除湿机工作流程如图 2-48 所示。待处理的潮湿空气通过制冷系统的蒸发器时，由于蒸发器表面的温度低于空气的露点温度，于是不仅使空气降温，而且能析出一部分凝结水，这样便达到了空气减湿的目的。已经冷却减湿的空气通过制冷系统的冷凝器时，又被加热升温，从而降低了空气的相对湿度。

制冷除湿机的产品种类很多，有的做成小型立柜式，有的做成固定或移动式整体机组，不同型号的除湿量在每小时几千克到几十千克的范围内。

2)利用固体吸湿剂吸湿。固体吸湿剂有两种类型：一种是具有吸附性能的多孔性材料，如硅胶、铝胶等，吸湿后材料的固体形态并不改变：另一种是具有吸收能力的固体材料，如氯化钙等，这种材料在吸湿之后，由固态逐渐变为液态，最后失去吸湿能力。固体吸湿剂的吸湿能力不是固定不变的，在使用一段时间后失去了吸湿能力时，需进行“再生”处理，即用高温空气将吸附的水分带走（如对硅胶），或用加热蒸煮法使吸收的水分蒸发掉（如对氯化钙）。

图 2-49 所示是使用氯化钙的吸湿装置。按图示尺寸，在抽屉内铺放直径为50～70mm 的固体氯化钙吸湿层，总面积约 1.2m²。室内潮湿空气以 0.35m/s 的流速由各进风口进入吸湿层，然后由轴流风机直接送入房间。当室温为 27℃左右，进口空气的相对湿度为60%～90%时，吸湿量为 1.5～5kg/h。

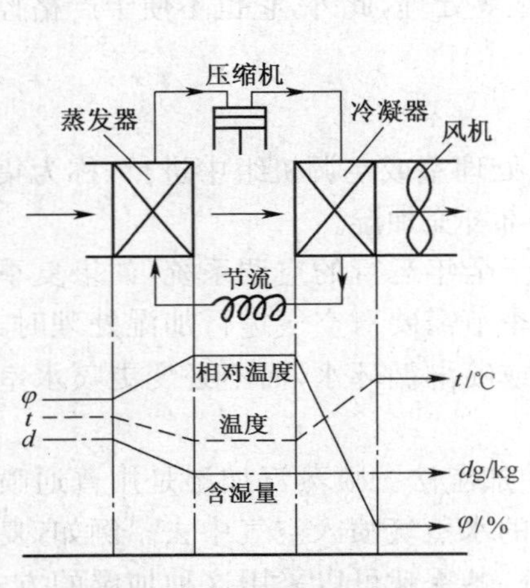

图 2-48 制冷除湿机工作流程

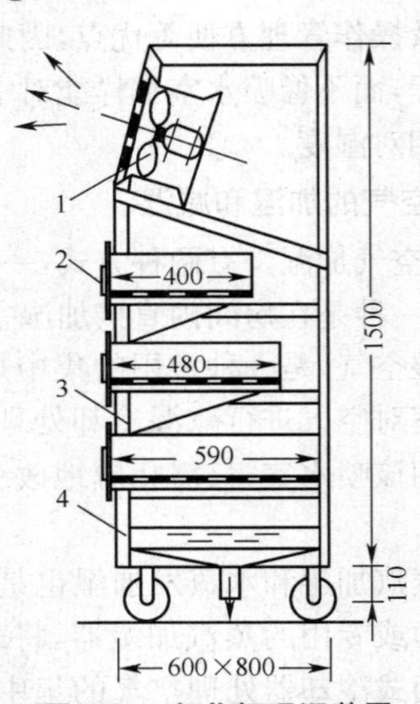

图 2-49 氯化钙吸湿装置

1. 轴流风机 2. 活动抽屉吸湿层
3. 进风口 4. 主体骨架

4. 空气净化

空气净化包括除尘、消毒、除臭以及离子化等，其中除尘是经常遇到的。

对送风的除尘处理，通常使用空气过滤器。空气过滤器的产品种类很多，根据过滤效率的高低，可将空气过滤器分为四种类型：初效的有采用化纤组合滤料制作的自动卷绕式空气过滤器，以及用粗中孔泡沫塑料制作的 M-Ⅲ型袋式过滤器等；中效的有用中细孔泡沫塑料制作的 M-Ⅱ、M-Ⅰ和 M-Ⅳ型袋式过滤器，以及用涤纶无纺布制作的 WU、WZ-Ⅰ和 WD-Ⅰ型袋式过滤器等；亚高效的有 ZKL 型棉短绒纤维滤纸和 GZH 型玻璃纤维滤纸过滤器等；高效的有 GB 型玻璃纤维滤纸和 GS 型石棉纤维滤纸过滤器等。

图 2-50 所示是 ZJK-1 型自动卷绕式初效过滤器的结构原理。不同型号的外形尺寸（宽×高×深）为（1124mm×1574mm×700mm）～（2154mm×2084mm×700mm），额定风量约为 10000～40000m³/h。

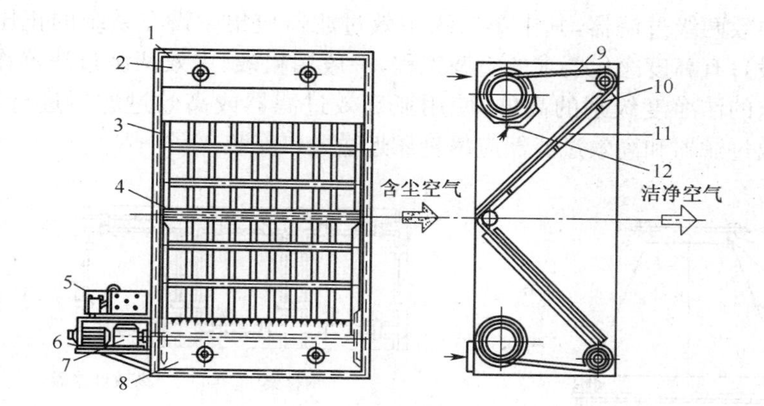

图 2-50 ZJK-1 型自动卷绕式初效过滤器的结构原理

1. 连接法兰 2. 上箱 3. 滤料滑槽 4. 改向辊 5. 自动控制箱 6. 支架 7. 减速箱 8. 下箱 9. 滤料 10. 挡料栏 11. 压料栏 12. 限位器

图 2-51 所示是 M 型泡沫塑料过滤器的外形与安装框架。不同型号的外形尺寸为(520mm×520mm×610mm)～(440mm×440mm×500mm)，额定风量为 2000～1600m³/h。

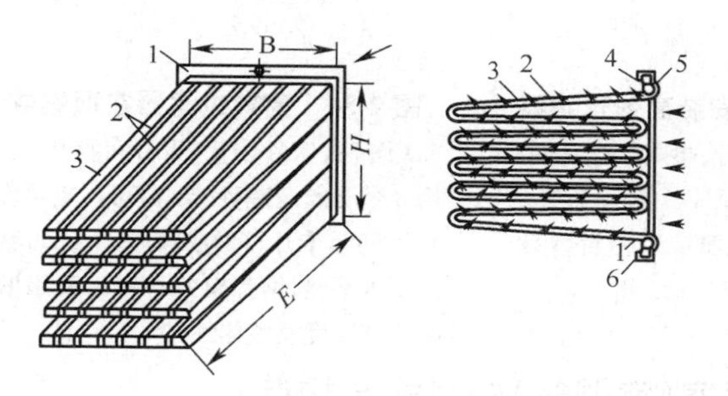

图 2-51 M 型泡沫塑料过滤器的外形与安装框架

1. 角钢边框 2. 铅丝支撑 3. 泡沫塑料滤层 4. 固定螺栓 5. 螺母 6. 现场安装框架

图 2-52 所示是 GB、GS 型高效过滤器的构造示意图。这两种过滤器是由木质外框、滤纸和波纹状分隔片组成的，外形尺寸有 484mm × 484mm × 220mm 和 630mm × 630mm × 220mm 两种规格，额定风量为 1000m³/h 和 1500m³/h。图 2-53 和图 2-54 所示分别是在送风口处和在顶棚或送风墙上高效过滤器的安装方式示意图。

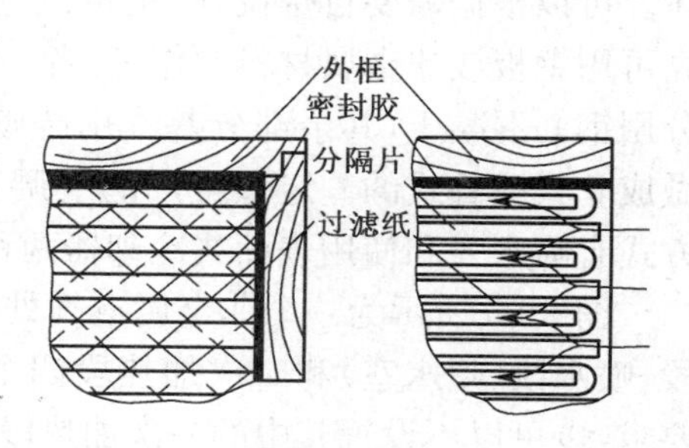

图 2-52 高效过滤器的构造示意

对空气过滤器的选用，应主要根据空调房间的净化要求和室外空气的污染情况而定。一般的空调系统，通常只设一组粗效过滤器；有较高净化要求的空调系统，可设粗效和中效两级过滤器，其中第二级中效过滤器应集中设在系统的正压段（即风机的出口段）；有高度净化要求的空调工程，一般用粗效、中效两级过滤器作预过滤，再根据要求的洁净度级别的高低，使用亚高效过滤器或高效过滤器进行第三级过滤。亚高效过滤器和高效过滤器应尽量靠近送风口安装。

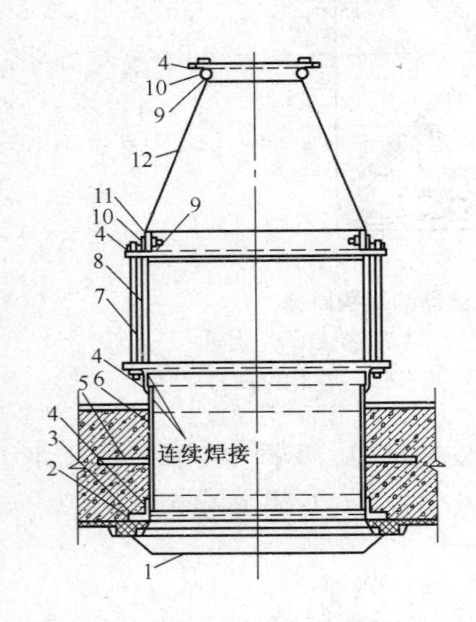

图 2-53 在送风口处安装高效过滤器

1. 扩散板 2. 螺钉、螺母、垫圈 3. 木框 4. 角钢法兰 5. 钢筋爪 6. 预埋短管 7. 长螺杆 8. 高效过滤器 9. 密封垫圈 10. 铆钉 11. 压条 12. 软管

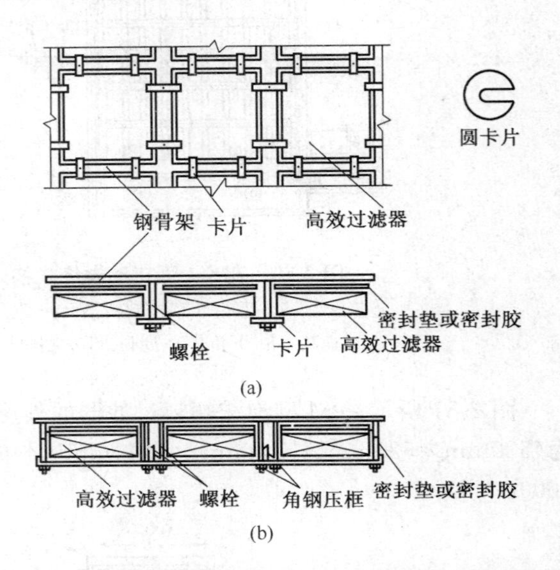

图 2-54 高效过滤器在顶棚或送风墙上安装示意

(a)卡片式压紧装置（卡片可做成长方形，每个高效过滤器用 8 个支点；若钢骨架强度好，也可在高效过滤器的四角定 4 个支点，卡片可做成圆形） (b)角钢框式压紧装置（钢骨架要求平整，钢骨架的材料可采用槽钢、角钢对焊或方钢，要注意强度及整体性）

三、空气处理室（空调箱）的形式与构造

空气处理室或称空调箱，是集中设置各种空气处理设备的一个专用小室或箱体。可以根据需要自行设计，也可以选用定型产品。自行设计的空气处理室，其外壳可用钢板或非金属材料制作，后者一般是对整个处理室的顶部及其中的喷水室部分用钢筋混凝土，其余部分基本用砖砌。大型处理室常做成卧式的，小型的也可以做成立式或叠式的。定型生产的空调箱多为卧式，其外壳用钢板制作，冷却空气的方式有喷水式和使用表面式冷却器两种。

图 2-55 所示为一个非金属空气处理室的组合示意图，它包括过滤段、一次加热段、喷水段（喷水室）和二次加热段四个完整的组成部分。在不同情况下，根据设计要求，也可以不设置其中的一次加热段或二次加热段。非金属空气处理室的组合长度见表 2-2，非金属空气处理室的构造尺寸见表 2-3。

由工厂生产的金属空调箱，是用标准构件或标准段组装而成的。它的最大特点是可以根据设计要求选用标准段或标准构件加以组合，从而加快工程进度。分段越

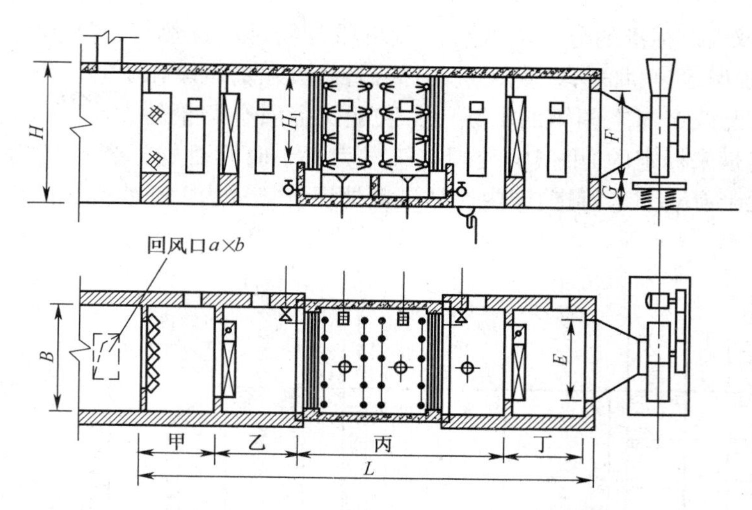

图 2-55　非金属空气处理室的组合示意

表 2-2　非金属空气处理室的组合长度

组合段代号	甲	乙	丙		丁	L	
名称	空气过滤段	一次加热段	喷水段		二次加热段	组合总长度	
尺寸/mm 组合型号			双级	单级		双级	单级
Ⅰ	1200	1200	5080	3480	1200	8920	7320
Ⅱ	1200	1200	5080	3480	—	7720	6120
Ⅲ	1200	—	5080	3480	1200	7720	6120
Ⅳ	1200	—	5080	3480	—	6520	4920

注：表中的尺寸是根据如下条件制订的：

1　空气过滤器(低效)的外形尺寸为 520mm×520mm×70mm，并采用人字形安装。

2　空气加热器为“通惠Ⅰ型”钢制加热器或“SYA 型”加热器。

3　喷水段适合于单级双排、单级三排及双级(每两排对喷)等形式。

表 2-3　非金属空气处理室的构造尺寸　(mm)

构造尺寸	风量范围/(m^3/h)					
	22000～32000	29000～44000	36000～54000	45000～67000	54000～81000	65000～97000
B	1500	2000	2500	2500	3000	3000
H	2800	2800	2800	3300	3300	3800
H_1	2020	2020	2020	2520	2520	3020
E	1030	1530	2030	2030	2030	2030
F	1530	1530	2030	2030	2030	2030
G	540	540	530	540	540	510
$a\times b$	600×1000				1000×1500	1000×1500

多,灵活性越大。标准的分段大致有回风机段、混合段、预热段、过滤段、表冷段、喷水段、蒸汽加湿段、再加热段、送风机段、能量回收段、消声段和中间段等。图 2-56 所示是一个装配式金属空调箱的示意图。装配式金属空调箱的大小一般是以每小时处理的空气量来标定的,小型的处理空气量为每小时几百立方米,大型的为每小时几万甚至几十万立方米,目前国内产品最大处理空气量达 160000m³/h。

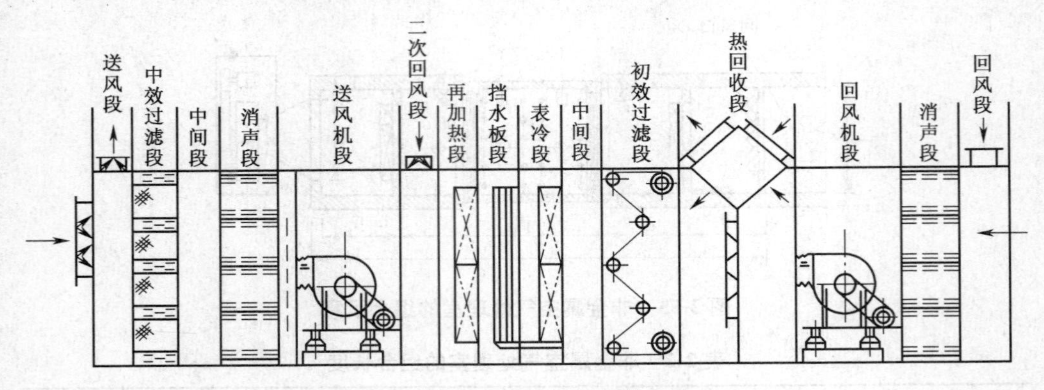

图 2-56 装配式金属空调箱的示意图

装配式空调箱的结构除整体分段的外,还有框架式和全板式两种。框架式空调箱由框架和带保温层的板组成,框架的接点可以拆卸。除喷水段有检查门外,其他各段均不设检查门,检修时可将箱体的侧板整块拆卸下来。

全板式空调箱没有框架,由不同规格的、刚度较大的复合钢板(中间有保温层)拼装而成,因而尺寸可进一步缩小。对空调机房的布置,应以管理方便、经济等为原则。

空调箱内各种设备的间隔尺寸,主要是考虑维护检修的可能(如更换过滤器等)、空气混合的必要空间(新、回风的混合),以及喷水室的结构尺寸、表冷器的落水距离等。

四、空调机房的布置原则

空调机房是用来布置空气处理室、风机、自动控制屏以及其他一些附属设备,并在其中进行运行管理的专用房间。对空调机房的布置,应以占地面积小、不影响周围房间的使用和管道布置为原则。动程空调设备(风机、水泵、制冷压缩机等,其中以风机为主)在运行时都会产生噪声和振动,因此应采用控制噪声和防止振动的空调设备。

1. 机房位置的选择

空调机房应尽量靠近空调房间,但要防止其振动、噪声和灰尘等对空调房间的影响。

空调机房最好设在建筑物的底层,以减少振动对其他房间的影响。设在楼层上的空调箱应考虑其质量对楼板的影响,风机、制冷压缩机和水泵等一般要采取减振措施。

对于减振和消声要求严格的空调房间,可以另建空调机房,或者将空调机房和空调房间分别布置在建筑物沉降缝的两侧。

2. 机房的内部布置

空调机房的面积和层高，应根据空调箱的尺寸、风机的大小、风管及其他附属设备的布置情况，以及保证对各种设备、仪表的一定操作距离和管理，检修所需要的通道等因素来确定。

经常操作的操作面应有不小于 1.0m 的距离，需要检修的设备旁要有不小于 0.7m 的距离。

自动控制屏一般设在空调机房内，以便于同时管理。控制屏与各种转动部件(风机、制冷压缩机、水泵等)之间应有适当的距离，以防振动的影响。

大型空调机房设有单独的管理人员值班室，值班室应设在便于观察机房的位置，这种情况下自动控制屏宜设在值班室内。

空调箱及自动控制仪表等的操作面应有充足的光线，最好是自然采光。需要检修的地点应设置检修照明。

机房最好设有单独的出入口，以防止人员、噪声等对空调房间的影响。

空调机房的门和装拆设备的通道应考虑能顺利地运入最大的空调构件，如果构件不能由门搬入，则需预留安装孔洞和通道，并应考虑拆换的可能。

五、消声与减振

消声措施包括两个方面：一是设法减少噪声的产生；二是必要时在系统中设置消声器。

(1)为减小风机的噪声，可采取下列减振措施：

①选用高效率、低噪声的风机，并尽量使其运行工作点接近最高效率点。

②风机与电动机的传动方式最好采用直接连接，如不可能，则采用联轴器连接或带轮传动。

③适当降低风管中的空气流速。有一般消声要求的系统，主风管中的流速不宜超过 8m/s，以减少因管中流速过大而产生的噪声；有严格消声要求的系统，流速不宜超过 5m/s。

④将风机安装在减振基础上，并且在风机的进、出风口与风管之间采用软管连接。

⑤在空调机房内和风管中粘贴吸声材料，以及将风机设在有局部隔声措施的小室内等。

(2)消声器的形式很多，按消声的原理可分为如下几类：

①阻性消声器。阻性消声器是用多孔、松散的吸声材料制成的，如图 2-57a 所示。当声波传播时，将激发材料孔隙中的分子振动，由于摩擦阻力的作用，使声能转化为热能而消失，起到消减噪声的作用。这种消声器对于高频和中频噪声有一定的消声效果，但对低频噪声的消声性能较差。

②共振性消声器。如图 2-57b 所示，小孔处的空气柱和共振腔内的空气构成一个弹性振动系统。当外界噪声的振动频率与该弹性振动系统的振动频率相同时，引

起小孔处的空气柱强烈共振，空气柱与孔壁发生剧烈摩擦，声能就因克服摩擦阻力而消耗。这种消声器有消除低频的性能，但频率范围很窄。

③抗性消声器。气流通过截面积突然改变的风管时，将使沿风管传播的声波向声源方向反射回去而起到消声作用。这种消声器对消除低频噪声有一定效果。如图 2-57c 所示。

④宽频带复合式消声器。宽频带复合式消声器是上述几种消声器的综合体，集中它们各自的性能特点和弥补了单独使用时的不足，如阻、抗复合式消声器和阻、共振式消声器等。这些消声器对于高。中、低频噪声均有较良好的消声效果。各种消声器的性能和构造尺寸可查阅《全国通用采暖通风标准设计图集》。

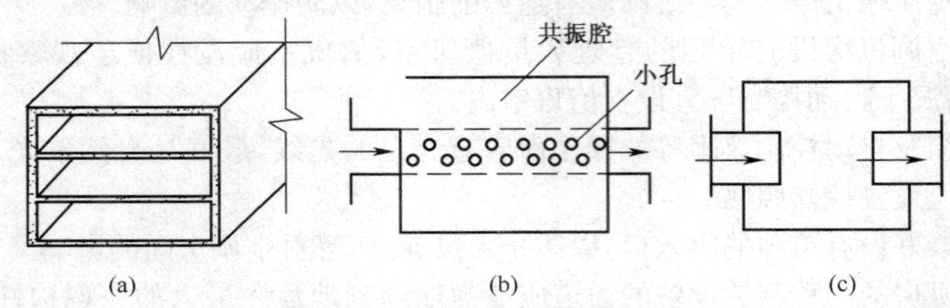

图 2-57 消声器构造示意图

(a)阻性消声器 (b)共振性消声器 (c)抗性消声器

为减弱风机运行时产生的振动，可将风机固定在型钢支架上或钢筋混凝土板上，下面安装减振器，如图 2-58 所示。前者风机本身的振幅较大，机身不够稳定；后者可以克服这个缺点，但施工较为麻烦。

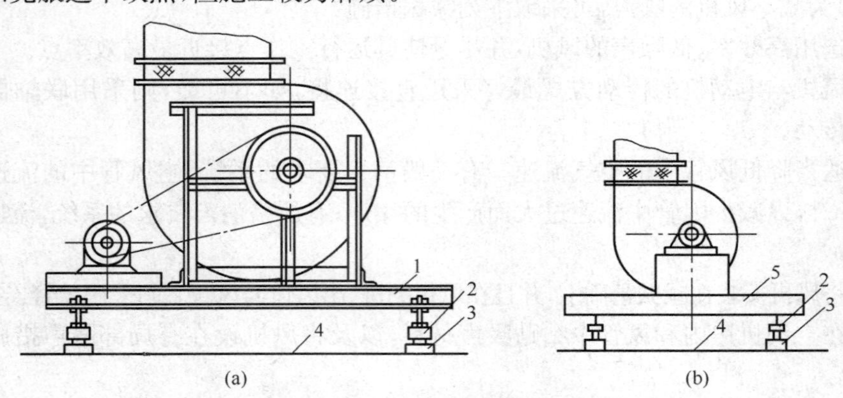

图 2-58 风机减振器

1. 型钢支架 2. 减振器 3. 混凝土支墩 4. 支承结构 5. 钢筋混凝土板

减振器是用减振材料制作而成的，减振材料的品种很多，空调工程常用的减振材料有橡胶和金属弹簧。

六、空调房间

1. 空调房间的建筑布置和建筑热工要求

合理的建筑措施，对于保证空调效果和提高空调系统的经济性具有重要意义。

在布置空调房间和确定房间围护结构的热工性能时，一般应满足下列要求。

(1)空调房间的布置。空调房间应尽量集中布置。使用班次和消声要求相近的空调房间，宜相邻或上、下层对应布置。应尽量做成空调房间被非空调房间所包围，但空调房间不宜与高温或高湿房间相毗邻。空调房间应尽量避免设在有两面相邻外墙的转角处或有伸缩缝的地方。如果设在转角处，就不宜在转角的两面外墙上都设置窗户，以减少传热和渗透。空调房间不要靠近产生大量灰尘或腐蚀性气体的房间，也不要靠近振动和噪声大的场所。要布置在产生有害气体的车间的上风向。对洁净度或美观要求高的空调房间，可设技术隔间或技术夹层。空调房间的高度，除应满足生产、建筑要求外，尚需满足气流组织和管道布置等方面的要求。

(2)围护结构的设置和建筑热工要求。

①空调房间的外墙、外墙朝向及其所在层次的要求见表 2-4。

表 2-4 空调房间的外墙、外墙朝向及其所在层次的要求

室温允许波动范围/℃	外墙	外墙朝向	所在层次
>±1	应尽量减少	应尽量北向	应尽量避免顶层
±0.5	不宜有	如有外墙时，宜北向	宜底层
±(0.1～0.2)	不宜有	如有外墙宜北向，且工作区距外墙不应<0.8m	直底层

注：1. 室温允许波动范围≤。0.5℃的空调房间，宜布置在室温允许波动范围较大的各空调房间之中，当在单层建筑物内时，宜设通风屋顶。

2. 本表及表 2-5 中的"北向"，适用于北纬 23°以北的地区；对于北纬 23°以南的地区，可相应地采用"南向"。

3. 设置舒适性空调的民用建筑，可不受此限止。

②空调房间的外窗以及外窗和内窗的层数的要求见表 2-5。

表 2-5 空调房间的外窗以及外窗和内窗的层数要求

室温允许波动范围/℃	外窗	外窗层数		内窗层数	
		≥7	<7	≥5	<5
≥±1	尽量北向并能部分开启，±1℃时不应有东、西向外窗	三层或双层(天然冷源双层)	双层(天然冷源可单层)	双层(天然冷源单层)	单层
±0.5	不宜有，如有应北向	三层或双层(天然冷源双层)	双层	双层	单层
±(0.1～0.2)	不应有	—	—	可有小面积的双层窗	双层

③空调房间的门和门斗的设置要求见表 2-6。

表 2-6 空调房间门和门斗的设置要求

室温允许波动范围/℃	外门和门斗	内门和门斗
≥±1	不宜有外门，如有经常出入的外门时，应设门斗	宜设门斗
±0.5	不应有外门，如有外门时，就必须设门斗	宜设门斗
±(0.1～0.2)	严禁有外门	内门不宜通向室温基数不同或室温允许波动范围>±1℃的邻室

④空调房间围护结构的传热系数和热惰性指标见表2-7。

表2-7中的所谓经济性要求，即空调房间的墙、屋盖和楼板等的经济传热系数，是指在空调制冷投资、维护费用和围护结构的保温费用三者综合最小时的传热系数，它可以通过计算来确定。

表2-7 空调房间围护结构的传热系数和热惰性指标

室温允许波动范围/℃	围护结构的传热系数 K/(W/m·℃)	围护结构的热惰性指标 D
≥±1	按经济性要求	无特殊要求
±0.5	除考虑经济性要求外，且不大于0.814	外墙不小于4，屋盖或顶棚不小于3
±(0.1～0.2)	除考虑经济性要求外，且不大于0.465	外墙不小于5，屋盖或顶棚不小于4

(3)空调房间应设带有保温层的外墙和屋盖。为了防止因向保温层内渗透水气而降低保温性能，一般在保温层外侧设隔气层，并应注意排除施工时材料内的水分。屋盖已有防水层或外墙有外粉刷时，可不再设隔气层。

2. 空调房间的气流组织

气流组织是指在空调房间内为实现某种特定的气流流型，以保证空调效果和提高空调系统的经济性而采取的一些技术措施。不同用途的空调工程，对气流组织有着不同的要求。恒温恒湿空调系统，主要是使工作区内保持均匀而又稳定的温度、湿度，同时又应满足区域温差、基准温度、湿度及其允许波动范围的要求。区域温差，是指工作区内无局部热源时，由于气流而引起的不同地点的温差。有高度净化要求的空调系统，主要是要使工作区内保持应有的洁净度和室内正压。对空气流速有严格要求的空调系统，则应主要保证工作区内的气流速度符合要求。影响气流组织的因素很多，其中主要的是送风、回风方式以及送风射流的运动参数。常用的气流组织方式有如下几种。

(1)侧向送风。如图2-59a所示是一种单侧送风方式(上送下回风)的示意图。送风、回风口分别布置在房间同一侧的上部和下部，送风射流到达对面的墙壁处，然后下降回流，使整个工作区域全部处于回流之中。为避免射流中途下落如图2-59b所示，常采用贴附射流(使送风射流贴附于顶棚表面流动)以增大射流的流程。

侧向送风是最常用的一种空调送风方式，它具有结构简单、布置方便和节省投资等优点，室温允许波动范围不小于0.5℃的空调房间一般均可采用。

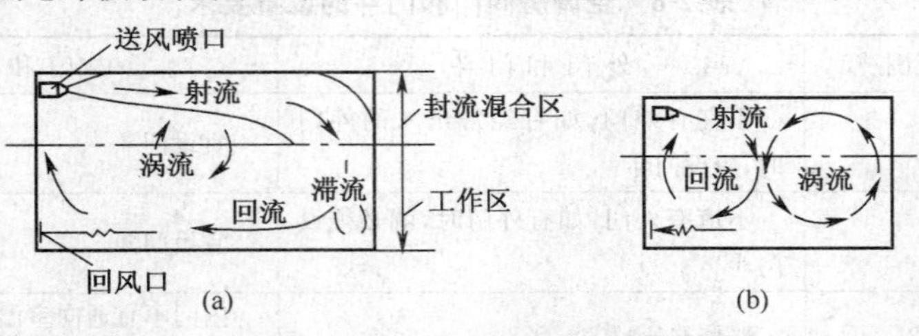

图2-59 单侧送风方式(上送下回风)的示意图

对于这种气流组织方式,送风射程(房间长度)通常在 3～8m 之间,送风口每隔 2～5m 设置一个,房间高度一般在 3m 以上,送风口应尽量靠近顶棚,或设置向上倾斜 10°～20°的导流叶片,以形成贴附射流。

如图 2-60 所示是几种侧向送风布置实例,其中图 2-60a 是将回风立管设在室内或走廊内;图 2-60b 是利用送风干管周围的空间作为回风干管;图 2-60c 所示是利用走廊回风。

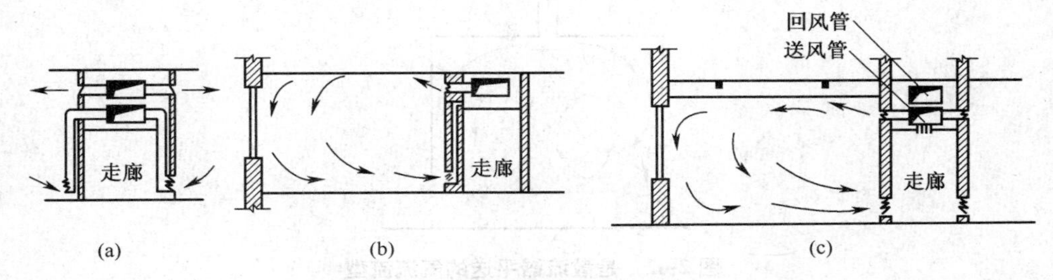

图 2-60　侧向送风布置实例

侧向送风除上述单侧上送下回风方式外,根据情况也可做成单侧上送上回风;双侧内送下回风或上回风;双侧外送上回风以及中部双侧内送、上回或下回、上部排风等方式,如图 2-61 所示。

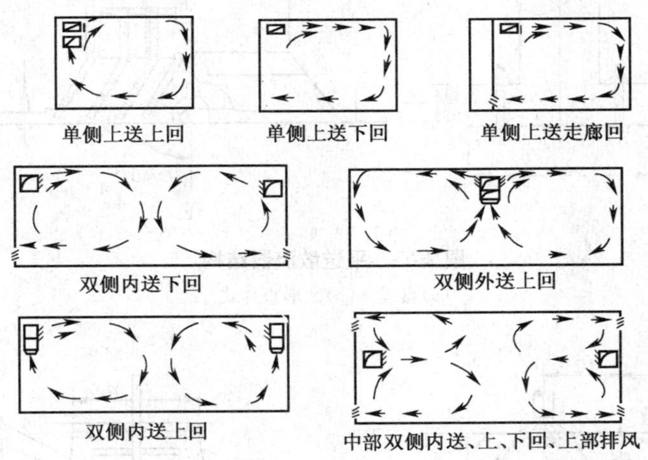

图 2-61　侧向送风的方式

(2)散流器送风。散流器是装在顶棚上的一种送风口,它具有诱导室内空气,使之与送风射流迅速混合的特性。用散流器送风有平送和下送两种方式。

图 2-62 所示是散流器平送的气流流型;图 2-63 所示是两种平送散流器的结构示意图,其中图 2-63a 所示为盘式散流器;图 2-63b 所示为圆形(尚有方形)直片式散流器。这种送风方式,气流系沿顶棚横向流动,形成贴附,而不是直接射入工作区。要求较高的恒温车间,当房间较低,面积不大,而且有吊顶或技术夹层可以利用时,就可采用这种送风方式。如果房间的面积较大,可采用几个散流器对称布置,各散

流器的间距一般在 3～6m，散流器的中心轴线距墙一般不小于 1m。图 2-64 所示是散流器下送的气流流型；图 2-65 所示是常用的一种流线型散流器的结构图。这种送风方式使房间中的气流分成两段：上段称为混合层；下段是比较稳定的平行流，整个工作区全部处于送风的气流之中。这种气流组织方式主要用于有高度净化要求的车间。房间高度以 3.5～4.0m 为宜，散流器的间距一般不超过 3m。

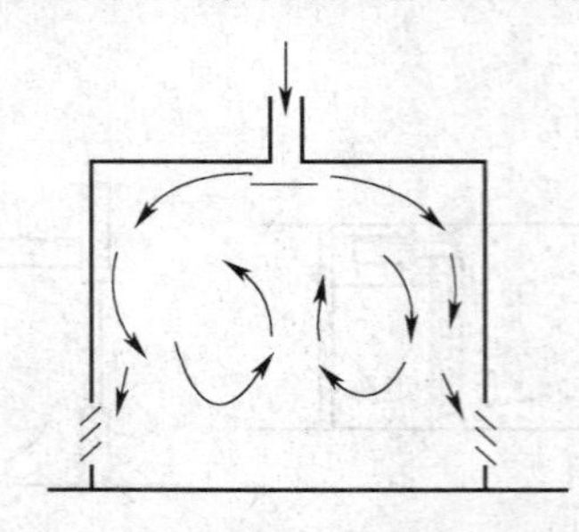

图 2-62 是散流器平送的气流流型

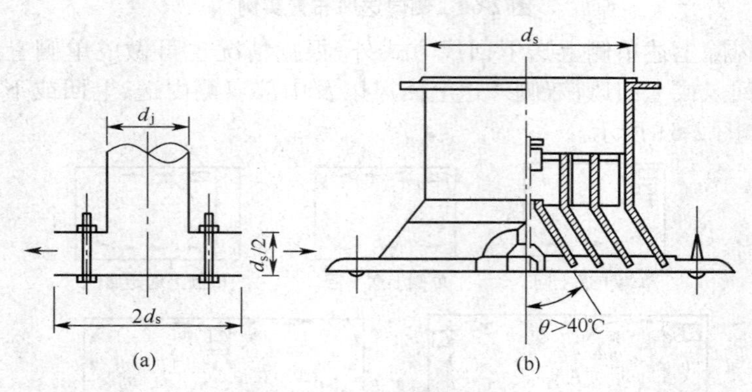

图 2-63 平送散流器结构

(a)盘式 (b)圆形直片式

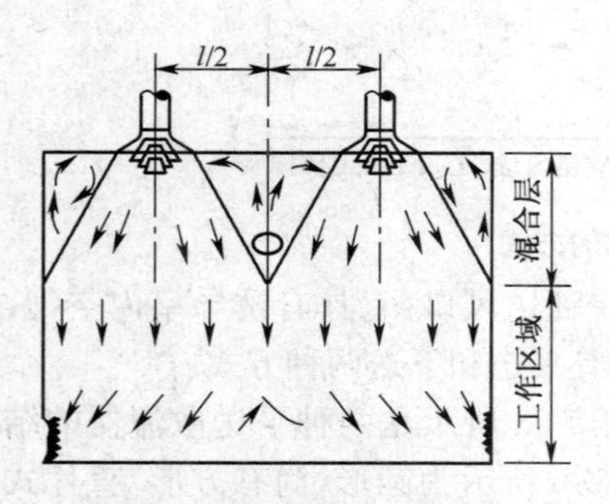

图 2-64 散流器下送的气流流型

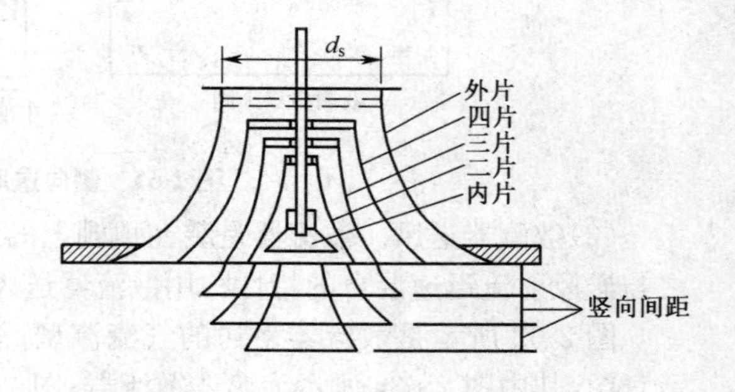

图 2-65 流线型散流器结构

(3)孔板送风。孔板送风是将空调送风送入顶棚上面的稳压层中，在稳压层的作用下，通过顶棚上的大量小孔均匀地送入房间。可以利用顶棚上面的整个空间作为稳压层，也可以专设稳压层，稳压层的净高应不小于 0.2m。孔板可用铝板、木丝板、五夹板、硬纤维板、石膏板等材料制作，孔径一般为 4～10mm，孔距为 40～100mm。整个顶棚全部是孔板的称为全面孔板送风，只在顶棚的局部位置布置孔板的称为局部孔板送风。

对于全面孔板送风，根据不同的设计条件，可以在孔板下面形成下送平行流的气流流型如图 2-66 所示或是不稳定流流型如图 2-67 所示，前者主要用于有高度净化要求的空调房间；后者适用于室温允许波动范围较小和要求气流速度较低的空调房间。在孔板下部同样可以形成平行流或不稳定流，但在孔板的周围则形成回旋气流。

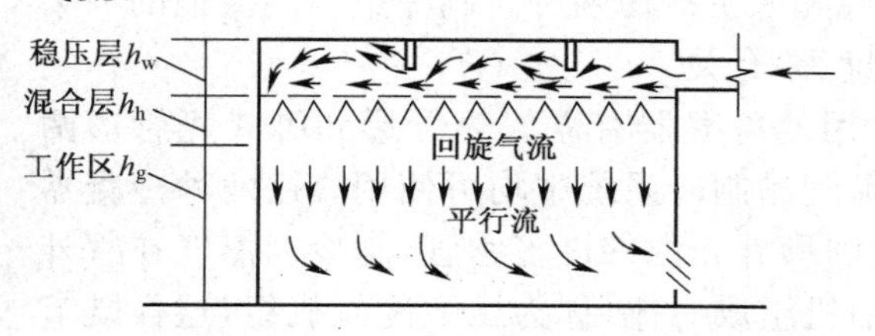

图 2-66 全面孔板平行流的气流流型

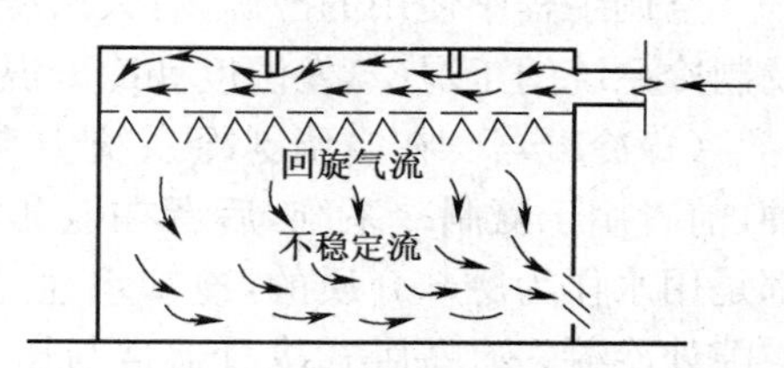

图 2-67 全面孔板不稳定流的气流流型

(4)喷口送风。喷口送风，是将送风、回风口布置在房间同侧，送风以较高的速度和较大的风量集中在少数的风口射出，射流行至一定路程后折回，使工作区处于气流的回流之中，喷口送风流型如图 2-68 所示。这种送风方式具有射程远、系统简单、节省投资等特点，能满足一般舒适要求，因此广泛应用于大型体育馆、礼堂、影剧院、通用大厅以及高大空间的一些工业厂房和公共建筑中。

喷口有圆形和扁形两种形式，圆形喷口的结构如图 2-69a 所示。为提高喷口的使用灵活性，也可做成如图 2-69b 所示的既能调节送风方向又能调节送风量的球形转动的形式。

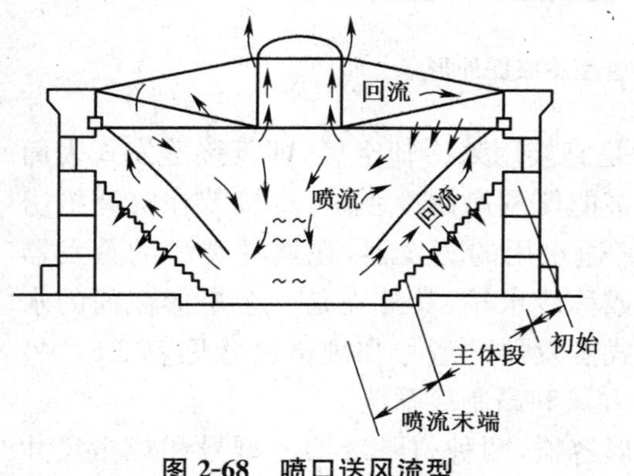

图 2-68 喷口送风流型

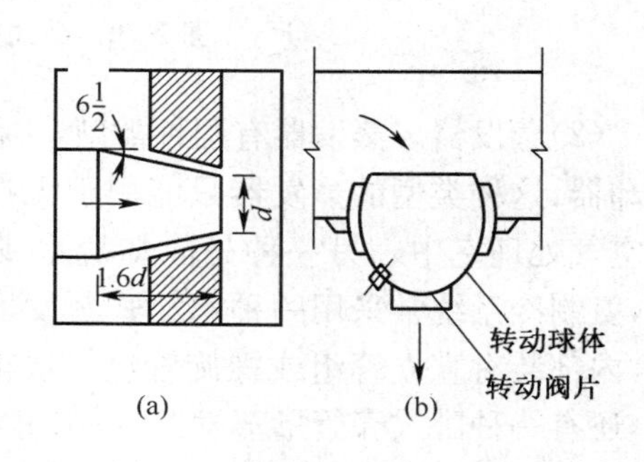

图 2-69 喷射送风口

(a)圆形喷口 (b)球形转动风口

采用喷口送风时，喷口直径一般在 0.2～0.8m，喷口的安装高度应通过计算来确定，大致为房高的 0.5～0.7 倍。

(5)回风口。回风口处的气流速度衰减很快,故对室内气流组织的影响不大。回风口的构造比较简单,类型也不多。最简单的就是在孔口上装金属网,以防杂物被吸入。回风口通常设在房间的下部,下缘距地面 0.15m 以上。在室温允许波动范围不小于 1℃的空调房间,有时采用走廊回风(图 2-60c),这时可在房门下端或墙壁底部设置可调节的百叶风口,回风通过它进入走廊,再由走廊集中抽回到空调箱。为防止室外空气混入,走廊两端应设密闭性能较好的门。

七、空调冷源及制冷机房

1. 空调冷源

空调工程中使用的冷源,有天然冷源和人工冷源两种。制冷量与制冷剂的种类及制冷系统的工况(蒸发温度和冷凝温度等)有关。

(1)冷凝器。在空调制冷系统中常用的冷凝器有立式壳管形和卧式壳管形两种,前者用于氨制冷系统,后者在氨和氟利昂制冷系统中均可使用。这两种冷凝器都是用水作为冷却介质的,冷却水通过圆形外壳内的许多钢管,制冷剂蒸气在管外空隙处冷凝。有些卧式冷凝器常与压缩机组成一体,称为压缩冷凝机组,这样既节省占地面积,又便于施工安装。卧式壳管型冷凝器外形如图 3-70 所示。

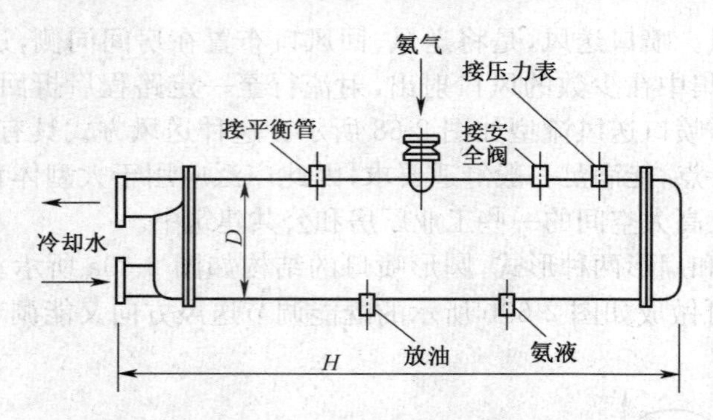

图 2-70 卧式壳管型冷凝器外形

(2)蒸发器。蒸发器有两种类型,一种是直接用来冷却空气,即直接蒸发式表面冷却器,这种类型的蒸发器只能用于无毒害的氟利昂制冷系统,直接装在空调机房的空气处理室中。另一种是冷却盐水或普通水用的蒸发器,在这种类型的蒸发器中,氨制冷系统常采用一种水箱式蒸发器或称冷水箱,其外壳是一个矩形截面的水箱,内部装有直立管组或螺旋管组。水箱式蒸发器的型号和规格尺寸见表 2-8。另外,还有一种卧式壳管形蒸发器,可用于氮和氟利昂制冷系统。

(3)贮液器。贮液器是一个卧式圆筒形容器,两种氨贮液器的型号和规格尺寸见表 2-9。

制冷机组就是将制冷系统中的部分设备或全部设备组装在一起,成为一个整体。其特点是结构紧凑、使用灵活、管理方便,而且占地面积小,安装简单。

表 2-8 水箱式蒸发器的型号和规格尺寸

型号	长×宽×高 /mm×mm×mm	相匹配的压缩机
SR-90	4350×1100×1260	4AV12.5
SR-145	3590×2100×1260	6AW12.5
SR-180	4350×2100×1260	8AS12.5

表 2-9 氨贮液器的型号和规格尺寸

型号	直径×长 /mm×mm	相匹配的压缩机
ZA-1	700×2990	4AV12.5 或 6AW12.5
ZA-1.5	700×4190	8AS12.5

压缩冷凝机组是制冷机组的一种形式，它是将压缩机、冷凝器等组装成一个整体，可为各种类型的蒸发器连续供应液体制冷剂。此外，目前广泛应用的冷水机组也是制冷机组的一种形式，它是将压缩机、冷凝器、冷水用蒸发器以及自动控制元件等组装成一个整体，专门为空调箱或其他工艺过程提供不同温度的冷水。

例如，图 2-71 所示的是 FJZ-40 型冷水机组的外形图。该机组的制冷量为 454kW(3.9×10^5 kcal/h)，使用的制冷剂为 R22，配用电动机的安装功率为 115kW，冷水温度为：出口水温 7℃，回水温度 12℃，冷却水温度为 32℃。

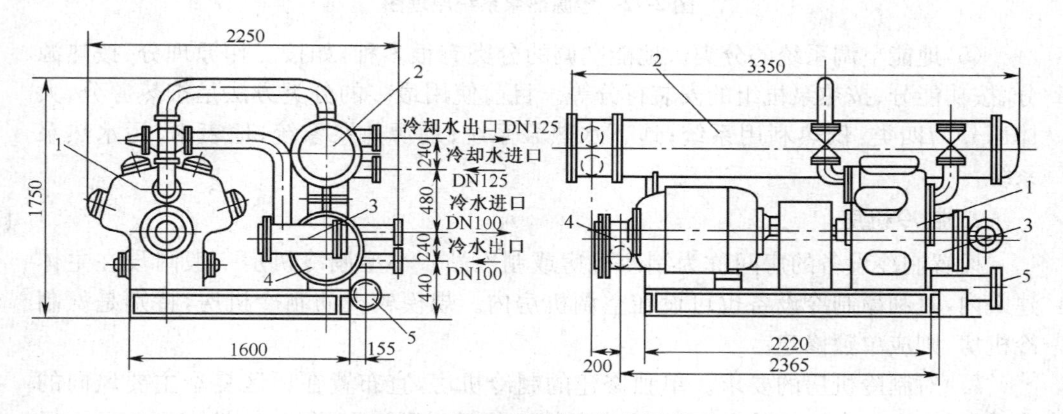

图 2-71 FJZ-40 型冷水机组的外形

1. 8FS12.5A 压缩机 2. 冷凝器 3. 热交换器 4. 蒸发器 5. 干燥过滤器

(4)地能空调系统的简介及原理。地能空调系统是利用地能资源，包括地热、地下水、地表水、土壤、城市污水等资源，通过热泵机组实现冷热置换，以较低的运行费用供暖、制冷和常年提供生活热水的环保空调系统。

工作原理：由地下换热部分(换热孔等)进行热量交换，借助压缩机和热交换系统，通过少量电能驱动，以实现冬季供暖、夏季制冷。在冬季工况下，地能空调系统通过地下换热部分(换热孔等)，从地表浅层中收集热量，由机房的热泵机组把地表浅层中的低品位能量变成高品位能量，再通过空调末端释放到室内。具体为：系统工质通过蒸发器吸收从地表浅层中收集来的热量，由低压湿蒸汽变成低压蒸汽，低压蒸汽再通过压缩机，被压缩成高温高压过热蒸汽，此工质再经过冷凝器，在冷凝器中冷凝液化为饱和液体(或过冷液体)并释放热量，传递给供暖循环水系统，达到供暖的目的,过冷工质经过机组节流机构降压节流后,又变成低压湿蒸汽。在夏季工况下,此过程则相反。

系统工质在蒸发器中吸收空调系统循环水热量,与冬季相同,通过工质的相变,将热量交换转移到地表浅层中。图 2-72 所示是水源热泵系统原理图。

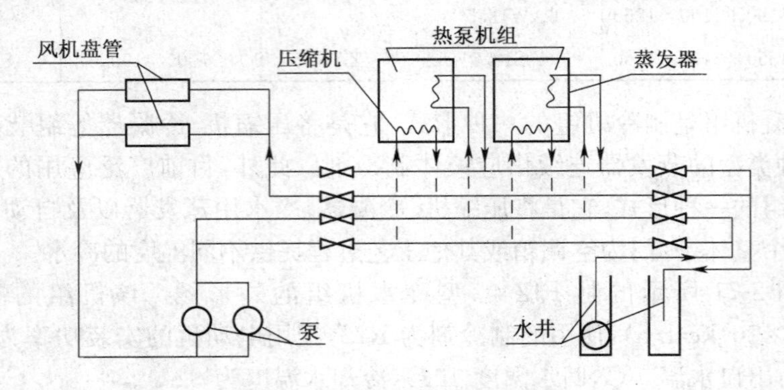

图 2-72 地源热泵系统原理图

(5)地能空调系统的分类。地能空调的分类有很多种,如按工作原理分、按热源分、按功能分、按热泵机组的安装行分等。目前使用最多的分类方法是按热源分,大体可分为四类:低热利用系统;地下水热泵系统;地源热泵系统;地表水、污水热泵系统。

2. 制冷机房

设置制冷设备的房间称为制冷机房或制冷站。小型制冷机房一般附设在主体建筑内,氟利昂制冷设备也可设在空调机房内。规模较大的制冷机房,特别是氨制冷机房,则应单独修建。

(1)对制冷机房的要求。单独修建的制冷机房,宜布置在厂区夏季主要风向的下风侧,如在动力站区域内,一般应布置在乙炔站、锅炉房、煤气站、堆煤厂等的上风侧,以保证制冷机房的清洁。

氨制冷机房不应靠近人员密集的房间或场所,以及有精密贵重设备的房间等,以免发生事故时造成重大损失。

制冷机房应尽可能设在冷负荷的中心处,力求缩短冷水、冷却水管路。当制冷机房是全厂的主要用电负荷时,还应尽量靠近变电站。

规模较小的制冷机房可不分隔间,规模较大的,按不同情况可分为机器间(布置制冷压缩机和调节站)、设备间(布置冷凝器、蒸发器、贮液器等设备)、水泵间(布置水泵和水箱)、变电间(耗电量大时应有专用变压器)以及值班室、维修室和生活间等。

氨压缩机室的房间净高不低于 4m;氟利昂压缩机室的房间净高不低于 3.2m;设备间的房间净高一般不低于 2.5~3.0m。对制冷机房的防火要求应按现行的《建筑设计防火规范》执行。制冷机房应有每小时不少于 3 次换气的自然通风措施,氨制冷机房还应有每小时不少于 7 次换气的事故通风设备。

制冷机房的机器间和设备间应充分利用自然采光，窗孔投光面积与地板面积的比例不小于 1∶6。采用人工照明时的照度，建议按表 2-10 选用。

表 2-10　制冷机房的照度标准　　(lx)

房间名称	照度标准	房间名称	照度标准	房间名称	照度标准
机器间	30～50	水泵间	10～20	值班室	20～30
设备间	30～40	维修间	20～30	配电间	10～20
控制间	30～50	贮存间	10～20	走廊	5～10

注：对于测量仪表比较集中的地方，或者室内照明对个别设备的测量仪表照度不足时，应增设局部照明。

(2)设备布置的原则。机房内的设备布置应保证操作、检修方便，同时应尽可能地使设备布置紧凑，以节省建筑面积。压缩机必须设在室内，立式冷凝器一般都设在室外，其他设备可酌情设在室外或开敞式的建筑中。图 2-73 所示是将氟利昂制冷系统与空调设备布置在同一机房的一个小型空调制冷机房的布置实例，其中装有 LH48 及 KD10/1-L 型立柜式空调机组供电子计算机房使用，电子计算机房位于二层楼上。图 2-74 所示是单独建筑的配有三套 8AS17 型氨制冷压缩机的机房布置实例。

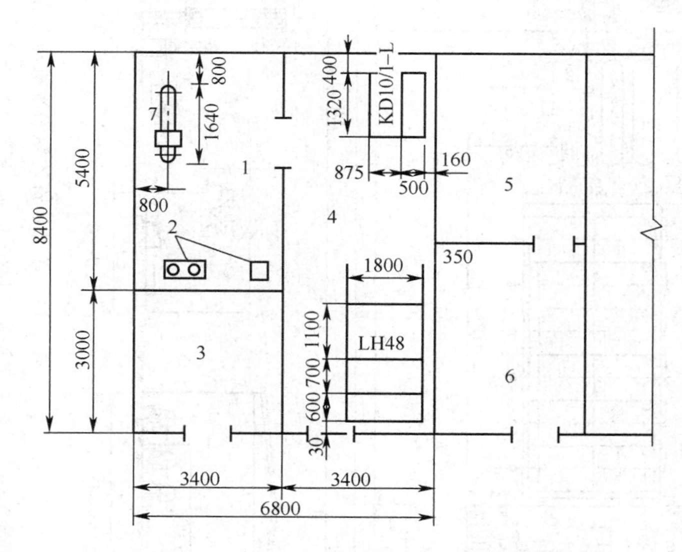

图 2-73　小型空调制冷机房

1. 压缩机间及电源间　2. 计算机电源设备　3. 辅助间　4. 空调机间　5. 贮存间　6. 穿孔间　7. 2F10 制冷压缩机

八、常用的几种空调系统简介

1. 集中式恒温恒湿空调系统

集中式恒温恒湿空调系统，是应用最广的一种空调系统。恒温恒湿空调系统，是指严格控制室内空气的温度和相对湿度(特别是指空气的湿度)恒定在一定范围内的空调系统。室内温度、湿度基数和允许波动范围，取决于生产工艺的实际需要以

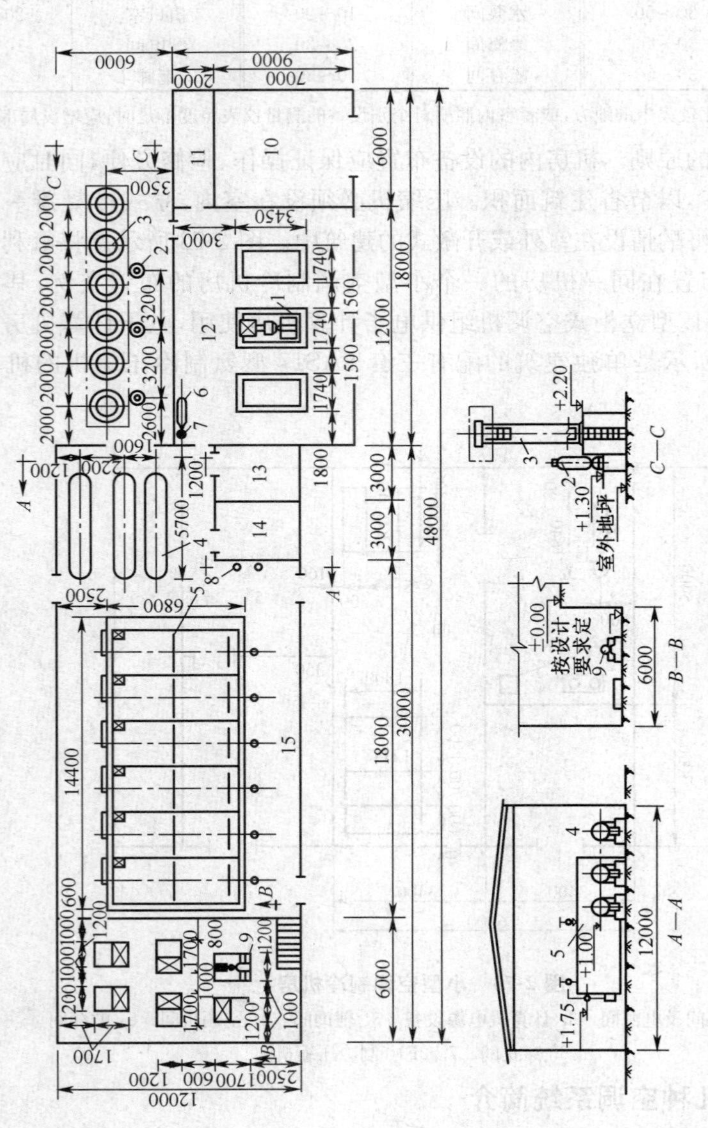

图 2-74 单独建筑的氨制冷机房布置实例

1. 8AS17 压缩机 2. 氨油分离器 YF-125 3. 立式冷凝器 LN-150 4. 氨贮液器 ZA-5.0 5. 立式蒸发器 LZ-240 6. 空气分离器 KF-32 7. 水封 8. 集油器 JY-300 9. 冷冻水泵 10. 变电站 11. 贮存室 12. 机器间 13. 值班室 14. 维修室 15. 设备间

及考虑必要的卫生条件。有的恒温恒湿室要求常年运行,并维持全年不变的温度、湿度基数及其允许的波动范围值;也有的可以间歇运行,并且夏季和冬季有不同的温度、湿度要求。为了达到恒温恒湿的要求,并提高空调系统的经济性,必须在建筑热工、空气处理、气流组织和运行管理等各方面采取一些必要的综合性措施。

对恒温恒温室的建筑处理,包括建筑布置和建筑热工要求,其中要求在布置空调房间时,应尽量将高精度的恒温恒湿室布置在精度较低的各空调房间之中,也就是将精度较低的恒温恒湿室作为高精度恒温恒湿室的邻室或套间。这样,就能使高精度恒温恒湿室减轻室外气候变化的干扰,减小室内温、湿度的波动范围,从而使控制系统的工作比较稳定,易于保证精度要求。也可以作回风夹层,如图 2-75 所示,利用恒温恒湿室本身的回风包围恒温恒湿室,以减轻外界不稳定热源的干扰。

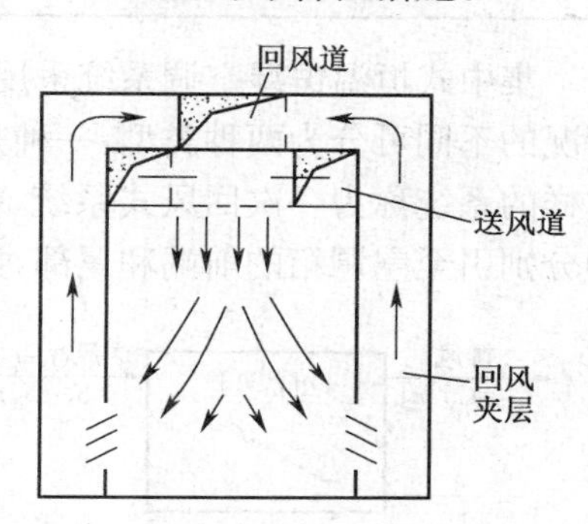

图 2-75 有回风夹层的恒温恒湿室

此外,在条件允许时,也可将高精度恒温恒湿室布置在地下室中,这样既能减少空调负荷,也有利于对空调精度的控制。

恒温恒湿室内的气流组织方式,以及恒温恒湿室的空调送风量,应根据房间的热、湿负荷通过计算来确定。为了保持工作区内均匀、稳定的温度、湿度场,以及保证自动控制系统的调节品质,所采用的空调送风量及其送风温差与换气次数见表 2-11。

表 2-11 送风温差与换气次数

室温允许波动范围/℃	送风温差/℃	换气次数/(次/h)
>±1	人工冷源≤15;天然冷源采用可能的最大值	
±1	6～10	不小于 5
±0.5	3～6	不小于 8
±(0.1～0.2)	2～3	不小于 12

为节省处理空气所消耗的冷量和热量,空调系统除在不允许重复使用室内空气的场合(如室内产生有害气体)外,一般都尽量使用回风。回风量的多少通常是根据必需的新风量确定的,新风量应不小于下列两项风量中任何一项的值:

①按卫生标准,应保证每人不少于 30～40m³/h。

②补偿局部排风、全面排风和保持室内正压(以防止外界环境空气渗入空调房间)所需风量的总和。

恒温恒湿室的室内正压值,一般以 5～10Pa 为宜。概略计算时,为保持室内正压所需风量的换气次数见表 2-12。

表 2-12 保持室内正压所需风量的换气次数

房间特征	换气次数/(次/h)	房间特征	换气次数/(次/h)
无外门、无窗	0.25～0.5	无外门、两面墙上有窗	1.0～1.5
无外门、一面墙上有窗	0.5～1.0	无外门、三面墙上有窗	1.5～2.0

集中式恒温恒湿空调系统采用的空气处理方案如图 2-76 所示，根据对回风使用情况的不同可分为两种类型：一种是将回风全部引至空调箱的前端，集中一次使用，这样的系统称为一次回风式系统，如图 2-76a 所示；另一种是将回风分在两处使用，即分别引至空调箱的前端和尾部，如图 2-76b 所示，称为二次回风式系统。

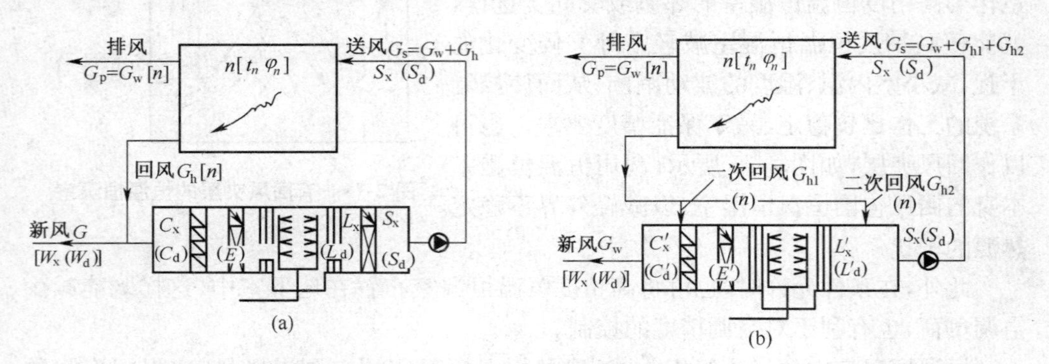

图 2-76 集中式恒温恒湿空调系统采用的空气处理方案
(a)一次回风式系统 (b)二次回风式系统

2. 大型公共建筑的空调系统

大型公共建筑中的空调属于舒适性空调。舒适性空调对室内空气的参数不要求恒定，而是相应于季节的变化有着较大幅度的变化。夏季室温一般以 26℃～28℃为宜，相对湿度不超过 65％；冬季室温为 18℃～22℃，相对湿度不低于 40％。

由于人们在这类建筑中停留的时间不会很长，因此，为减轻空气处理设备的负荷，可适当减少新风量，通常按吸烟或不吸烟的情况采用 8～20m³/(h·人)。某些房间空调系统中的最小新风量见表 2-13。

表 2-13 某些房间空调系统中的最小新风量

房间名称	最小新风量/(m³/h·人)	吸烟情况	房间名称	最小新风量/(m³/h·人)	吸烟情况
影剧院	8.5	无	舞厅	18	无
体育馆	8	无	小卖部	8.5	无
图书馆、博物馆	8.5	无	会议室	50	大量
百货商店	8.5	无	办公室	25	无
高级旅馆客房	30	少量	医院一般病房	17	无
餐厅	20	少量	医院特护病房	40	无

大型公共建筑空调系统的送风、回风方式，常采用上送下回、喷口送风或是这两者相结合的形式。

图 2-77 所示为影剧院的观众厅采用分区调节的上送下回的一种气流组织方式。送风口应在顶棚上均匀布置，而下部的回风口可以均匀布置，也可以集中布置。

对噪声要求不严格的电影院，也可采用喷口送风的方式，如图 2-78 所示，通常是从后部送风，回风口设在同一墙面的下部，这样机房和管道的布置最为紧凑，因而比较经济。体育馆采用喷口送风下部回风的剖面图如图 2-79 所示。

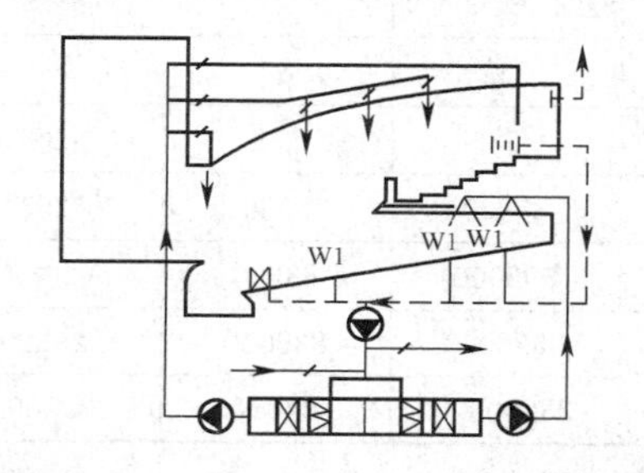

图 2-77　观众厅采用上送下回的气流组织方式

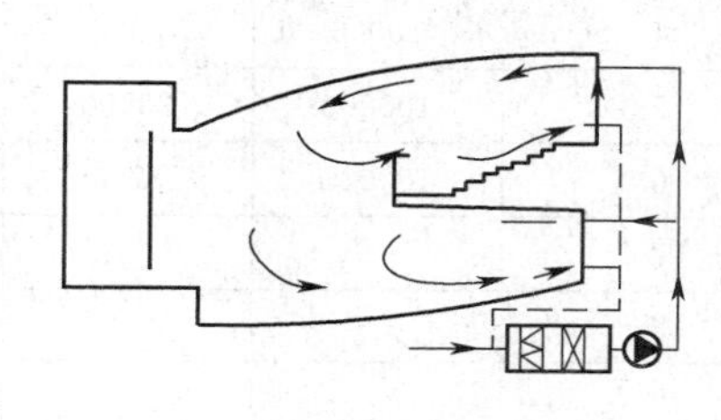

图 2-78　观众厅采用喷口送风的气流组织方式

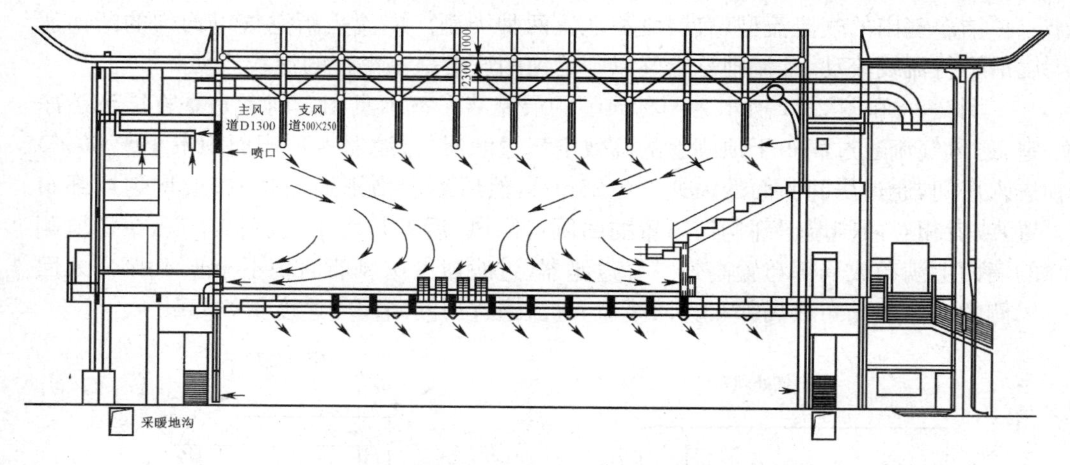

图 2-79　体育馆采用喷口送风 T 部回风的剖面图

3. 净化空调系统

这里所介绍的净化空调，是指洁净室中的空调系统。所谓洁净室，是指根据需要，对空气中的尘粒、温度、湿度、压力和噪声进行控制的密闭空间，并以其空气洁净度等级符合规范规定为主要特征。

(1)空气洁净度等级。根据我国国家标准《洁净厂房设计规范》(GB 50073-2013)，洁净室及洁净区空气洁净度整数等级，见表 2-14。

(2)净化空调概述。空气净化分为全室空气净化和局部空气净化两种类型。前者是指通过空气净化等技术措施，使室内整个空间的空气含尘浓度达到规定的洁净度等级；后者是仅使室内工作区域或特定的局部空间的空气含尘浓度达到规定的洁净度等级。

表 2-14 洁净室及洁净区空气洁净度整数等级

空气洁净度等级(N)	大于或等于要求粒径的最大浓度限值(Pc/m³)					
	0.1μm	0.2μm	0.3μm	0.5μm	1μm	5μm
1	10	2	—	—	—	—
2	100	24	10	4	—	—
3	1000	237	102	35	8	—
4	10000	2370	1020	352	83	—
5	100000	23700	10200	3520	832	29
6	100000	237000	102000	35200	8320	293
7	—	—	—	352000	83200	2930
8	—	—	—	3520000	832000	29300
9	—	—	—	35200000	8320000	293000

注:按不同的测量方法,各等级水平的浓度数据的有效数字不应超过 3 位。

洁净室内的气流流型,有层流和乱流两种类型。层流是指空气以均匀的断面速度沿平行流线流动;乱流则是空气以不均匀的速度呈不平行的流线流动。

图 2-80 和图 2-81 所示为两种典型的层流洁净室示意图。前者是垂直层流洁净室,送风气流通过满布于顶棚上的高效空气过滤器(过滤器占顶棚面积不小于 60%)进入房间,通过房间断面的风速≥0.25m/s,然后经由格栅地面(满布或均匀局部布置)或者相对两侧墙下部均匀布置的回风口回风;后者是水平层流洁净室,在送风侧的墙面上满布或局部布置高效空气过滤器(过滤器占送风墙面积不小于 40%),入回风侧的墙面上满布或局部布置回风口,气流通过房间断面的速度≥0.35m/s。

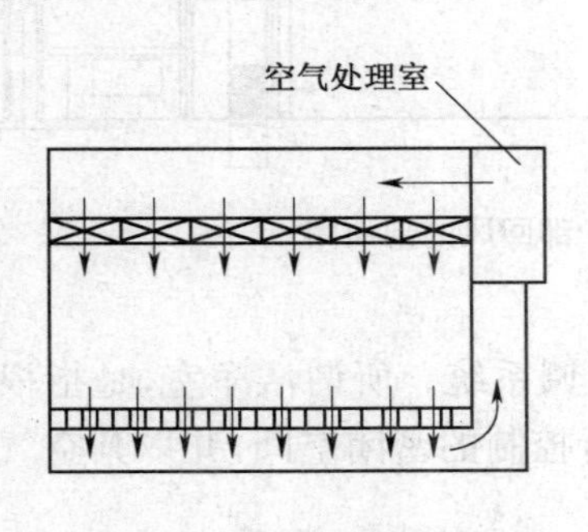

图 2-80 垂直层流洁净室

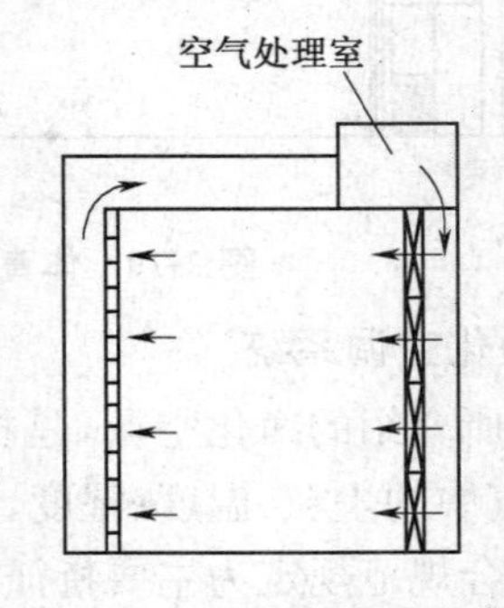

图 2-81 水平层流洁净室

此外,在一定条件下,全面孔板送风以及流线型散流器下送风等送风方式也能形成垂直层流。

洁净室内所采用的乱流流型,包括局部孔板送风、条形布置高效空气过滤器顶棚送风、间隔布置带扩散板高效空气过滤器顶棚送风以及侧向送风等方式。

对于不同空气洁净度等级的洁净室，其气流组织方式和送风量的确定，可查阅《洁净厂房设计规范》(GB 50073-2013)。

为保证洁净室的正常工作，必须严格防止外界灰尘进入洁净室和尽量避免洁净室及净化空调系统本身产生灰尘。为此，应采取一系列必要的措施，诸如：

①洁净室必须维持一定的正压。

②为防止操作人员带入灰尘以及非洁净区的空气进入洁净室，应在洁净区人员入口处设置空气吹淋室，当仅为100级垂直层流洁净室时，可改设气闸室。

空气吹淋室是强制吹除工作人员及其衣服上附着尘粒的设备，同时由于它的两道门是不同时开启的，故又可起到气闸的作用。空气吹淋室一般分为小室式(吹淋过程是间歇的)和通道式(吹淋过程是连续的)两类。一个吹淋室的最大班次通过人员在30人以内时，通常采用“单人”小室式空气吹淋室，其外形尺寸大致为宽×长×高为1.6m×1.1m ×2.3m。气闸室是由设有连锁装置的两道门所构成的一个缓冲室，其大小取决于进出人员的多少和物品的大小与多少。

③对于非连续运行的洁净室，在非工作期间同样宜维持室内正压，为此，可根据生产工艺要求设置值班风机，并应对新风进行处理。

④为防止局部排风系统停止工作时可能发生的室外空气倒灌，一般应在排风系统中设置起逆止作用的水(液)封或密闭阀门。

⑤净化空调系统应力求严密，并且风管、阀门和其他部件均应选用不易起尘和便于清扫的材料制作。

在洁净室的工程实践中，除采用土建式结构外，还可以采用装配式结构。目前，国内生产的各种型号的装配式洁净室，可以达到100级空气洁净度的指标。装配式洁净室具有安装周期短、对安装现场的建筑装修要求不高以及拆卸方便等优点。

鉴于整体式洁净室的造价和维修管理要求都很高，因此，在工艺条件允许时，应尽量不用或少用较高级别的洁净室，而采用局部空气净化或者局部空气净化与全空气净化相结合的方式，即在级别较低的洁净室中另设局部空气净化设备。

局部空气净化设备，如洁净工作台，是定型生产的小型空气净化系统，可以在局部空间实现100级空气洁净度的指标。

(3)洁净厂房的总体设计以及对建筑的要求。

1)洁净厂房位置的选择，应根据下列要求并经技术经济方案比较后确定：

①应在大气含尘浓度较低，自然环境较好的区域。

②应远离铁路、码头、飞机场、交通要道以及散发大量粉尘和有害气体的工厂、贮仓、堆场等有严重空气污染、振动或噪声干扰的区域。如不能远离严重空气污染源，则应位于其最大频率风向的上风侧，或全年最小频率风向的下风侧。

③应布置在厂区内环境清洁，人流、货流不穿越或少穿越的地段。

2)对于兼有微振控制要求的洁净厂房的位置选择，应实际测定周围现有振源的振动影响，并应与精密设备、精密仪器仪表允许的环境振动值进行分析比较。洁净厂房周围应进行绿化，道路面层应选用整体性好、发尘量少的材料。

3)工艺布置应符合下列要求：

①工艺布置合理、紧凑。洁净室或洁净区内只布置必要的工艺设备以及有空气洁净度等级要求的工序和工作室。

②在满足生产工艺要求的前提下，空气洁净度高的洁净室或洁净区宜靠近空调机房，空气洁净度等级相同的工序和工作室宜集中布置，靠近洁净区入口处宜布置空气洁净度等级较低的工作室。

③洁净室内要求空气洁净度高的工序应布置在上风侧，易产生污染的工艺设备应布置在靠近回风口的位置。

④应考虑大型设备安装和维修的运输路线，并预留设备安装口和检修口。

⑤应设置单独的物料入口，物料传递路线应最短，物料进入洁净区之前必须进行清洁处理。

4)洁净厂房的平面和空间设计，宜将洁净区、人员净化、物料净化和其他辅助用房进行分区布置；同时，应考虑生产操作、工艺设备安装和维修、气流组织形式、管线布置以及净化空调系统等各种技术措施的综合协调效果。

5)洁净厂房的建筑平面和空间布局，应具有适当的灵活性，洁净区的主体结构不宜采用内墙承重；洁净室的高度应以净高控制，净高应以 100mm 为基本模数；洁净厂房主体结构的耐久性与室内装备和装修水平相协调，并应具有防火、控制温度变形和不均匀沉陷等性能，厂房变形缝应避免穿过洁净区。

6)洁净厂房内应设置人员净化、物料净化用室和设施，并应根据需要设置生活用室和其他用室。人员净化用室和生活用室的布置，一般按图 2-82 所示的人员净化程序进行布置。

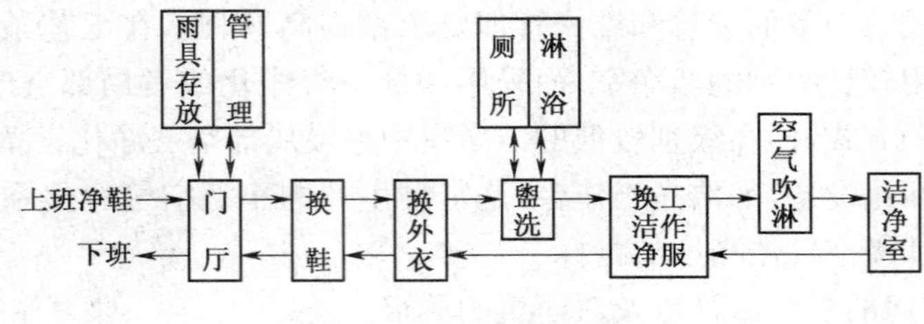

图 2-82 人员净化程序

7)洁净厂房的建筑围护结构和室内装修，应选用气密性良好，且在温度、湿度等变化作用下变形小的材料；室内墙壁和顶棚的表面应符合平整、光滑、不起尘、避免眩光和便于除尘等要求；地面应符合平整、耐磨、易除尘清洗、不易积聚静电、避免眩光并有舒适感等要求。

8)洁净车间的密闭性高于一般空调车间，人员流动路线复杂，因此，对防火问题应特别予以重视；同时，应根据洁净车间的面积大小和工艺性质，开设一个或几个安全出口，以便于事故情况下使用。具体设计应按《洁净厂房设计规范》(GB 50073-2013)的规定进行。

4. 分散式空调系统——空调机组

(1)空调机组由于具有结构紧凑、体积较小、安装方便、使用灵活以及不需要专人管理等特点，因此在中、小型空调工程中应用非常广泛。空调机组的种类很多，大致可进行如下的分类：

①按容量大小，分为立柜式和窗式。

②按制冷设备冷凝器的冷却方式，分为水冷式和风冷式。

③按用途不同，分为恒温恒湿机组和冷风机组。

④按供热方式不同，分为普通式和热泵式。

(2)立柜式恒温恒湿机组。图 2-83 所示是一种整体立柜式恒温恒湿空调机组的构造简图。该机组将空气处理、制冷和电气控制三个系统全部组装在一个箱体内，此外，在风管中尚有电加热器。这类机组能自动调节房间内空气的温度和相对湿度，以满足房间在全年内的恒温恒湿要求。室温一般控制在(20℃～25℃)±1℃，相对湿度控制在(50%～90%)。不同型号的产冷量和送风量大小不等，目前，国内产品的冷量为 7～116kW(6000～100000kcal/h)，风量为 1700～18000m³/h。

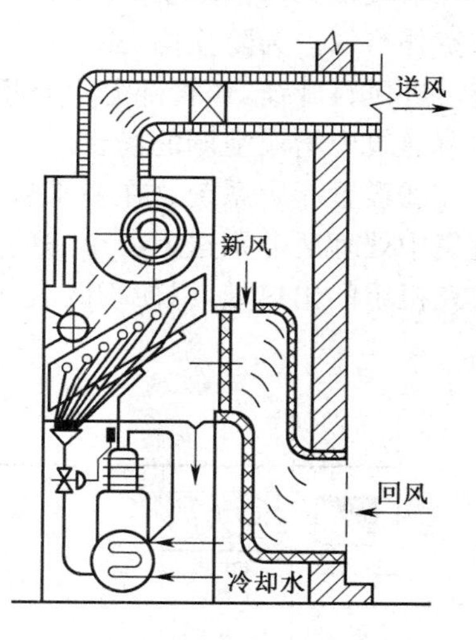

图 2-83　整体立柜式恒温恒湿空调机组的构造简图

不同型号的立柜式恒温恒湿空调机组，在构造上有整体式和分离式两种类型。此外，根据供热方式的不同，又分为普通式和热泵式两种形式：前者制冷系统只在夏季运行，冬季用电加热器供热；而后者则是空调系统的运行，夏季制冷，冬季供热。

(3)立柜式冷风机组。这类空调机组没有电加热器和电加湿器，一般也没有自动控制设备，只能供一般空调房间夏季降温减湿用。各种型号的产冷量为 3.5～210kW(3000～180000kcal/h)。

冷风机组的组装形式，也有整体立柜式和分组组装式之分。但是除此之外，还有些冷风降温设备是属于散装式的，即厂家供应配套设备，包括压缩机、冷凝器、蒸发器以及相应的各种配件，而由用户自行组装成系统。

5. 风机盘管空调系统

(1)风机盘管机组是空调系统的一种末端装置，由风机、盘管(换热器)以及电动机、空气过滤器、室温调节装置和箱体等所组成。其形式有立式和卧式两种，在安装方式上又都有明装和暗装之分。

(2)风机盘管空调系统的工作原理是，借助风机盘管机组不断地循环室内空气，使之通过盘管而被冷却或加热，以保持房间要求的温度和一定的相对湿度。盘管使用的冷水和热水，由集中冷源和热源供应。机组一般设有三挡（高、中、低挡）变速装置，可调整风量的大小，以达到调节冷、热量和噪声的目的。有些型号的机组还另外配带室温自动调节装置，可控制室温在（16℃～28℃）±1℃。采用风机盘管空调系统时，关于新风的补给，常用如下两种方式：

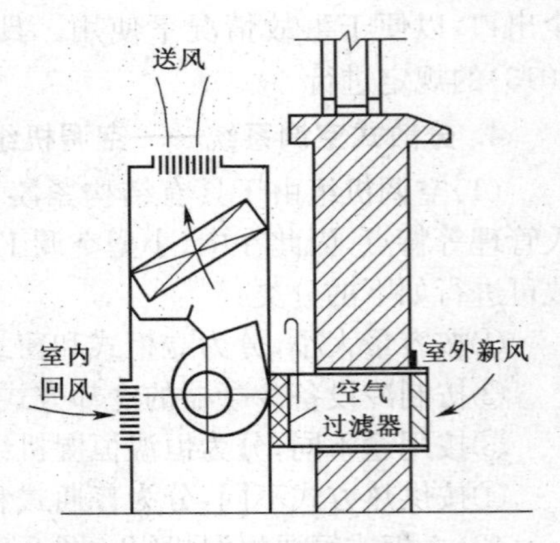

图 2-84 从墙洞引入新风的风机盘管空调系统

①从墙洞引入新风的风机盘管空调系统。如图 2-84 所示，在立式机组的背后墙壁上开设新风采气口，并用短管与机组相连接，就地引入室外空气。为防止雨、虫、噪声等影响，墙上应设进风百叶窗，短管部分应有粗效过滤器等。这种做法常用于要求不高或者是在旧有建筑中增设空调的场合。

②设置新风系统。在要求较高的情况下，宜设置单独的新风系统，即将新风经过集中处理后分别送入各个房间。如图 2-85 所示，新风可用侧送风口送入，风口紧靠在机组的出口处，以便于两股气流能够很好地混合。

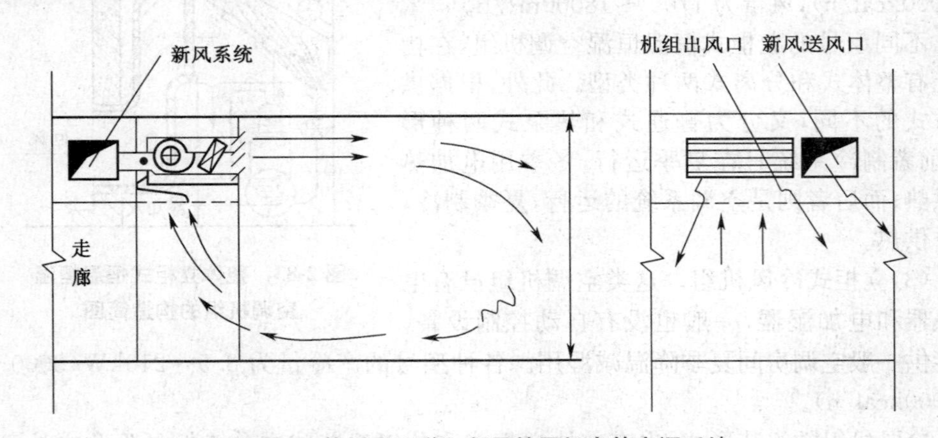

图 2-85 从侧风口送入新风的风机盘管空调系统

(3)风机盘管空调系统具有布置和安装方便、占用空间小、单独调节性能好，无集中式空调的送风、回风风管，以及各房间的空气互不串通等优点。目前，已成为国内外高层建筑的主要空调方式之一。对于需要增设空调的一些小面积、多房间的旧有建筑，采用这种方式也是可行的。

6. 变制冷剂流量(VRV)空调系统

变制冷剂流量（VRV）空调系统是直接蒸发式系统的一种形式，主要由室外主机、制冷剂管线、末端装置（室内机）以及一些控制装置组成。VRV 空调系统除了具有分体式空调的基本特点外，一台室外机可带多台室内机，连接管线最长距离可达100m，压缩机采用变频调速控制。VRV 系统示意图如图 2-86 所示。

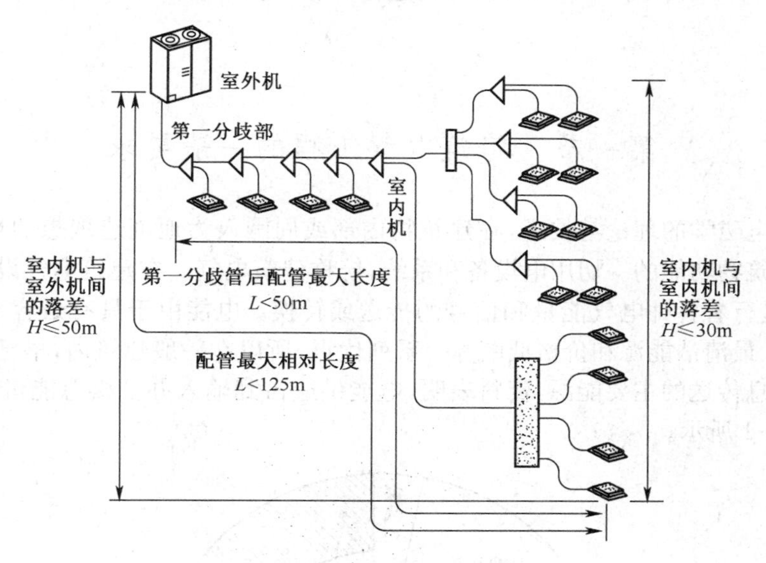

图 2-86　VRV 系统示意图

VRV 系统按其室外机功能可分为：热泵型、单冷型和热回收型。

VRV 系统的室内机有多种形式，包括顶棚卡式嵌入型（双向气流、多向气流）、顶棚嵌入风管连接型、顶棚嵌入导管内藏型、顶棚悬吊型、挂壁型及落地型等。

根据不同的功能形式及室内机形式的组合，可以满足各种各样的空调要求。

VRV 系统适合公寓、办公、住宅等各类中、高档建筑。

由于 VRV 系统冬季供热能力随着室外空气温度的降低而下降，当室外气温降至−15℃时，机组的制热量只相当于标准工况时制热量的 50%左右。在较寒冷地区，如采用 VRV 系统进行供冷和供热，必须对机组冬季工况时的制热量进行修正，确保机组供热能力达到需求。如不能满足，则需设置辅助热源进行辅助供热。就全国气候条件来看，在夏季室外空气计算温度 35℃以下、冬季室外空气计算温度−5℃以上的地区，VRV 系统基本上能满足冬、夏季冷热负荷的要求。

VRV 空调系统的特点：

①节能。

②节省建筑空间。

③施工安装方便、运行可靠。

④满足不同工况的房间使用要求。

第三章　建筑电气工程

第一节　建筑电气工程的一般要求

利用电磁学的理论与技术，在建筑物内部或周围人为地创造理想的环境，以充分发挥建筑物功能的一切用电设备和系统，统称建筑电气。在建筑电气设备和系统中，都在进行着各种电气能量和信号的传送或转换。电能由于具有最容易获得、最方便使用、最清洁能源和价格低廉等一系列优点，所以在一般建筑内，早已把它作为照明和信息传送的主要能源，资料表明，电能供应占到输入办公楼总能量的 80%以上，如图 3-1 所示。

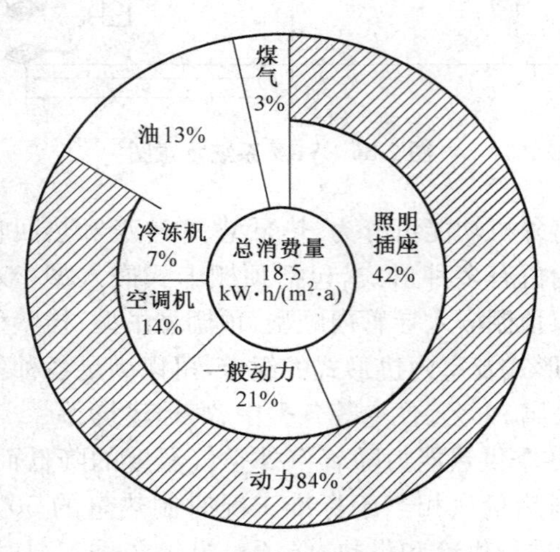

图 3-1　办公楼各种用电能量比

近年来，随着建筑物不断地向高层和现代化的方向发展，在建筑物内部电能应用的种类和范围日益增加和扩大。可以说，当前乃至今后，建筑电气对于整个建筑物建筑功能的发展、建筑功能的布置和建筑构造的选择、建筑艺术的体现以及建筑安全的保证等方面，都起着重要的作用。根据电气设备在建筑中所起作用范围的不同，可将建筑电气设备大致分为如下四类：

一、创造环境的设备

对居住者的直接感受作用最大的环境因素为光、温度和湿度、空气、声音四个方面。这四方面的条件均可能部分或全部由建筑电气所创造。

①创造光环境的设备。在人工采光方面，无论是满足人们生理需要为主的视觉

照明，还是满足人们心理需要为主的气氛照明，均是采用电气照明装置实现的。

②创造温度、湿度环境的设备。为使室内温度、湿度不受外界自然条件的影响，可采用空调设备实现，而空调设备工作是靠消耗电能才得以完成的。

③创造空气环境的设备。补充新鲜空气，排除臭气、烟气、废气等有害气体，可采用通风换气设备实现，而通风换气设备多是靠电力拖动工作的。

④创造声音环境的设备。可以通过广播系统形成背景音乐，将悦耳的乐曲或所需的音响送入相应的房间、门厅、走廊等建筑空间。

二、追求方便性的设备

方便生活和工作是建筑设计的重要目标之一。增加的相应建筑电气设备是实现这一目的主要措施。例如：

(1)增加居住者和使用者生活和工作方便的设备。

①满足生活基本需要的给排水设施，其中的增压设备等都是由电动机拖动而运转的。

②保证随时随地使用的各种电插座，由此可接入所需要的各种用电设备。

③进行垂直运输的电梯。

(2)缩短信息传递时间的设备。

①满足个人与个人之间交换信息用的电话系统。

②满足个别人和群体、多用户间沟通信息的广播系统。

③供各用户统一时间的辅助电钟和显示器系统。

④用于迅速传递火灾信息的报警系统等。

以上设备的设置均应和建筑的功能、等级适应。不见得设备装得越多就越方便，应力求以最少的数量取得最好效果。只有和建筑设计密切配合，才可充分发挥这些设备和系统的作用。

三、增强安全性的设备

这类设备按作用分可分为两类：

①保护人身与财产安全的，如自动排烟、自动化灭火设备、消防电梯、事故照明等。

②提高设备和系统本身可靠性的，如备用电源的自投，过电流、欠电压、接地等多种保护方式等。

其中第①项应和建筑设计中防火区的划分、避难路线的选定等总体规划密切配合，第②项也应根据建筑设计意图对其提高相应的要求。

四、提高控制性能的设备

建筑物交付使用后，其使用寿命、维修费用、设备更新费用、能源(光、热、电等)消耗费用和管理费用等并没有一个准确的定量标准，而完全由建筑物的控制性能和管理性能决定。增设提高控制性能和管理性能的设备，可以使建筑物的使用寿命延长，降低上述各项费用。具有这样性能的设备有各种局部自动控制系统，如消火栓消防泵自动灭火系统、自动空调系统等。当考虑控制方案时，应树立对建筑物进行整体控制的观点，设置中心调度室，把局部控制通过集中调度合理地协调统一起来。当前，大楼的计算机管理系统已得到越来越多的应用。国外正在开发的"钥匙住宅"就是这种系统的高级阶段。只要用"钥匙"启动计算机系统，就可以对建筑物内的全部设备和系统随时进行监测、控制和调节，使之处于最佳运行状态，从而使建筑物达到维持功能、延长寿命、减少损耗、降低费用等效果。显然，建筑设计应为这种设备和系统的实施创造条件、提供方便。

综上所述，建筑电气不仅是建筑物内必要和重要的组成部分之一，而且其作用和地位日益增强和提高，因而应引起建筑设计人员越来越多的重视。

第二节 建筑电气系统

由前可知，若按建筑电气在建筑物内所起的作用来分，建筑电气的种类十分繁多，不便一一列举。但从电能的供入、分配、输送和消耗使用的观点来看，全部建筑电气系统可分为供配电系统和用电系统两大类。而根据用电设备的特点和系统中所传送能量的类型，又可将用电系统分为建筑照明系统、建筑动力系统和建筑弱电系统三种。

一、建筑的供配电系统

接受电源输入电能，并进行检测、计量、变压等，然后向用户和用电设备分配电能的系统，称供配电系统。

1. 电能的生产、输送和分配

电能的生产、输送和分配过程，全部在动力系统中完成。

动力系统由发电厂、电力网和用电户三大环节组成，如图 3-2 所示。

发电厂的作用是将其他形式的能源（煤、水、风和原子能等）转换为电能（称二次能源），并向外输出电能。

为降低发电成本，故发电厂常建在远离城市的一次能源丰富的地区附近。受材料绝缘性能和设备制造成本的限制，所发电压不能太高，通常只有 6kV、10kV 和 15kV 几种。

电力网的作用是将发电厂输出的电能送到用户所在区域，即进行远距离输电。为减少输送过程中的电压损失和电能损耗，要求用高压输电。通过升压电站把发电厂输出的 6kV、10kV 或者 15kV 电能，变为 110kV、220kV 或者 500kV 以上的高压电，经输电线路（多采用架空敷设的钢芯铝绞线）送到用电区。为方便用户用电，要求低压配电。通过降压变电站，把 110kV、220kV 或者 500kV 以上的高压降为 3kV、6kV 或者 10kV，再供给用户使用。

同电压、同频率的电力系统可以并网运行。目前，我国已形成东北、西北、华北、华东、华中等电力系统，可对该区域内的全部发电厂、变电站和输电线路等进行统一

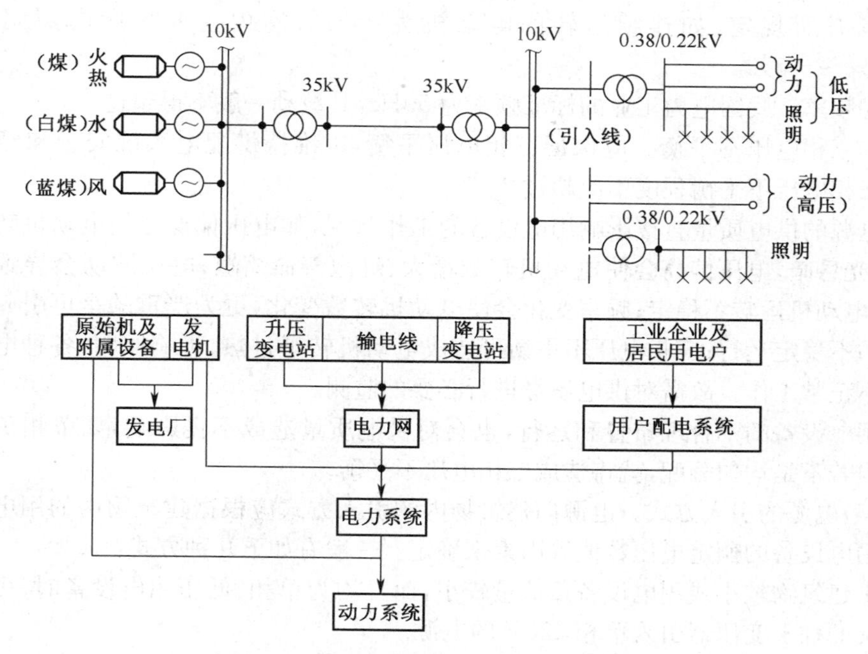

图 3-2　动力系统的组成

调度,从而使供电的可靠性和经济性均大大提高。

用电户将电能转换成其他形式的能量(如机械能、热能、化学能、光能或信号能量等),以实现某种功能。

用电户常以引入线(通常为高压断路器)和电力网分界。建筑用电就属于动力系统末梢的成千上万的用电户之一。

2. 电压标准和电源的引入方式

(1)电压等级。电压等级是根据国家的工业生产水平,电机、电器制造能力,进行技术经济综合分析比较而确定的。我国规定了三类电压标准。

①第一类额定电压。电压值在100V以下,主要用于安全照明、蓄电池、断路器及其他开关设备的操作电源。

②第二类额定电压。电压值在100V以上、1000V以下,主要用于低压动力和照明。用电设备的额定电压,直流分110V、220V、440V三等,交流分380V/220V和230V/127V两等。建筑用电的电压主要属于这一范围。

③第三类额定电压。电压值在1000V以上,主要作为高压用电设备及发电、输电的额定电压值。

(2)电压质量指标。

①电压偏移。指供电电压偏离(高于或低于)用电设备额定电压的数值占用电设备额定电压值的百分数,一般限定不超过±5%。

②电压波动。指用电设备接线端电压时高时低的变化。对常用设备电压波动

的范围有所规定，如连续运转的电动机为±5%，室内主要场所的照明灯为-2.5%～+5%。

③频率。我国电力工业的标准频率为50Hz，其波动一般不得超过±5%。

④三相电压不平衡。应保证三相电压平衡，以维持供配电系统安全和经济运行。三相电压不平衡程度不应超过2%。

电源的供电质量直接影响用电设备的工作状况，如电压偏低会使电动机转数下降、灯光昏暗，电压偏高会使电动机转数增大、灯泡寿命缩短；电压波动会导致灯光闪烁、电动机运转不稳定；频率变化会使电动机转数变化，更为严重的是可引起电力系统的不稳定运行；三相电压不平衡可造成电动机转子过热、影响照明，各种电子设备的不正常工作。故需对供电质量进行必要的监测。

用电设备的不合理布置和运行，也会对供电质量造成不良影响，如单相负载在各相内若不是均匀分配，就将造成三相电压不平衡。

(3)电源的引入方式。电源向建筑物内的引入方式应根据建筑物内的用电量大小和用电设备的额定电压数值等因素来确定。一般有如下几种方式：

①建筑物较小或用电设备负荷量较小，而且均为单相、低压用电设备时，可由电力系统的柱上变压器引入单相220V的电源。

②建筑物较大或用电设备的容量较大，但全部为单相和三相低压用电设备时，可由电力系统的柱上变压器引入三相380V/220V的电源。

③建筑物很大或应用设备的容量很大，虽全部为单相和三相低压用电设备，但综合考虑技术和经济因素，应由变电所引入三相高压6kV或10kV的电源，经降压后供用电设备使用。此时，在建筑物内应装置变压器，布置变电室。若建筑物内有高压用电设备时，应引入高压电源供其使用。同时装置变压器，满足低压用电设备的电压要求。

3. 负荷分类和供电系统的方案

(1)负荷分类。一切用电户都不希望短时中断供电，而一切供电系统都难免短时中断供电，否则，必须在技术上采取更多的措施和增加投资。根据本身的重要性和对其短时中断供电在政治上和经济上所造成的影响和损失，对于工业和民用建筑的供电负荷可分为三级：

①一级负荷。因发生供电中断将造成人身伤亡，或将在政治上、经济上造成重大损失的用户称一级负荷。对于一级负荷应由两个独立电源供电。

②二级负荷。因发生供电中断将造成政治上经济上较大损失的用电户称二级负荷。对于二级负荷，一般应由上一级变电所的两段母线上引来双回路进行供电，也可以由一条专用架空线路供电。

③三级负荷。凡不属于一、二级负荷者均称三级负荷。对于三级负荷可由单电源供电。

(2)供电系统的方案。供电系统应根据负荷等级，按照供电安全可靠、投资费用较少、维护运行方便、系统简单显明等原则进行选择。可选方案如下：

1)单电源供电系统如图 3-3 所示。

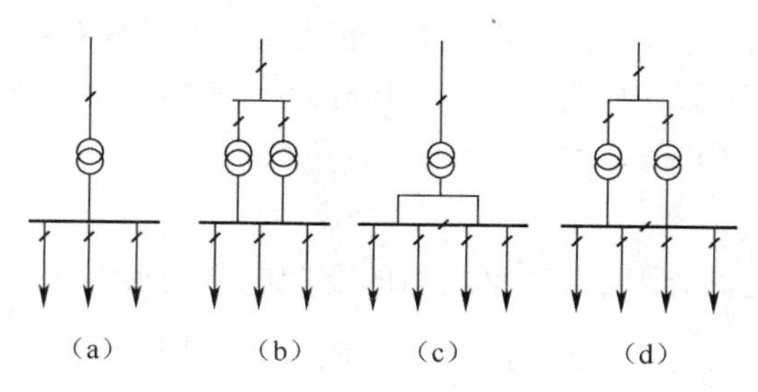

图 3-3　单电源供电系统

①单电源、单变压器，低压母线不分段系统，如图 3-3a 所示。该系统供电可靠性较低，系统中电源、变压器、开关及母线中，任一环节发生故障或检修时，均不能保证供电。但接线简单显明、造价低，可适用于三级负荷。

②单电源、双变压器，低压母线不分段系统，如图 3-3b 所示。该系统中除变压器有备用外，其余环节均无备用。一般情况下，变压器发生故障的可能性比其元件少得多，与前面的方案相比，可靠性增加不多而投资却大为增加，故不宜选用。

③单电源、单变压器，低压母线分段系统，如图 3-3c 所示。仅在低压母线上增加一个分段开关，投资增加不多，但可靠性却比方案①大大提高，故可适用于一、二级负荷。

④单电源、双变压器，低压母线分段系统，如图 3-3d 所示。该方案与方案②有同样的缺点，故不予推荐。

2)双电源供电系统如图 3-4 所示。

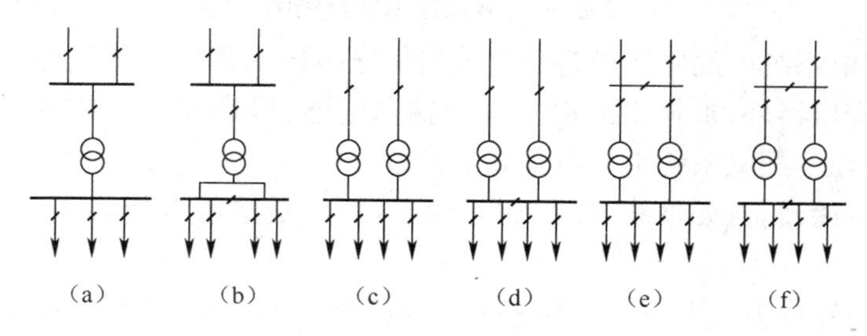

图 3-4　双电源供电系统

①双电源、单变压器，母线不分段系统，如图 3-4a 所示。因变压器远比电源的故障和检修次数要少，故此方案投资较省而可靠性较高，可适用于二级负荷。

②双电源、单变压器，低压母线分段系统，如图 3-4b 所示。此方案比方案①设备增加不多，而可靠性明显提高，可适用于二级负荷。

③双电源、双变压器，低压母线不分段系统，如图 3-4c 所示。此方案不分段的低压母线，限制变压器备用作用的发挥，故不宜选用。

④双电源、双变压器，低压母线分段系统，如图 3-4d 所示。该系统中各基本设备

均有备用，供电可靠性大为提高，可适用于二、一级负荷。

⑤双电源、双变压器，高压母线分段系统，如图 3-4e 所示。因高压设备价格贵，故该方案比方案④投资大，并且存在方案③的缺点，故一般不宜选用。

⑥双电源、双变压器，高、低压母线均分段系统，如图 3-4f 所示。该方案的投资虽高，但供电的可靠性提高更大，适用于一级负荷。

4. 供配电系统

由电源引入线之后，到供电对象之前的变配电系统接线图如图 3-5 所示。

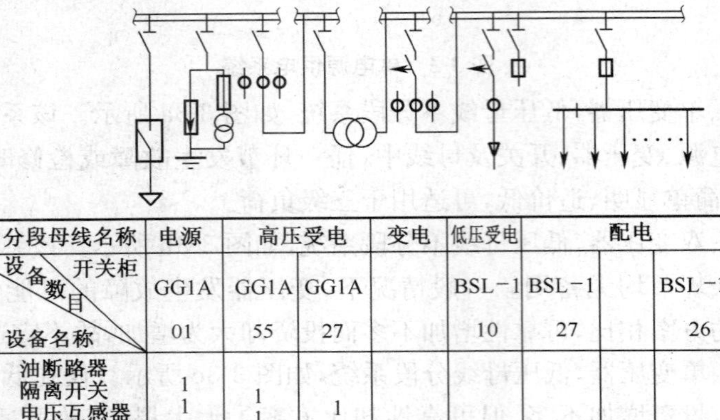

分段母线名称	电源	高压受电		变电	低压受电	配电		
开关柜 设备数目	GG1A	GG1A	GG1A		BSL－1	BSL－1		BSL－1
设备名称	01	55	27		10	27		26
油断路器								
隔离开关	1	1						
电压互感器	1	1	1					
电流互感器			1		1	3		1
熔断器		1						1
避雷器		1						
刀开关					1	3		1
断路器					1	3		
变压器				1				
其他								

图 3-5 变配电系统接线图

(1)供配电系统中的主要设备。除根据供电电压与用电电压是否一致而确定是否需要选用变压器外，根据供配电过程中输送电能、操作控制、检查计量、故障保护等不同要求，在变配电系统中一般有如下设备：

①输送电能设备，如母线、导线和绝缘子，三者是输送电能必不可少的设备，统称电气装置。

②通断电路设备，高电压、大功率采用断路器。低电压、中小功率采用自动断路器或刀开关等。

③检修指示设备，如高压隔离开关。

④满足高电压、大电流电器检查计量和继电保护需要的电压互感器和电流互感器。

⑤故障保护设备，如熔断器等。

⑥雷电保护设备，如避雷器等。

⑦功率因数改善设备，如电容器等。

⑧限制短路电流设备，如电抗器等。

从开关设备到电抗器的全部设备,都是为方便和有利于系统的运行而加入的,统称为电器。全部电气装置和电器,即供配电系统中的全部设备,统称为电气设备。

(2)配电柜 用于安装电气设备的柜状成套电气装置称配电柜。其中,用于安装高压电气设备的称高压配电柜,如 GG1A 即为一种型号的高压配电柜,01、55、27 是柜内标准接线方案的编号,安装布置高压配电柜的房间称高压配电室。用于安装低压电气设备的称低压配电柜,如 BSL-1 即为一种型号的低压配电柜,10、27、26 是柜内标准接线方案编号,安装布置低压配电柜的房间称低压配电室。变配电室是由高压配电室、变压器室和低压配电室三个基本部分有机组合而成的。对于设置有变压器的大型建筑物来说,变配电室是其重要的组成之一,应在建筑平面设计中统一加以考虑。

二、建筑电气照明系统

应用可以将电能转换为光能的电光源进行采光,以保证人们在建筑物内正常从事生产和生活活动,以及满足其他特殊需要的照明设施,称建筑电气照明系统。

1. 建筑电气照明系统的基本组成

电气照明系统是由电气和照明两套系统组成的。

(1)电气系统。是指电能的产生、输送、分配、控制和消耗使用的系统,由电源(市供交流电源、自备发电机或蓄电池组)、导线、控制和保护设备(开关和熔断器)以及用电设备(各种照明灯具)组成,电气照明的系统图如图 3-6 所示。

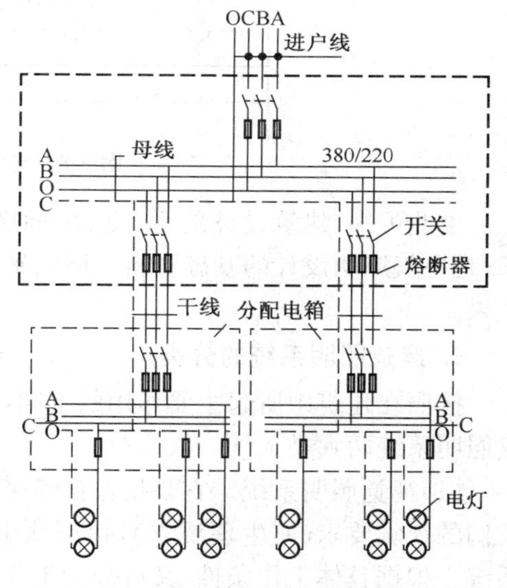

图 3-6 电气照明的系统图

(2)照明系统。是指光能的产生、传播、分配(反射、折射和透射)和消耗吸收的系统,是由光源、控照器、室内空间、建筑内表面、建筑形状和工作面等组成的,电气照明系统平面图如图 3-7 所示。

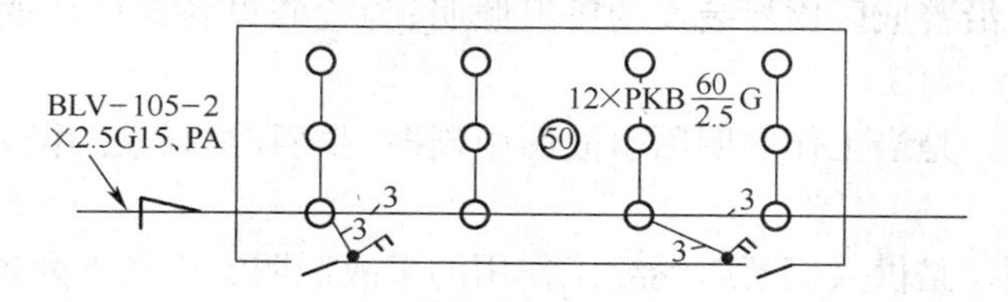

图 3-7 电气照明系统平面图

(3)电气和照明系统的关系。电气和照明两套系统,既相互独立又紧密联系。由上所述,可见两套系统的职能是不同的。此外,在设计中所遵循的基本理论(分属电学和光学)、所依据的基本参数(分别为瓦特 W 和流明 Lm 等)、所采用的基本运算方法都不相同。分别通过照明的光学部分设计和照明的电气部分设计来完成。两套系统之间又是紧密相关的。连接点就是灯具,灯具可同时用瓦特和流明两类参数表示其性能。灯具是电气系统的末端,又是照明系统的始端。电气设计应满足照明设计的要求,而照明设计应和建筑设计紧密配合。所以在实际工作中,一般程序是根据建筑设计的要求进行照明设计,再根据照明设计的成果进行电气设计,最后完成统一的电气照明设计。电气照明平面图如图 3-8 所示。

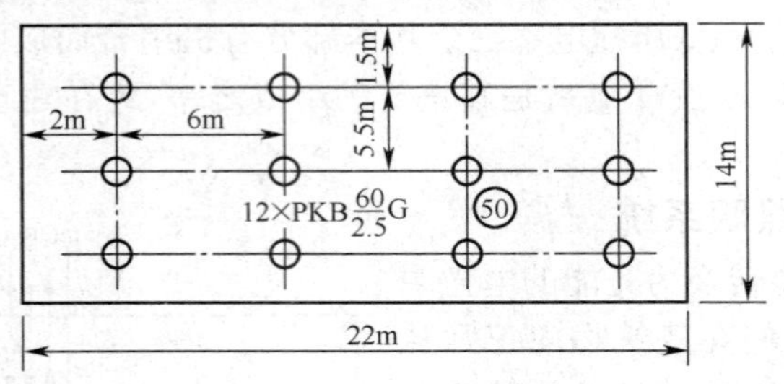

图 3-8 电气照明平面图

由此可知,建筑设计的平、立、剖面图,以及该项建筑的生产、生活用电工艺要求,是电气照明设计的基础资料。照明平面图和供电系统图是电气照明设计的主要成果。

2. 建筑照明系统的分类

按照在建筑中所起主要作用的不同,可将建筑照明系统分为视觉照明系统和气氛照明系统两大类。

(1)视觉照明系统。它是指在自然采光不足之处或夜间,提供必要的照度,满足人们的视觉要求(属生理要求),保证从事的生产、生活活动正常进行而采用的照明系统。根据具体工作条件,又可分为工作照明、事故照明、备用照明应急照明和航空障碍照明等。

①工作照明。是保证人们的工作和生活正常进行所采用的照明。工作照明是电气照明中的基本类型。在建筑内,正常情况下需要照明的全部空间所采用的照明都是工作照明。沿警戒区周界装设的警卫照明、为检修设备而使用的移动照明等均为工作照明。

②事故照明。是当工作照明因事故而中断时,供暂时继续工作或人员疏散用的照明。

③备用照明。是供人们暂时继续工作用的事故照明。应在下列场所采用:

当工作照明出现故障,由于工作中断或误操作将引起火灾、爆炸、人员中毒等严重危险的场所,如锅炉房、煤气站;可能引起生产过程长期破坏的场所,如电子计算机房;重要的生产车间,如水泵房等。

④应急照明。是供人员安全疏散用的事故照明。应在下列场所采用:

工作人数超过50人的生产车间，或当工作照明熄灭后由于生产继续进行或人员通行容易发生事故的地方；工作人数超过50人的生产车间或影剧院、大礼堂等公共场所，供人员往外疏散的通行房间、楼梯、太平门等处。应急灯应涂红色或注上箭头、文字说明等标记。

事故照明应采用能瞬时可靠点亮的白炽灯或卤钨灯。若事故照明平时作为工作照明的一部分经常点亮，而且当发生事故时不需要切换事故照明电源的情况下，也可采用其他电光源。

⑤航空障碍照明。是装设在高大建筑物的顶部，作为航空障碍标志的照明。

凡高出周围地面45m的建筑物均应装设障碍灯。高于10m的烟囱除在顶部装设外，还应在其二分之一高处装障碍灯。灯下应设平台以便维护。一般高层建筑物只在顶端装设。水平面积较大的高层建筑物或集群高大建筑物，还应在外侧转角的顶端装障碍灯，灯下也应设维修平台。每盏灯不应小于100W。最高端的障碍灯不得少于两盏。航空障碍灯的设置位置如图3-9所示。

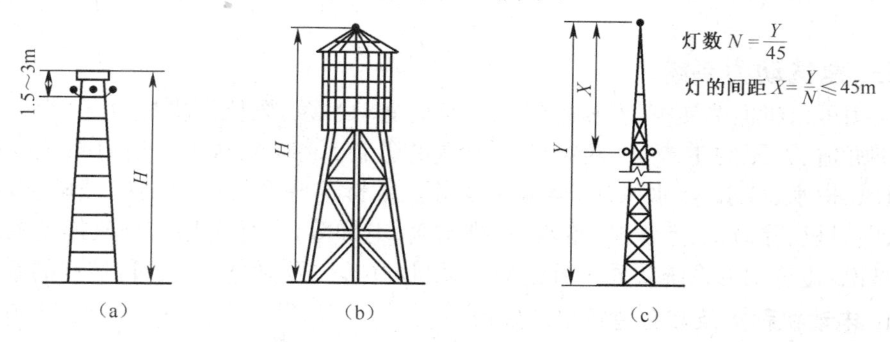

图3-9　航空障碍灯设置位置

(2)气氛照明系统。它是指创造和渲染某种气氛与人们所从事的活动相适应(即满足人们的心理要求)而采用的照明系统。根据气氛照明系统的具体应用场所又可分为建筑彩灯和专用彩灯两种。

①建筑彩灯。节假日夜晚用于装饰整幢建筑物的照明系统。

节日彩灯通常是以250V、15W防水彩灯，等距成串布置在高大建筑物正面轮廓线上，用来显示建筑物的艺术造型，以增添节日之夜的欢乐气氛。节日彩灯的安装如图3-10所示。这种照明系统目前应用较广泛。但采取这种照明系统的每幢建筑用灯达数百盏，耗电达数十千瓦，而且灯光不连续，艺术效果并不理想，维护管理也较麻烦。泛光照明是以高强度气体放电灯作为泛光灯，装在邻近的房屋和装置上，从不同角度照射主建筑。光线均匀、有层次，可达到理想的艺术效果，而且维护管理方便、节省电能。例如，某宾馆原装节日彩灯功率达190kW，改用泛光照明装置后功率仅为21.8kW。

②专用彩灯。它是满足各种专门需要的气氛照明。如喷泉照明、舞池照明等。配合周围环境和节目内容，不断变化各类光组合的色彩和图案，能给人以美好的艺

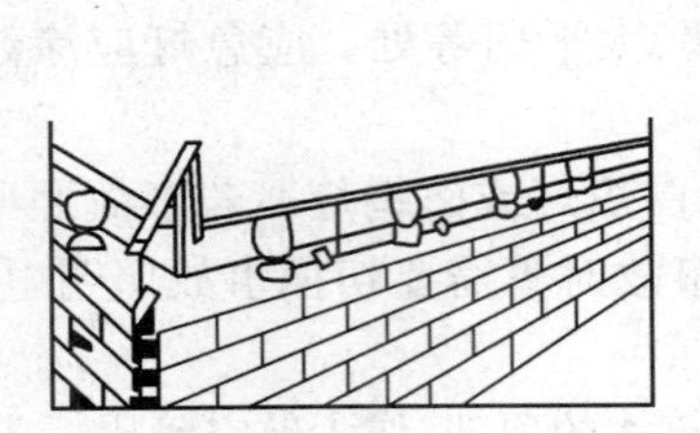

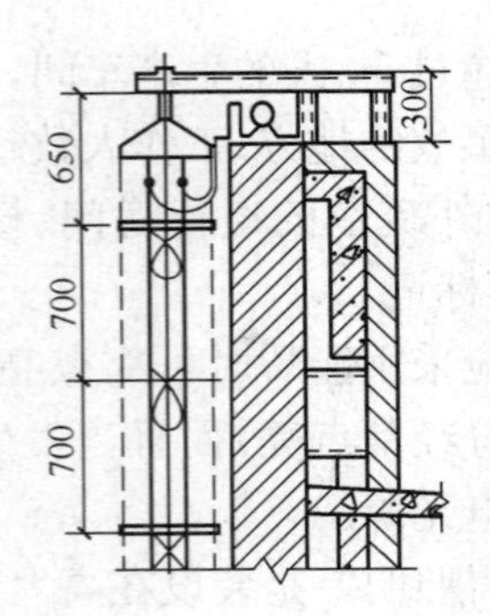

图 3-10 节日彩灯的安装

术享受。

以采光为主要目的的视觉照明系统，也需要用其灯具的光、色、体、型和布置来发挥相应的烘托气氛作用。以创造气氛为主要目的的气氛照明系统，当然也应以产生足够的照度为前提。无论哪种照明系统，都应当和整个建筑相互地协调、紧密配合。

三、建筑动力系统

应用可以将电能转换为机械能的电动机、拖动水泵、风机等机械设备，为整个建筑提供舒适、方便的生产、生活条件而设置的各种系统，统称建筑动力系统。如供暖、通风、供水、排水、热水供应、运输系统等。维持这些系统工作的机械设备，如鼓风机、引风机、除渣机、上煤机、给水泵、排水泵、电梯等，全部是靠电动机拖动的。因此可以说，建筑动力系统实质上就是向电动机配电，以及对电动机进行控制的系统。

1. 电动机种类及其在建筑中的应用

电动机的分类见表 3-1。

表 3-1 电动机的分类

<table>
<tr><th colspan="8">电动机</th></tr>
<tr><th colspan="3">交流电动机</th><th colspan="5">直流电动机</th></tr>
<tr><td rowspan="2">同步电动机</td><td colspan="2">异步电动机</td><td>永磁</td><td colspan="4">电磁直流电动机</td></tr>
<tr><td>笼型</td><td>绕线转子</td><td>直流电动机</td><td>串励式</td><td>并励式</td><td>复励式</td><td>他励式</td></tr>
</table>

同步电动机构造复杂、价格太贵，在建筑动力系统中很少采用。

直流电动机构造也较复杂、价格也较贵，而且需要直流电源，因此除在对调速性能要求较高的客运电梯上应用外，其他场所也很少应用。

异步电动机构造简单、价格便宜、起动方便，在建筑动力系统中得到广泛应用。其中，笼型用得最多。当起动转矩较大，或负载功率较大，或需要适当调速的场合，应采用绕线转子异步电动机。

2. 异步电动机

(1)异步电动机的起动。

①起动过程和起动特性。电动机从接通电源开始转动，到转速增至额定转速这

一过程称起动过程。生产过程进行中，通常反复进行电动机的起动和停车，故电动机的起动性能对生产过程的正常进行影响很大。异步电动机的起动性能可用起动电流、起动转矩、起动时间和起动的可靠性等指标来衡量。对生产影响最大的是起动电流和起动转矩两项指标。

异步电动机的起动电流高达其额定电流的 4～7 倍。因此起动时会在线路中造成很大的电压降，使接于同一系统中的其他用电设备的工作受到严重影响（如灯光昏暗、电动机转速下降甚至停车）。异步电动机的起动转矩很小，造成起动时间增长，甚至不能带负载起动。因此，应正确选择异步电动机的起动方法。

②异步电动机的起动方法。笼型异步电动机起动方法见表 3-2。

表 3-2 笼型异步电动机的起动方法

全电压起动（直接起动）	降电压起动		
	定子串电阻	自耦变压器	星-三角转换

当变压器容量较大或电动机容量较小时，可考虑直接起动电动机。

对于经常起动的电动机，起动时造成的电网压降超过额定电压的 10%，对于不经常起动的电动机超过 15%时，应考虑降压起动。定子串电阻法有附加能耗，故应用少。自耦变压器法效果明显，但设备笨重、操作复杂，故适于不频繁起动的大功率电动机。换接法设备简单、造价低，广泛应用于定子绕组通常为三角形接线、较频繁起动的中小型电动机。国产的有 QX_1、QX_3 系列起动器。

绕线式异步电动机起动时可在其转子电路中串入电阻，改变电动机的机械特性，使起动电流减小、起动转矩增大。起动过程完成后，将所串入的电阻切除。

频繁变阻器是一种阻抗值与所通过电流频率成正比的设备。电动机在起动过程中，转子电流的频率由大到小连续变化，故频繁变阻器的阻抗值也由大逐渐变小，可保证电动机平稳起动。此法设备简单、价格便宜，是静止元件，故维护方便，应用广泛。但功率因数低，不能用于调速。

转子电路串入起动变阻器，起动过程中将电阻分段切除。该设备构造较复杂，费用较高，但是可用于对电动机调速。

(2)异步电动机的配电。配电设备和线路由电动机的起动方法所决定。

全压起动时的配电线路图如图 3-11 所示。电流经刀开关、熔断器和导线送往电动机。小容量电动机的手动控制均为这种接线。

自耦变压器降压起动时的配电线路图如图 3-12 所示。QJ_3 系列手动自耦变压器的额定电压由 220V 到 400V，起动功率由 8kW 到 75kW，并附有过载和失压保护。

转子串电阻起动时的配电线路如图 3-13 所示。常采用 BT2 系列三相变阻器。

3. 异步电动机的控制

以上所述异步电动机的配电线路，是靠人直接操纵执行设备（如刀开关等）实现向电动机的配电，故可称为刀开关控制或称人工控制线路。当电动机功率太大，靠人直接控制不太安全时，或当电动机距控制地点太远而无法就地直接控制时，就需要采用按钮控制（又称半自动控制），或采用某种自动化设备实现自动控制。半自动和自动控制线路的类型很多，其中应用最广泛的是采用各种继电器和接触器组成的继电-接触控制系统。在系统中通过各设备之间动作的连锁关系（如自锁、顺序连锁和互斥连锁等），实现根据不同的生产工艺要求对电动机进行相应控制的目的。

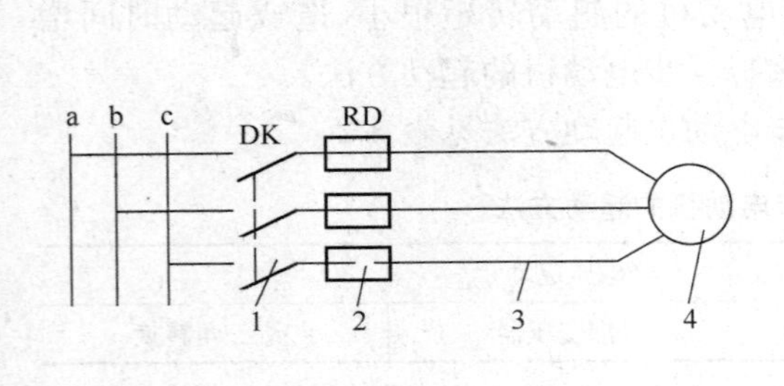

图 3-11 全压启动线路图

1. 刀开关 2. 熔断器 3. 导线 4. 电动机

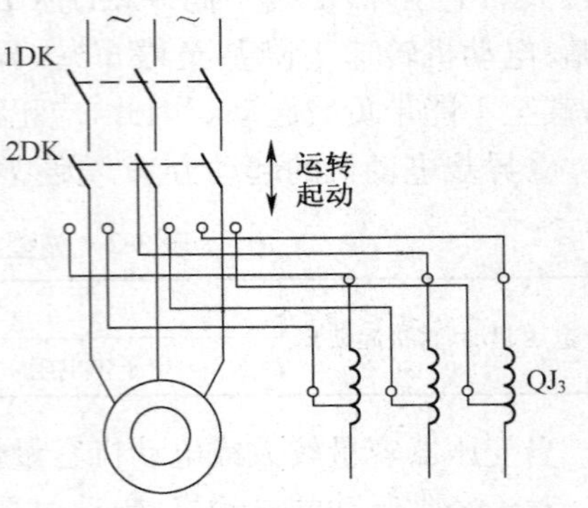

1DK
2DK
运转
起动
QJ_3

图 3-12 自耦变压器降压起动线路图

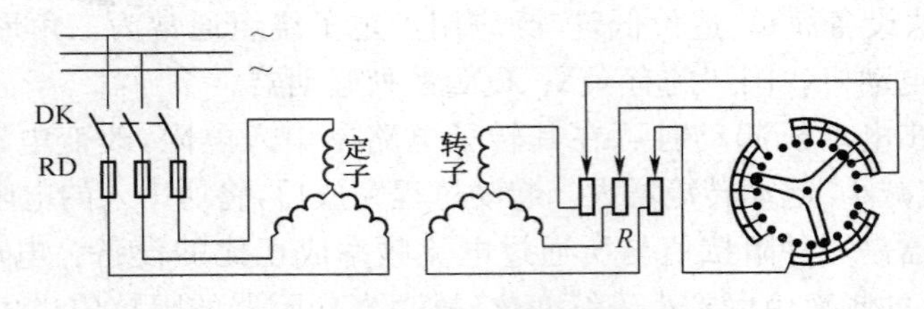

图 3-13 转子串电阻起动线路图

(1)接触器。它是用于频繁通断供电线路的自动电器。其结构如图 3-14a 所示。一般由五个主要部分组成，即电磁系统（包括静止铁心、励磁线圈和可动衔铁几部分）、主触头及灭弧系统、释放弹簧、连锁触头、支架和底座。

其工作原理是，当励磁线圈通电时，铁心中产生磁通，在铁心与衔铁间产生电磁吸力，使衔铁向铁心运动，衔铁带着动触头运动，使之与静触头接触而接通主电路。连锁触头也发生相应的通断切换，同时释放弹簧被压缩。当励磁线圈失电时，在释放弹簧作用下，衔铁和铁心分开，主触头和连锁触头均恢复原状。根据线路动作的实际顺序，将同一设备

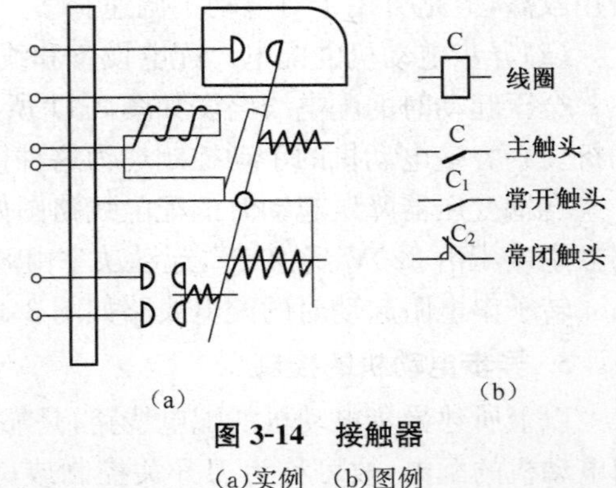

图 3-14 接触器

(a)实例 (b)图例

的各组成部分，拆开画在不同位置上的线路图，称展开图。接触器通常用C表示，在展开图中只画出其线圈和触头，如图3-14b所示。

(2)继电器。凡具有如图3-15所示特性的设备，均称继电器。根据输入参数的类型，可分为电流、电压、水位、流量、温度、光、烟等各种继电器。各种继电器的构造和工作原理往往各不相同，其中电磁式继电器的基本构造和工作原理与接触器大体相同，只是线圈的输入功率小、触头的输出功率小，动作灵敏度高而已。继电器通常用J表示，在展图中也是只画出其线圈(或其他输入环节)和触头，如图3-16所示。

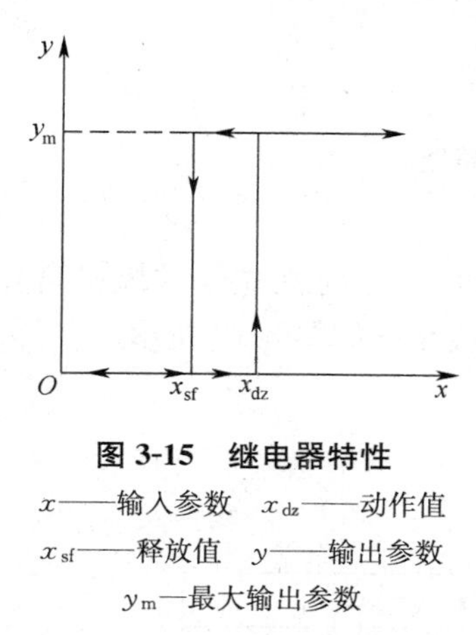

图3-15　继电器特性

x——输入参数　x_{dz}——动作值

x_{sf}——释放值　y——输出参数

y_m—最大输出参数

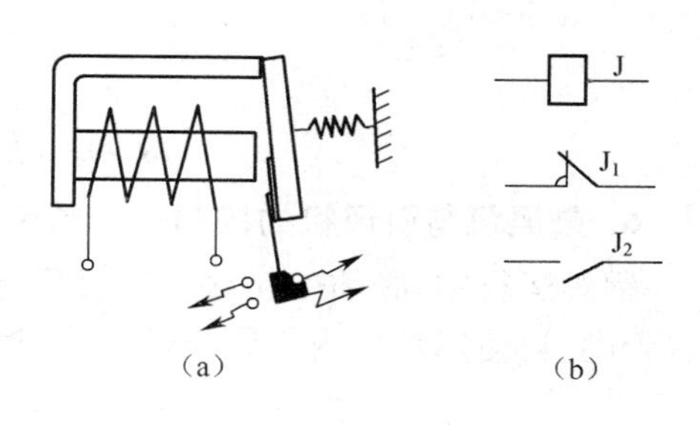

图3-16　电磁继电器

(a)实例　(b)图例

4. 消防泵的远距离控制-自锁

消防泵远距离按钮控制线路图如图3-17所示。起动按钮QA和停车按钮TA安装在消火栓处。接触器C和热继电器RJ安装在消防泵电动机的现场配电柜上。

在工作中刀开关DK始终是合上的(在检修时才拉开)。操作QA或TA，造成接触器线圈通电或断电，通过主触头的通断，即可实现消防泵的起动或停车。

起动时，常开连锁触头C1闭合，使QA断开后仍可保持接触器的线圈通电。

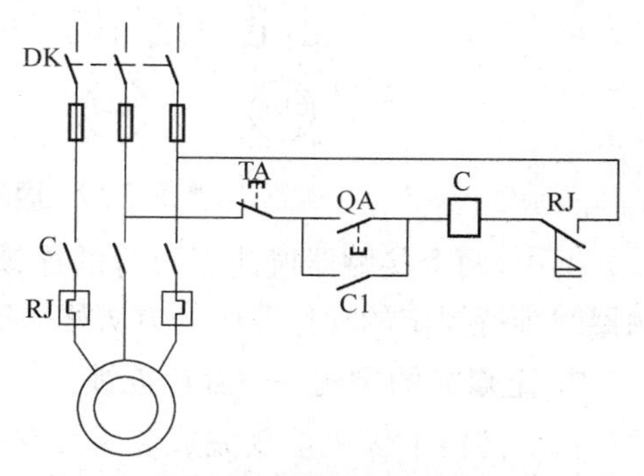

图3-17　消防泵远距离按钮控制线路图

当起动命令消失后，设备利用自身的连锁触点维持通电的方法称自锁。

5. 消火栓接水系统的控制——多地控制

一般建筑物内往往有许多消火栓，但却公用一组消防泵。工艺上要求从任何一个消火栓处均可起动消防泵，这可用如图3-18所示的线路实现。图中，各消火栓处的TA相互串联。各消火栓QA相互并联，而且与接触器的常开连锁触头并联。

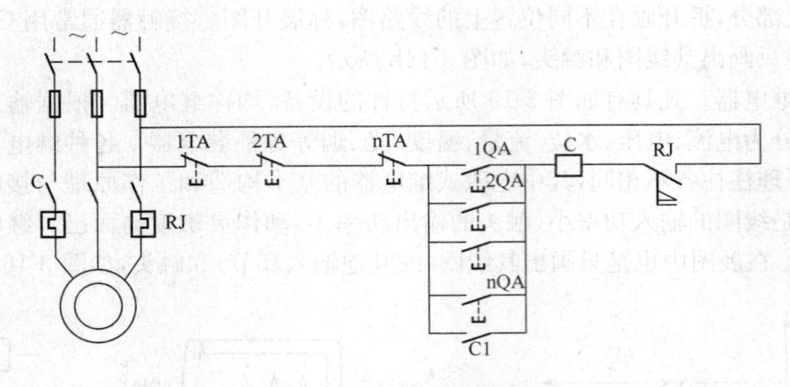

图 3-18 多地控制线路图

6. 鼓风机与引风机的控制——顺序连锁

锅炉运行中,必须先起动引风机后起动鼓风机,停止时则先停鼓风机再停引风机,否则,将使锅炉房内积聚浓烟。顺序连锁控制线路图如图 3-19 所示。

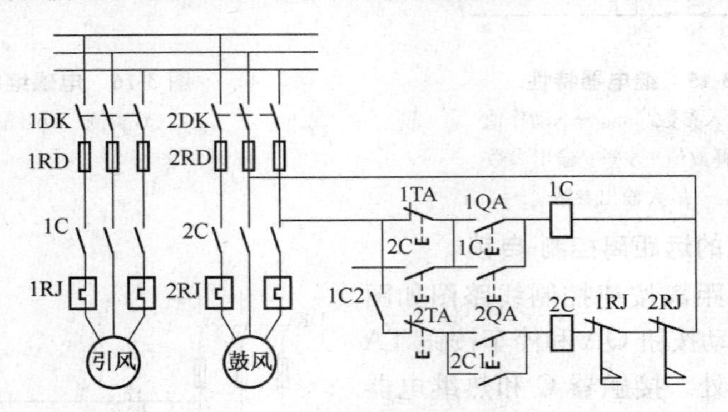

图 3-19 顺序连锁控制线路

图中,两个接触器彼此以自身的连锁触点接入到对方线圈电路中,以实现两接触器间维持规定的动作顺序的方法称顺序连锁。

7. 上煤机的控制——互斥连锁

锅炉房内上煤机重复完成装满煤斗提升和卸空煤斗降落的动作。升斗时需电动机正转,降斗时需电动机反转,故对上煤机的控制,实质上是对电动机正反转的控制,正反转控制线路如图 3-20 所示。正、反转接触器不许同时动作。

保持两设备间不能同时动作的关系称互斥关系,用以实现互斥关系的方法称互斥连锁。图 3-21a 中是将两个接触器的常闭连锁触头,相互接入对方接触器线圈电路内实现互斥的,称电气互斥连锁。也可以将两个起动按钮所附的常闭连动触头,相互接入对方接触器的线圈电路内完成互斥,这种方法称机械互斥连锁,如图 3-21b 所示。

自锁、顺序连锁和互斥连锁合称控制线路中的三大连锁,合理采用这些方法,可组成各种复杂的控制线路,以实现对不同生产过程的控制。某饭店主楼供水自动控制线路，如图 3-22 所示。

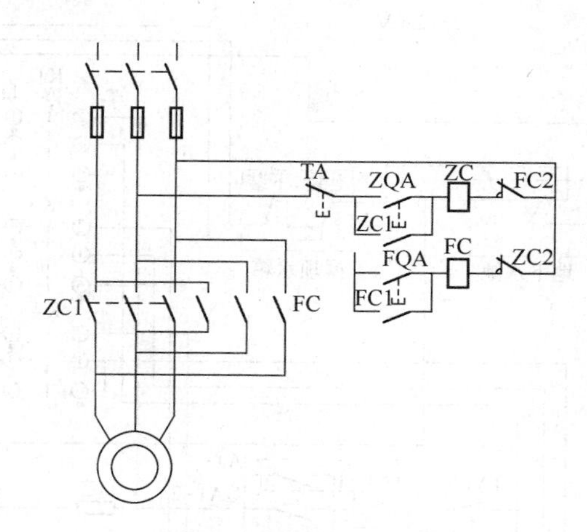

图 3-20　正反转控制线路图

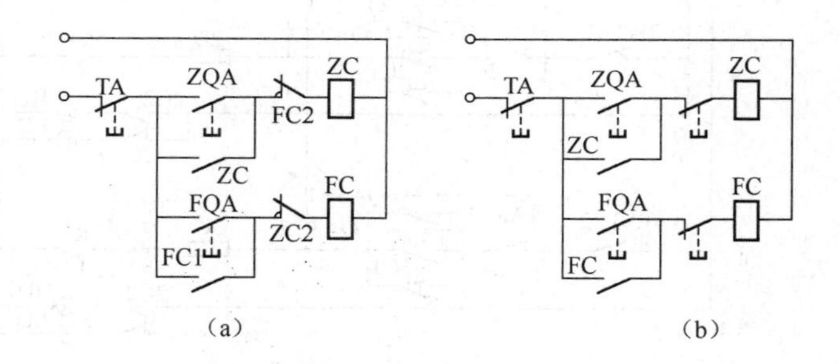

图 3-21　互斥连锁

(a)电气连锁　(b)机械连锁

四、建筑弱电系统

应用可以将电能转换为信号能的电子设备(如放大器等)，保证信号准确接收、传输和显示，以满足人们对各种信息的需要和保持相互联系的各种系统，统称建筑弱电系统。如共用电视天线系统、通信系统、广播系统、火灾报警系统等。

1. 共用电视天线系统

共用电视天线系统在国外简称 CATV 系统。它是为了提高各用户电视收看质量，又避免在楼顶形成“天线森林”而影响建筑美观，所采用的一种供各用户共同使用的电视天线系统。

CATV 系统由信号源设备、前端设备和传输分配系统三部分组成，如图 3-23 所示。

(1)信号源设备。包括接收天线和录像机等自办节目制作设备。接收天线将空中电磁波转换成高频感应电势，作为电视机接收的信号。图 3-23 中 2ch、4ch、8ch 代表甚高频(VHF)天线，接收 1～12 频道的信号。超高频(UHF)天线接收 13～68 频

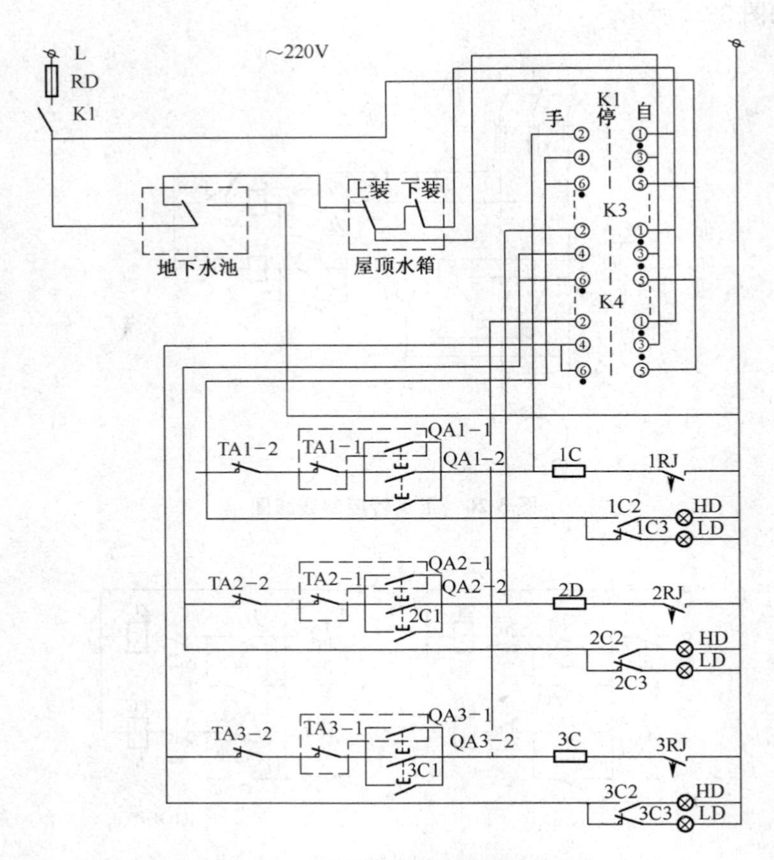

图 3-22 大楼供水自动控制线路图

道的信号。FM 是调频广播接收天线。SHF 是卫星接收电视天线。

(2)前端设备。用以将天线接收的信号进行必要的处理,然后送入传输分配系统。前端设备一般由以下几部分组成。

①天线放大器。将天线接收的高频信号放大,以满足电视机对信号源的要求。

②频道转换器。进行频道的转换。U/V 是超高频转换成甚高频的转换器,S/V 是卫星电视频道转换成甚高频的转换器。

③宽频带放大器。用于将 n 个频道的天线接收信号,用同一个放大器进行放大。若传输多个频道信号的高频同轴电缆太长,其上信号衰减较大以致不能满足电视机的接收要求时,在同轴电缆线路上也应装宽频带放大器。

④混合器。用于将 n 个电视信号合并成一个信号,以便用一根高频同轴电缆,传输给各电视机。

⑤分配器。将混合器送来的电视信号,平衡或不平衡地分配到 n 路干线中,向各个用户输送。

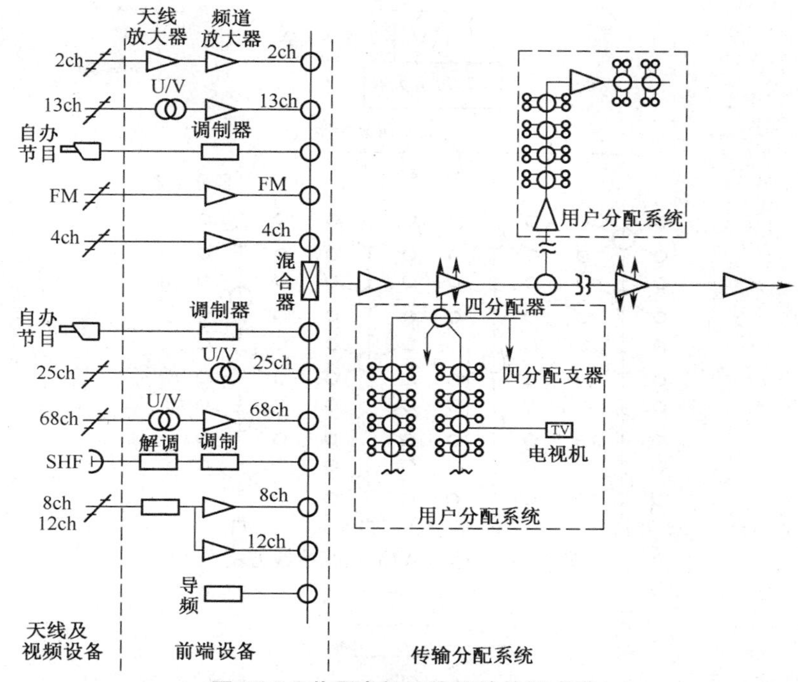

图 3-23　共用电视天线系统的组成图

⑥直流稳压电源。将交流电变为直流电，供放大器使用。

⑦自动关机装置。当各套电视节目结束后，自动切断电源，以便于管理、延长设备寿命和节约电能。

(3)传输分配系统　又称用户系统。用以将前端输出的信号进行传输分配，并以足够强的信号送到每个用户。其组成除放大器外尚有：

①高频同轴电缆。作为信号传输线路。

②分支器。用以从电视信号干线上分出电视信号，供给各用户插座。

③用户插座。用户将电视机接入共用电视天线系统的装置。

④300～75Ω阻抗变换器。用以对馈线的阻抗进行匹配。

大型 CATV 系统包括干线传输系统(简称干线系统，主要用于信号的远距离传输)和用户分配系统(简称用户系统，主要用于尽可能均匀地把信号分配给各用户的电视机)。仅服务于一幢楼房的小型 CATV 系统中，没有干线系统，只有用户系统。

CATV 系统具有图像清晰、节目来源多等优点。增加一些前端设备就可成为闭路电视系统，可同时播送多套节目而互不干扰。若配合电声可进行电化教学。若留有接口与计算机中心或数据资料库相连，则可直接调用有关数据，扩大信息来源。若在前端控制室安装有监测仪器，就可监测相应设备的运转情况，并可进一步发展为图像通信系统和双向传输系统。小型 CATV 系统接线方案如图 3-24 所示，高层建筑 CATV 系统接线方案如图 3-25 所示，CATV 系统明装如图 3-26 所示。

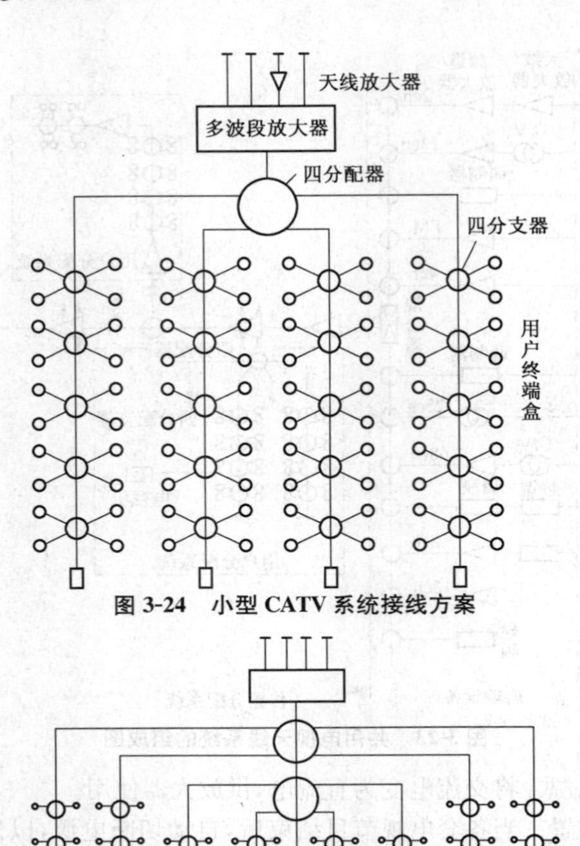

图 3-24 小型 CATV 系统接线方案

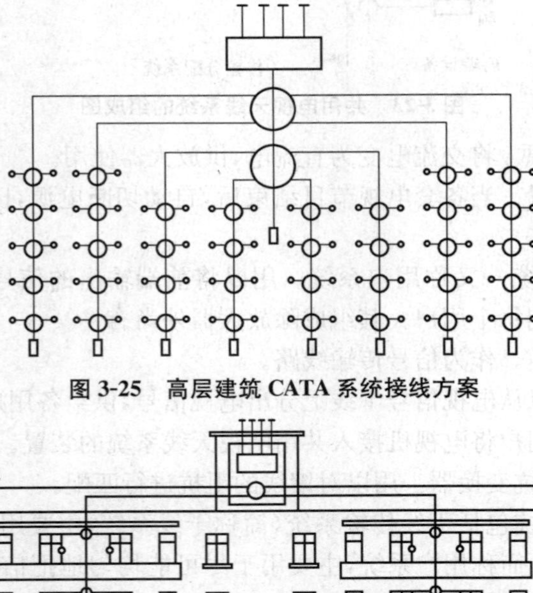

图 3-25 高层建筑 CATA 系统接线方案

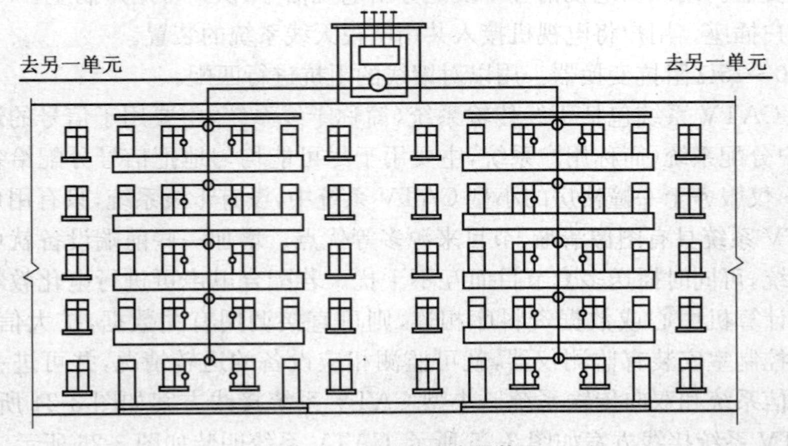

图 3-26 CATV 系统明装图

CATV 系统效果明显、使用方便、无须特殊维护。用户接用电视机和平常情况下一样，但应注意防雷。尽管系统有严格的避雷装置，但天线长期暴露大气中，难免被腐蚀。为确保安全，夏季雷雨时应停止收看，并应取下连接电视机的用户插头。平时应注意对避雷设施的各部分定期进行检查。

2. 建筑通信系统

它是指在大型宾馆、饭店，以及一个或几个密切联系的单位内部，所设立的以电话站（或称总机室、小交换室）为中心的，供内部联系用的电话系统。

(1)系统的组成。由进户线（配电室）向总机室引专线供电。电话线由总机室引出后，可先集中引至电缆竖井，沿井明敷。经分层接线盒将线引出后，宜采用放射式布线，穿管沿楼板或沿墙暗敷引至各用户终端（电话出线盒）。总引出线可采用 HYV 型电话电缆，引向各用户终端的分支线可采用 RVS 型电话线。

(2)电话站的分类。可分为人工和自动电话站两种。人工电话站采用磁石式或共电式交换设备，通话靠人工接续。自动电话站采用步进制或纵横制交换机，通话的接续靠机器自动进行。

(3)电话站的建造方式。电话站应尽量选择在振动小、灰尘少、安静、无腐蚀性气体的场所。根据具体条件，可采用如下建造方式：

①附建于其他房间内，如建在办公楼一、二层的尽端，或建在工厂的生活区内。这是普遍采用的一种方式。

②单独建造。适于系统容量较大（800 门以上），须面积较大，或者没有合适的房屋可供利用的情况。

③利用原有房屋改建。应注意根据工艺条件，对房屋的负载能力、耐久程度等进行详细的鉴定。

(4)电话站的房间组成。一般包括：

①交换机室。主要用于安装人工或自动交换机等设备。应和配电室、测量室相邻，以使馈电线和电话电缆最短。

②配电室。主要供安装配电屏、整流器等设备使用。一般应与交换机室和电池室相邻。

③测量室。供安装总配线架、测量台等设备使用。电话电缆由电缆进线室引入测量室，然后引入交换机室。

④电池室。供安装蓄电池使用。因蓄电池极重，故该室多布置在一层。电池室与配电室间常有大截面馈电线相连，故二室应紧邻。

⑤电缆进线室。用于将引入的电缆线端（通过电缆接头变成局内电缆），再引至测量室的总配线架。

⑥其他房间。可能有转接台室、贮藏室、空调室、线务候工室、办公室和值班休息室等。对于小容量的电话站，因为设备较少，可将一些房间合并或省去辅助房间，这对于日常维护和节省建筑面积都是有利的。

1000 门以下的电话站所需建筑面积，一般为 60～240m²。电话站中各种房间的面积，由设备的形式、数量和平面布置情况决定。自动电话站各房间面积见表 3-3。

表 3-3 自动电话站各房间面积 (m^2)

制式	容量/门	房间名称								总面积
		交换机室	测量室	配电室	转接台室	蓄电池室	线工室	库房修理	办公休息	
纵横制	200	15	20		10	12		12	12	81
	400	25	25		10	16	12	16	12	116
	600	40	25		10	30	16	20	20	161
	800	45	20	20	10	30	16	25	25	191
步进制	200	25	16		10	12	12	12	12	103
	300～400	35	16		10	25	12	25	12	135
	500～600	45	25		10	25	16	25	25	171
	700～900	55	20	20	10	30	16	40	25	216

3. 建筑广播系统

它是在大型建筑内部，为满足紧急通知(如指挥消防疏散等)、统一报告(如广播新闻、安排工作等)和播放音乐等需要而设置的广播系统。

(1)系统的组成。广播系统一般由播音室、线路和放音设备三部分组成。

播音室中一般设置收音、拾音、录音、话筒、扩音机和功率放大机等设备，并供电线路引入播音室，向放大设备供电；广播信号线路在建筑内可明敷或暗敷；放音设备可以是安装在走道、餐厅等公共场所的扬声器，也可以是分布在客房内由多功能床头柜控制的收音机。

(2)系统的类型。一般分为三类：

①集中播放、分路广播系统。即用同一台扩音机，作单信道、分多路同时广播相同的内容。这是传统的系统，如图 3-27 所示。

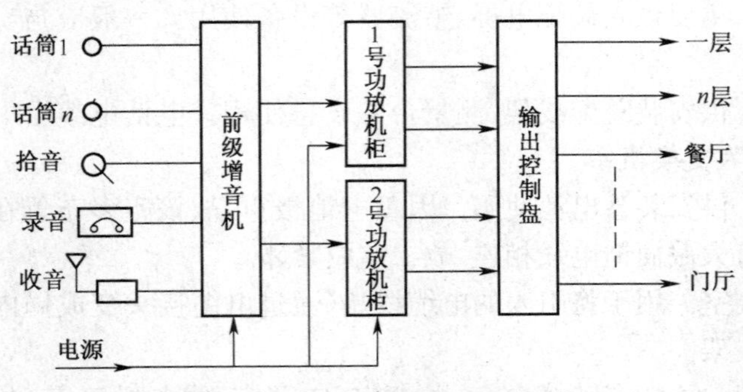

图 3-27 集中播放、分路广播系统

这种系统不能满足在建筑内不同场所同时播放不同内容的要求，使用不便、音响质量差、可靠性低、耗电多,是一种落后的系统。

②利用 CATV 系统传输的高难度频调制式广播系统。它是在 CATV 系统的前端室,将音频信号调制成射频信号,经同轴电缆送至用户多功能床头控制柜,经频道调制器解调后被收音机接收,CATV—高频调制或广播系统如图 3-28 所示。

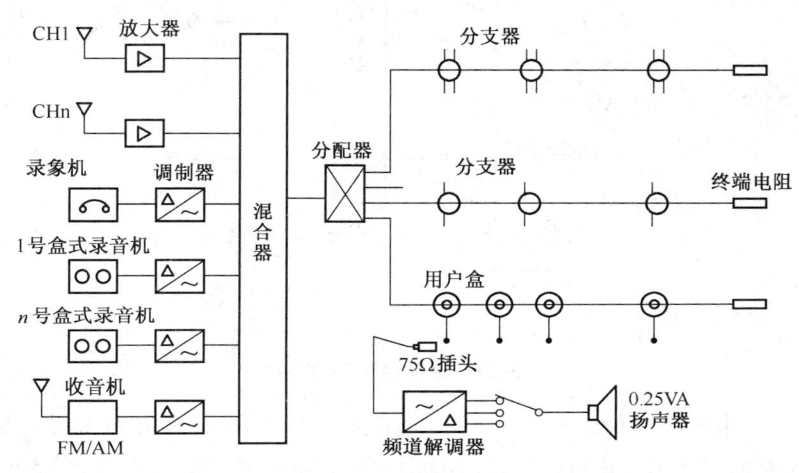

图 3-28 CATV——高频调制式广播系统

这种系统技术先进,传输线路少,施工方便。但技术复杂、维护困难、音质较差、而且不能解决公共场所广播及紧急广播等技术问题(仍需采用音频传输系统),故有待改进。

③多信多路集散控制广播系统。它是应用集散控制理论研制出的先进广播系统。已投入使用的该类系统,可以在十二区域同时播放 8～12 种不同的内容,满足各不相同的需要。现已形成 DK-01 型集散控制自动广播系统。该系统可广泛应用于大型旅馆、饭店、工厂、学校、机场、车站、体育馆、俱乐部等各类公共建筑中。该系统若应用于剧院,可在前、后、中排,天棚,墙面,休息厅等处,同时播放出不同的音调和音响。若应用于学校,可在生活区、办公楼、不同教室同时播放不同内容。若应用于火车站建筑中,可在某一候车室通知检票,某一站台通知接车,在一些地方广播旅行常识,而在另一些地方广播找人。这是一种具有很大发展前途的广播系统。该系统的框图如图 3-29 所示。

4. 消防报警系统

它是探测伴随火灾而产生的烟、光、温等参数,早期发现火情并及时发出声、光等报警信号的系统,以便人们迅速组织疏散和灭火的一种建筑安全防火设施。

(1)火灾探测与报警的一般过程。

①火灾探测。建筑内火灾的发展可分为初期、成长期、最盛期和衰减期四个阶段。随着火灾初起产生烟(称阴燃),发展下去产生光(可见和红外线、紫外线等不可见光),最后产生高温。因此,可通过探测烟、光、温度三个参数作为判定火灾发生的依据。

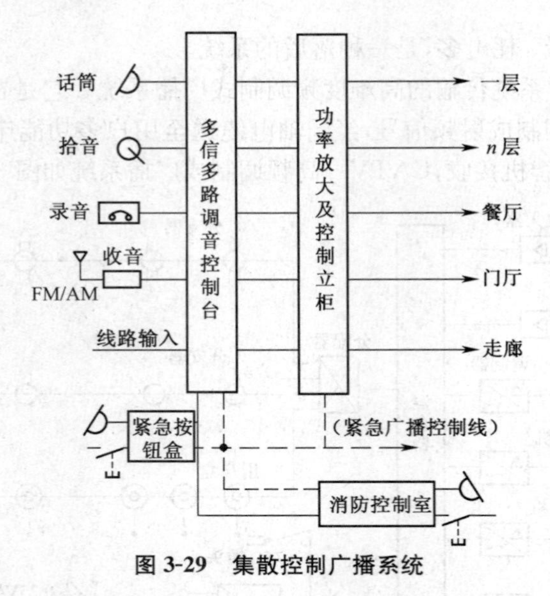

图 3-29 集散控制广播系统

②火灾的报警。应做到准确、可靠，应保证不要漏报（有火灾而未报），尽量减少误报（无火灾而报警）。感烟报警比较及时，但容易误报。感光报警比较可靠，但容易漏报。在重要的场所采取综合报警方式。

探测器把接收到的火灾参数转变成电信号，通过线路传送到控制器。控制器对送来的信号进行分析处理，判断出是火警、故障或正常三者中的哪一种情况，从而决定是否发出报警，再发出相应的声、光警报，并指示报警地址，完成火灾的控测与报警过程。

(2)火灾报警系统的组成。火灾自动报警系统一般由火灾探测器、建筑物内的布线和火灾报警控制器三部分组成。

①火灾探测器。是可以将某种火灾参数转变为相应电信号的设备。根据所探测参数的不同，火灾探测器的分类见表 3-4。

表 3-4 火灾探测器分类表

<table>
<tr><td colspan="13">火灾探测器</td></tr>
<tr><td colspan="3">感烟控测器</td><td colspan="6">感温探测器</td><td colspan="2">光辐射探测器</td><td colspan="2">可燃气体探测器</td></tr>
<tr><td rowspan="2">离子感烟型</td><td rowspan="2">光电感烟型</td><td rowspan="2">激光感烟型</td><td colspan="3">线型</td><td colspan="3">点型</td><td rowspan="3">紫外光辐射型</td><td rowspan="3">红外光辐射型</td><td rowspan="3">催化剂</td><td rowspan="3">半导体型</td></tr>
<tr><td>差温</td><td>定温</td><td>差定温</td><td>差温</td><td>定温</td><td>差定温</td></tr>
<tr><td>双源式 单源式</td><td>减光式 散射式</td><td></td><td>空气管型 可熔绝缘型</td><td>热电偶型</td><td>半导体型</td><td>双金属型</td><td>膜盒型 易熔金属型</td><td>半导体型</td></tr>
</table>

火灾参数探测器应布置在火灾参数最容易到达的地方，使空间任意一点发生火灾，都能使火灾参数在最短时间内到达探测器。布置探测器时还应考虑到既便于值班人员进行检查、维护，又使一般人员不易随便接触；既考虑安装和布线的要求，又顾及建筑上的美观性。

②建筑物内的布线。从探测器到控制器之间的导线，应穿钢管敷设，一可起安全防火作用，二可起屏蔽、抗干扰作用。布线钢管和接线盒、控制器外壳应可靠地连成一体，并单独接地(决不能和避雷设施共用地线)。

③火灾报警控制器。是火灾报警系统的核心设备。按用途分可分为区域控制器和集中控制器两种。按工作方式可分为并行信号收集型和地址串行信号收集型两类。按结构形式分可分为台式和壁式两种，台式可放在台上或桌上，壁式需外挂或嵌入墙内。配套部件有配线箱、浮充电源、多探测器接口、火灾显示灯、火灾报警开关和火灾讯响器等设备。火灾报警控制器连同其各种配套设备，常需集中安装在专门的防火中心控制室中。

以上对几种常见的建筑电气系统作了简要的介绍。实际上建筑内的用电设备和系统决不仅限于上述几类，随着生产和生活水平的提高，建筑电气的应用范围和规模不断扩大，从而使建筑和电气的关系必然日益加深和紧密。

第三节　照明系统

一、照明的基本知识

照明分天然照明和人工照明两大类。天然照明受自然条件的限制，不能根据人们的需要得到所需的采光。当夜幕降临之后或天然光线达不到的地方，都需要采取人工照明措施。现代人工照明是用电光源实现的。电光源具有随时可用、光线稳定、明暗可调、美观洁净等一系列优点，因而在现代建筑照明中得到最广泛的应用。

照明不仅可以延长白昼，即人为创造良好的光照条件，使人眼既无困难又无操作地、舒适而高效地识别所观察的对象，从事相应的活动，以达到提高劳动生产率、提高产品质量、保证身心健康、保持室内整洁、减少废品数量、减少各种事故的目的；而且可以利用光照方向性和层次性等特点渲染建筑的功能，采用不同形式和大小的灯具烘托环境的气氛，配合相应的辅助设施创造各种奇妙的光环境。人工照明已成为现代建筑中不可缺少的组成部分之一，并对人们的生活和生产产生着越来越大的影响。因此，首先必须对照明的基本知识有所了解。

1. 光的实质

光是人眼可以感觉到的、波长在宽阔的电磁波中范围极狭窄的一部分，其波长范围在 380～760nm($1nm=10^{-9}m$)，这部分电磁波就是平常说的可见光。与其相邻的波长较短的部分称紫外线(波长为 380～10nm)，波长较长的部分称红外线(波长为 780～34000nm)。

电磁波具有能量，因而光也具有能量。

在太阳所辐射的能量中，波长>1400nm 的光被低空大气层中的水蒸气和二氧化碳强列吸收，波长<290nm 的光被高空大气层中的臭氧所吸收。可见光正好和能够达到地表的太阳辐射能的波长相符合，说明了眼睛感光的灵敏度，是人类在长期进化过程中，对地球大气层透光效果相适应的结果。

不同波长的可见光，在眼中产生不同颜色的感觉，按照波长由长到短的排列次序分别为红、橙、黄、绿、青、蓝、紫七种颜色。但各种颜色的波长范围并不是截然分开的，而是由一种颜色逐渐减少，另一种颜色逐渐增多的形式过渡的。全部可见光波混合在一起，就形成日光（白色光）。

2. 光的度量

光的度量是指对照明在人眼中所产生的视觉效果进行数量标定。

光作为电磁能量的一部分，当然是可以度量的。但经验和实验都证明，不同波长的可见光在人眼中造成的光感不同，即波长不同的可见光虽然辐射能量一样，但看起来明暗程度不同。也就是说，人眼对不同波长的可见光有不同的灵敏度。在白天（或在光线充足之处），对波长为 555nm 的黄绿光最敏感。波长偏离 555nm 越远，对其感光的灵敏度越低。用于衡量辐射能所引起视觉能力的量称为光谱光效能。任意波长时的光谱光效能与 555nm 时的光谱光效能的比值称光效率，光谱光效率曲线如图 3-30 所示。明视觉光谱光效率曲线如图 3-30 中的实线所示。在晚上（或在光线不足之处），对青绿光最敏感。暗视觉光谱光效率曲线如图 3-30 中的虚线所示。

光谱光效率可用以衡量各种波长单色光的主观感觉量，故又可称之为单色光的相对视度 K_λ。例如，蓝光（460nm）、黄绿光（555nm）、和红光（650nm）的 K_λ 值之比为 0.06：1：0.107，也就是说要想引起相同的视觉，应使蓝光和红光的辐射功率分别为黄绿光的 16.6 倍和 8.35 倍。

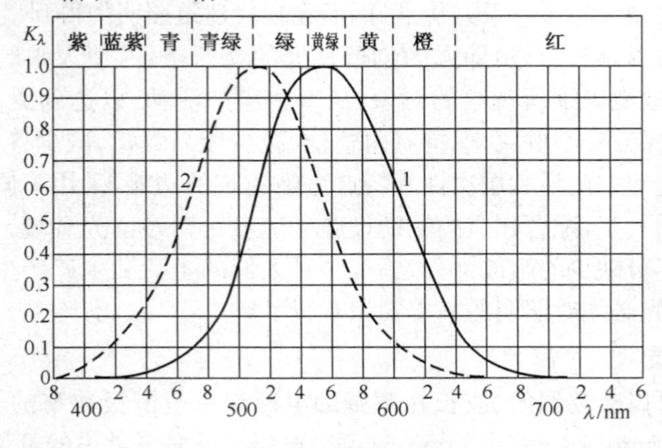

图 3-30 光谱光效率曲线

1. 明视觉 2. 暗视觉

光的度量常用单位如下：

(1)光通量。光通量是指光源在单位时间内向周围空间辐射出去的、能引起光感的电磁能量。光通量常用符号 F 表示，单位为流明(lm)。

(2)发光强度。发光强度是指光源在某一特定方向上，单位立体角(每球面度)内的光通量。发光强度简称光度，常用符号 I 表示，单位为坎德拉(cd)，1cd＝1lm/1sr。将光源四周的光度大小以极坐标的形式表示，连接各坐标点所成的曲线称为该光源的配光曲线。这是光源的重要参数之一。

(3)照度。照度是指单位被照面积上所接受的光通量，即是光通量的表面密度。照度常用符号 E 表示，单位为勒克斯(lx)。照度与被照面的材料性质无关，容易计算求出。当材料固定时，照度的大小和光源的光通量成正比。故确定照度标准为进行照明设计的重要依据。

(4)亮度。物体被光源照射后，将照射来的光线的一部分吸收，其余反射或透射出去。当反射或透射的光在眼睛的视网膜上产生一定的照度时，才可以形成人们对该物体的视觉。被视物体在视线方向单位投影面上所发出的光度称为亮度。亮度常用符号 L 表示。单位为 cd/m^2 为[$1cd/m^2$ 旧称 1nt(尼脱)，此单位现已淘汰]。若照到物体上的光通量为 F，吸收部分为 F_α、反射部分为 F_ρ、透射部分为 F_τ。根据能量守恒定律：

$$F = F_\alpha + F_\rho + F_\tau$$

反射系数(率)$\rho = F_\rho / F$

透射系数(率)$\tau = F_\tau / F$

吸收系数(率)$\alpha = F_\alpha / F$

显然有 $\alpha + \rho + \tau = 1$。光线在室内空间的传播，是一个多次反射、透射和吸收的过程。反射、透射和折射系数的大小和材料的光学性质有关。因而，可用于反映照明效果的各项光的参数值，不仅与光源的情况有关，而且还与建筑所用的材料及内装饰的情况有关。

3. 光和视觉

(1)视觉和视觉过程。

①视觉。它是指光射入眼睛后产生的视知觉，是看见明暗(光觉)、看见物体的形状(形态觉)、看见颜色(色觉)、看见物体运动(动态觉)和看见物体的远近、深浅(深度觉或立体觉)等知觉的综合。对人类来说，视觉是接受外界信息的最重要途径。而采光是引起视觉最重要的条件。

②视觉过程。物体发出(或反射、折射、透射)的光射入眼中，在感光视网膜上形成大小和照度与物体的尺寸和相应部位的亮度成比例的图像。感光细胞根据所吸收光能的多少和波长发生相应的化学反应，形成相应的脉冲电流，经神经送入大脑相应部位的视觉皮质中进行加工处理，再现影像的形状和色彩，最后形成对所观察物体的视觉。视网膜上有两种感光细胞，边缘部位杆状细胞占多数，中央部位锥状

细胞占多数。杆状细胞感光性强，可在 $10^{-6} \sim 10^{-2}$ cd/m^2 微弱的视场亮度下感光，夜间观察主要靠杆状细胞。但杆状细胞不能分辨颜色，无论物体是什么颜色，都只能看成是蓝、灰色。随视场亮度的增加，杆状体的作用逐步削弱，锥状体的作用逐步加强，亮度达 10cd/m^2 以上时，则主要靠锥状细胞感光。锥状细胞可以辨色，故只有在高亮度下才有良好的色感。感光细胞对射于其上的照度变化敏感性不高，故通常并不要求将照度精确控制在某个数值上，而只要求维持在一个合理的范围中就行了。这就形成了照明设计的特点。

(2)视力和视力条件。

1)视力。它是表示人眼对物体各细部识别能力的尺度。当人眼刚好能将非常接近的两个点区分开时，此两点与人眼间的连线所构成的夹角 θ 称为视角。视角 θ 的倒数 $1/\theta$ 称为视力。当视角 θ 为 1 分(1/60°)时，视力为 1.0。

2)亮度和视力。眼睛对物体的观察，大体在亮度 $10^{-5} \sim 10^{5}$ cd/m^2 范围内起作用。在一般亮度情况下，视力随亮度的增加而提高。而且，从约 1～100cd/m^3，视力与亮度的对数成正比，一直到亮度约为 10000cd/m^2，视力都在上升。亮度过大会感到眩光。亮度超过约 10^6 cd/m^2，眼睛就无法忍受，视网膜就要受到损伤。

3)影响视力的其他因素。

①环境亮度。指所观察物体周围环境的亮度。当周围亮度比中心亮度稍暗或亮度相等时视力最好，若周围比中心亮，则视力显著下降。

②对比。指所观察物体的亮度与背景亮度之比。当物体亮度不变时，对比越大视力越好。

③曝光时间。指所观察物体在眼睛中显露的时间。当物体亮度不变时，约在1～10s之内视力与曝光时间成正比。超过 1/10s，用延长曝光时间的办法并不能改善视力。

④物体的运动。观察运动的物体时，对视力造成影响的并不是物体的自身运动速度，而是物体每秒钟相对于眼睛视线方向变化的角速度。当物体亮度不变时，视力随角速度的增大而下降。

⑤眩光。当所观察物体亮度极高或与背景亮度对比强烈时，所引起的不舒适或造成视力下降的现象称眩光。长期在此恶劣的照明环境下进行视觉工作，易引起视疲劳。因而照明设计需注意的重要问题之一，就是限制眩光。

4)照明的数量和质量指标。由上可知，为使眼睛能看清物体，应有适当的明亮度、对比度、大小(由视角表示)、物体运动速度与显现的时间。照明的情况可用数量指标和质量指标表示。数量指标是照度的大小。质量指标包括光环境的亮度分布、照度均匀度、光色和显色性、眩光限制水平，光的方向性和物体立体感等多种因素。对于视觉照明来说，最重要的质量指标是有无眩光。如果照明质量良好，则一般说来，数量越高看得就越清楚。照明设计应能全面满足相应的照明数量和质量指标。

4. 建筑与照明

根据前面介绍，照明对建筑环境的渲染、功能的发挥、造型的美感等有直接影响。同时,建筑对照明系统的设计和运行状况也有很大影响。

(1)建筑对照明系统设计的影响。建筑对照明系统设计的影响集中表现为建筑设计的成果是照明设计的原始资料,建筑设计的要求是照明设计的依据。

根据建筑的规模、功能、等级、布置和构造,确定照明系统的容量、类型,进行灯具的造型和布置,以及考虑线路的安装敷设方式。

反复对照建筑的平、立、剖面图,在搞清有关的各项建筑要求的基础上进行照明设计,并把照明设计的成果集中画在用细实线表示的建筑平面图上,从而形成电照设计的主要成果之一——电照平面图。

(2)建筑对照明的系统运行的影响。建筑对照明系统运行的影响集中表现在由建筑对光线的反射能力所决定的照明效率方面。在照明系统完全相同的条件下,照明效果与此反射能力成正比。对于同一照明系统,其照明效率随此反射能力的变化而变化。建筑对光线的反射能力,主要用墙面反射系数 ρ_c 和屋顶反射系数 ρ_w 两个参数表示。

1)建筑原有墙面反射系数 ρ_c 和屋顶反射系数 ρ_w 由建筑内装饰材料决定,部分材料的反射系数见表 3-5。

表 3-5 部分材料的反射系数

反射面的材料	反射系数 ρ/%	反射面的材料	反射系数 ρ/%
抹灰并用大白粉刷的顶棚和墙面	70～80	红砖墙	30
砖墙或混凝土屋面喷白(石灰、大白)	50～60	灰砖墙	20
墙、顶棚用水泥砂浆抹面	30	无色透明玻璃	8～10
混凝土屋面板	30		

2)墙面平均反射系数由于室内开窗或不同反射系数的装饰物遮挡,使原有墙面反射系数发生变化。此时,可用下式求出墙面的平均反射系数:

$$\bar{\rho}_c=\frac{\rho_c(S_c-S_p)+\rho_p}{S_c}$$

式中 S_c——墙面总面积(包括窗面积),单位为 m^2;

S_p——窗或装饰物面积,单位为 m^2;

ρ_c——墙面反射系数;

ρ_ρ——玻璃窗或装饰物的反射系数;

$\bar{\rho}_c$——墙面平均反射系数。

3)房间特征对照明效果的影响。照明效果除与屋顶、墙面的反射系数有关外,还与房间的建筑特征(房间总反射面与总内表面面积之比)有关。关于房间的建筑特征,有两种不同的表示办法。

①室形指数 i。用以反映房间建筑特征(形状和尺寸)的系数。对于矩形房间来说:

$$i=\frac{ab}{h(a+b)}=\frac{S}{h(a+b)}$$

式中 a——房间的长度,单位为 m;

b——房间的宽度,单位为 m;

S——房间的占地面积,单位为 m^2;

h——灯具的计算高度(灯具与工作面之间的距离),单位为 m。

当其他条件都相同时,室形指数 i 越大,则照明效果越好。由式中可见,当房间面积相同时,长度和宽度越接近,室形指数 i 值就越大,照明效果越好。

②室空间比 RCR。用以反映房间的受照空间特征的参数。

$$\mathrm{RCR}=5h_{\mathrm{rc}}(l+b)/lb$$

式中 h_{rc}——房间空间高度;

l——房间的长度;

b——房间的宽度。

③三空间。即以工作面和灯具所在平面,将整个室内空间分割成顶棚空间、室空间和地板空间三部分,如图 3-31 所示。三个空间分别可用相应的空间比表示其不同的特征。将其中室空间比公式的形式和室形指数 i 公式的形式相比,看出二者是倒数的关系,故在其他条件都相同时,室空间比的 RCR 值越大,即室空间内侧面积与底面积之比值越大,则照明效果越差。

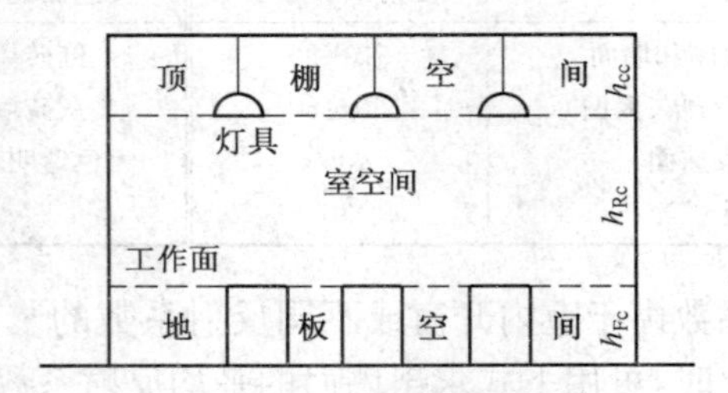

图 3-31 室内三空间划分图

4)房间用途对照明效果的影响。灯具在使用过程中,随着本身被污染、建筑内表面被弄脏,照明效果逐步降低。降低的程度由不同用途房间各自的环境条件和维护情况所决定。通常用一个减光补偿系数 K 值来反映,见表 3-6。

表 3-6 减光补偿系数 K

序号	照明地点	较佳值			在电力消耗上的允许值		
		灯具清扫次数	减光补偿系数		灯具清扫次数	减光补偿系数	
			白炽灯	荧光灯		白炽灯	荧光灯
1	稍有粉尘、烟、灰的房间	每月 2 次	1.4	1.4	每月 1 次	1.4	1.5
2	粉尘、烟、灰较多的房间	每月 4 次	1.4	1.4	每月 2 次	1.5	1.6
3	有大量粉尘、烟、灰的房间	每月 6 次	1.5	1.5	每月 4 次	1.5	1.5
4	办公室、休息室等类似场所	—	—	—	每月 2 次	1.3	1.4
5	普通照明灯具	—	—	—	每月 2 次	1.3	—
6	室外投光灯	—	—	—	每月 2 次	1.5	—

二、电光源和灯具

照明系统中最重要的设备是光源。用于安装、固定、保护光源和分配光源发出的光通量的附属设备是控照器。光源和控照器配套使用组成灯具。灯具的类型、形式、尺寸大小和安装布置，应与建筑设计协调配合。还有一种与建筑的设计、施工、维护管理各阶段都紧密结合、浑然一体的照明设施称发光装置。

1. 电光源

凡可以将其他形式的能量转换为光能，从而提供光通量的器具、设备统称为光源，其中可以将电能转换为光能，从而提供光能量的器具和设备称为电光源。当前建筑内使用的光源基本为电光源。

(1)电光源的分类。自 1879 年 12 月 21 日爱迪生发明的以炭化棉线为灯丝的白炽灯问世的百余年来，电光源的种类不断增多。但对于建筑中用到的电光源，按工作原理可分为两大类。

1)热辐射光源。主要是利用电流的热效应，将具有耐高温、低挥发性的灯丝加热到白炽程度而产生部分可见光，如白炽灯、卤钨灯等。

2)气体放电光源。主要是利用电流通过气体(或蒸气)时，激发气体(或蒸气)电离、放电而产生的可见光。根据放电时在灯管(泡)内造成的蒸气压的高低，可分为三种：

①超高压放电灯，如高压汞灯、超高压金属卤化物灯等。

②高压放电灯，如高压汞灯、高压荧光汞灯、高压金属卤化物灯、高压钠灯、氙灯等。

③低压放电灯，如荧光灯、低压钠灯、氖灯等。

一般情况下，光源的发光效率、亮度、显色性能等指标，随蒸气压力的增高而提高。在各种气体放电光源中，最为成功、应用最广泛的一种是荧光灯。

3)固体冷光源(LED)。LED 即半导体发光二极管，是一种固态的半导体器件，它可以直接把电转化为光。它利用高亮度白色发光二极管发光源，光效高、耗电少，寿命长、易控制、免维护、安全环保；是新一代固体冷光源，将是继爱迪生发明电灯泡以来重新开始巨大的光革命。LED 是 21 世纪的新光，其应用及研究并迅速发展，预计在未来五年，LED 技术将迈向白炽灯，日光灯，卤钨灯的替代地位。

(2)电光源的选择评价指标。不同光源各有特点，分别可满足不同的使用要求。为便于设计中正确选择可参考如下评价指标。

1)光的数量指标，总光通量、亮度、光强、紫外线和热加射量等。

2)光的质量指标，光色、色温、显色性、光谱分布和频闪效应等。

3)电气指标，额定电压、额定电流、额定功率、启动特性和对空间电磁信号的干扰性等。

4)经济性指标，设备费用、安装施工费、电工、维护管理费、发光效率和寿命等。

5)机械特性，形状、尺寸、结构、端子(灯头等)结构、质量、机械强度、抗震性和耐冲击性等。

6)心理性指标,装饰性、美观性、气氛性、舒适性和特殊显示性等。

7)与使用有关的指标,灯具各部分的配套性、互换性,光照的稳定性与调光性,与场所相适应的配光特性,对环境温、湿度的敏感性,操作维护的方便性和可移动性等。

对于照明用光源,如下几项指标是最基本和最主要的,故对它们加以说明。

①额定电压 U_e。正常使用时所接用的电压,单位为 V。

②额定电流 I_e。正常使用时电光源中所通过的电流,单位为 A。

③额定功率 P_e。正常使用时电光源所消耗的功率,单位为 W。

④总光通量 F。额定工作条件下电光源向四周辐射的全部光通量,单位为 lm。

⑤显色性。指在某光源照明下观察物体的颜色感觉与在标准光源照明下观察同一物体的颜色感觉相符合的程度,一般用平均显色指数 R_a 表示。R_a 值越大,显色性就越好。

⑥发光效率。指电源单位功率所辐射的光通量,即 $\eta=F/P_e$,单位为 lm/W。

⑦寿命。指电光源平均使用的小时数。其中,全寿命指直到彻底不能使用前的全部点燃时间,单位为 h;有效寿命指直到辐射光通量下降到一定数值(如白炽灯一般规定为总光通量的 70%)前的全部点燃时间,单位为 h;电光源的寿命随使用情况和环境条件而变化,故铭牌所指寿命为平均寿命。

⑧频闪效应。指气体放电光源的辐射光通量随交流电的波动而强弱变化所造成的灯光闪烁现象,使视觉分辨能力降低。

有些指标之间是相互影响的,白炽灯的电压、光通量和寿命间关系见表 3-7,不可能一味追求各项指标全面且最佳。

表 3-7 白炽灯的电压、光通量和寿命间关系

灯端电压占额定电压的百分数	110	105	100	95	90
灯泡光通量占额定电压时光通量的百分数	135	120	110	82	68
灯泡寿命占额定电压时寿命的百分数	30	55	100	150	360

(3)白炽灯。白炽灯是最重要的热辐射光源。自产生后百余年来,几经演变,发光效率由当初的 31m/W 提高到 20~301m/W。目前虽然各种高强度气体放电光源不断出现,但白炽灯由于具有随处可用、价格便宜、启动迅速、便于调光、显色性能良好、功率可以很小等特点,所以仍有广泛的应用和广阔的前途。

1)白炽灯的构造。由灯头、灯丝和玻璃壳等部分组成。如图 3-32 所示。

灯头用于固定灯泡和引入电流。分为螺口和卡口灯头两种。螺口的接触面积较大,适合大功率灯泡。卡口的与相应灯座配合使用,具有较好的抗震性能。

灯丝用高熔点(达 3663K)、低高温蒸发率的钨丝,做成螺旋状或双螺旋状。当灯头经引线引入电流后,发热使灯丝温度升高到白炽程度(2400~3000K)而发光。

玻璃壳用普通玻璃做成。为降低其表面亮度,可采用磨砂玻璃,或罩上白色涂

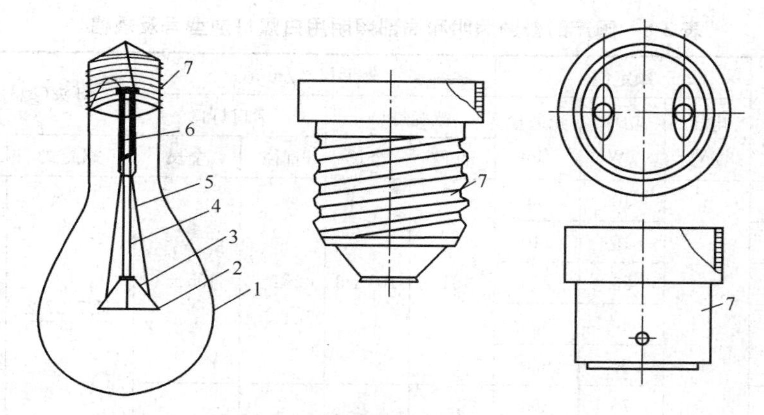

图 3-32 白炽灯构造图

1. 玻璃壳 2. 灯丝 3. 钼丝钩支架 4. 玻璃杆 5. 内导丝 6. 外导丝 7. 灯头

料，或蒸镀一层反光铝膜等。

2)白炽灯的分类。按是否充气来分，可分为两类：

①真空灯泡，玻璃壳中抽成真空，可避免钨丝高温氧化。没有气体对流造成的附加热损耗。但钨丝蒸发率大，目前只用于 40W 以下。

②充气灯泡。适于 60W 以上较大功率的灯泡。所充惰性气体可抑制钨丝的蒸发，并可阻挡已蒸发的钨粒，使之折回灯丝上或灯泡的顶部。因此可提高灯丝的工作温度，提高发光效率，保持玻璃壳的透光性。

所充气体应对钨丝不起化学作用，热传导性小，具有足够的电气绝缘强度。目前多用氩和氮(占百分之几到十几)混合气。氪和氙热传导性更小，可使发光效率进一步提高，但由于成本高，故只在特殊用途的灯泡中才采用。充气后会因对流造成附加热损耗。

国产的普通照明和局部照明用白炽灯泡的型号及规格见表 3-8。

(4)特点及使用注意事项。白炽灯是当前在建筑照明中应用最广泛的电光源之一。在豪华夺目的大花灯，以及在潮湿多尘环境中工作的防水、防尘灯中，多采用白炽灯。为保证和提高电气照明的合理性、经济性和安全性，必须进一步了解白炽灯的有关性能特点及使用中应注意的问题。

①灯丝具有正电阻特征，冷电阻小。启动冲击电流可达额定电流的 12～16 倍，持续时间约为 0.25～0.23s(与灯泡功率成正比)。一个开关控制的白炽灯不宜过多。当采用热容量小的速熔丝保护时，可能使熔丝烧断。

②白炽灯可被看成是纯电阻负载，认为 $\cos\phi=1$。在使用过程中，灯丝因挥发而逐渐变细，电阻增大，当电压不变时，电流减小，故灯泡实际消耗的功率逐渐减少，辐射的光通量也随之逐渐减少。

③因灯丝加热很快，所以可以迅速起燃。因灯丝有热惰性，故随电流交变光通量变化不大，闪烁指数仅为 2%～13%(40～500W)。电压大幅度下降时也不至于猝然熄灭，而保持照明的连续性，所以适宜在重要场合选用。

表 3-8 国产的普通照明和局部照明用白炽灯泡型号及规格

灯泡型号	额定值			外形尺寸/mm				灯头(型号/直径)	
	电压/V	功率/W	光通量/lm	螺旋灯口		卡口灯口		螺旋式	卡口式
				直径	全长	直径	全长		
PZ220-10	220	10	65	61	107±3	61	105±3	E27/27-2 27	2C22/25-2 22
PZ220-15		15	110						
PZ220-25		25	220						
PZ220-40		40	350						
PZ220-60		60	630						
PZ220-75		75	850	66	118±4	66	116±4		
PZ220-100		100	1250						
PZ220-150		150	2090	81	165±5	81	160±5	E27/35-2	2C22/30-3
PZ220-200		200	2920					27	22
PZ220-300		300	4610	1115	235±6	—	—	E40/45-1	—
PZ220-500		500	8300					40	
PZ220-1000		1000	18600	131.5	275±6	—	—		
JZ12-25	12	25	300	61	107±3	61	105±3	E27/27-1 27	2C22/25-2 22
JZ12-40		40	500						
JZ12-60		60	850						
JZ12-100		100	1600	71	125±4	71	123.5±4		
JZ36-25	36	25	200	61	107±3	61	105±3		
JZ36-40		40	460						
JZ36-60		60	800						
JZ36-100		100	1580	71	125±4	71	123.5±4		

注:1. 灯泡寿命约 1000h,色温为 2400～2900K,一般显色指数为 95～99。

2. 磨砂玻璃光参数降低 3%,乳白玻璃降低 25%,内涂白色的玻璃降低 5%。

④应严格按额定电压选用,否则会明显地影响灯泡的寿命或辐射光通量。

⑤点燃时玻璃壳表面温度很高,白炽灯壳表面最高温度近似值见表 3-9。使用中应防止溅上水造成炸裂,以及防止烤燃、烤坏内装饰材料。

表 3-9 白炽灯壳表面最高温度近似值

灯泡功率/W	15	25	40	60	100	150	200	300	500
玻璃壳最高温度/℃	42	64	94	111	120	151	147.5	151	178

⑥光色以长波光(红光)强,短波光(蓝和紫光)弱。宜造成色觉偏差。

⑦随着使用,沉积在玻璃壳上的挥发钨加厚,使灯泡变黑,发光效率大大下降。故白炽灯的全寿命虽长,但有效寿命却较短,造成维护管理上的困难。

(5)卤钨灯的特点和使用注意事项。卤钨灯和白炽灯一样，是属于热辐射光源的一种。但卤钨灯是普通白炽灯的重大改进，彻底克服了普通白炽灯在使用中灯泡不断黑化，透光性不断降低的情况，使得灯丝虽未烧断但已不宜使用，即因有效寿命低于全寿命、材料效能不能充分发挥而造成浪费。

卤钨灯是在灯泡内充入少量卤族元素(氟、氯、溴、碘)而制成的。氟和氯对灯丝等腐蚀严重，故尚未投入使用。常用照明卤钨灯型号及参数见表 3-10。

表 3-10 照明卤钨灯型号及参数表

序号	灯管型号	电压/V	功率/W	光通量/lm	色温/K	一般显色指数/Ra	平均寿命/h	主要尺寸/mm 直径	安装方式 全长	安装方式
1	LZG220-500	220	500	9750	2700～2900	95～99	1500	12	177	夹式
2	LZG220-1000		1000	21000					210±2	顶式
									232	夹式
3	LZG220-1500		1500	31500				13.5	293±2	顶式
									310	夹式
4	LZG220-2000		2000	42000					293±2	顶式
									310	夹式
5	LZG220-500	110	500	10250				12	123±2	顶式

卤钨灯由灯头、灯丝和灯管三部分组成，管状卤钨灯的构造如图 3-33 所示。

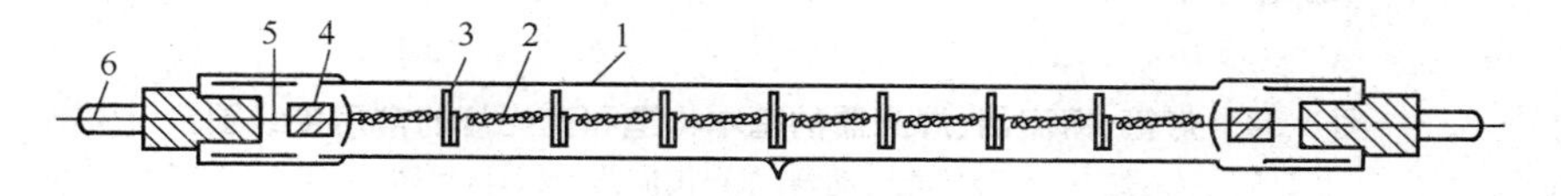

图 3-33 管状卤钨灯构造简图

1. 石英玻璃管 2. 螺旋状钨丝 3. 石英支架 4. 钼箔 5. 导丝 6. 电极

灯头采用耐高温的陶瓷和镀白金的钼箔等做成。灯丝为很长的单螺旋或双螺旋形钨丝，用石英支架托住。灯管由耐高温的石英玻璃做成，由钨丝挥发出来的钨粒重新返回钨丝(但并不在原处)，使灯管在使用中不黑化而保持透光性不变，使卤钨灯的有效寿命等于全寿命。

卤钨灯的结构和工作特性和一般白炽灯相似，但又有不少新的特点需要在使用中注意。

①光效高达 22lm/W 以上，功率集中，体积小，故便于实现光的控制，宜用于摄影和建筑物投光照明等。

②显色性好，适用于电视演播室和绘画展览厅等处的照明。

③灯管尺寸小，温度可高达 600℃，故不适用于有易燃、易爆物的环境及灰尘较多的场所。

④灯丝细而长,耐振性差,安装要求比较严格。应保持水平,倾角不得超过 4°。

⑤表面积小、亮度大,故表面不洁将大大削弱光通量的输出,应定期用酒精或丙酮清洗灯管,以保持良好的透光性。由于卤钨循环保持了灯管内壁的清洁,在寿命终了时辐射光通量仍有初始值的 95%~98%。

(6)荧光灯的特点和使用注意事项。荧光灯在建筑照明中的应用最为普通。其基本构造由灯管和附件(镇流器和辉光启动器)两部分组成。灯管由灯光、热阴极和玻璃管三部分组成。热阴极上涂有一层具有产生热电子能力的氧化物——三元碳酸盐。灯管内壁涂有一层荧光质,管内抽成真空后充有少量汞和惰性气体(氩、氖、氪等)。镇流器是线圈绕在铁心上构成的。辉光启动器可看成是个自动开关,由一个 U 形双金属片动触点和金属片静触点与一个小电容器并联,装在一个充有惰性气体的小玻璃泡内。

灯管、镇流器、辉光启动器的基本构造和荧光灯的常用接线如图 3-34 所示。

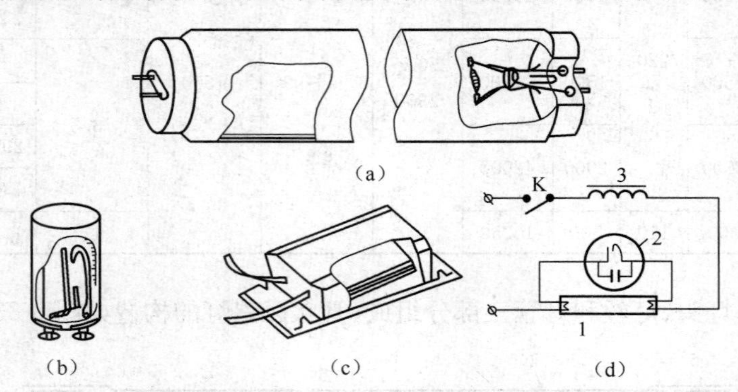

图 3-34 灯管、镇流器、焊光器的基本构造和荧光灯的常用接线图

(a)灯管 (b)辉光启动器 (c)镇流器 (d)接线图

1. 灯管 2. 辉光启动器 3. 镇流器

国产日光色荧光灯及其附件型号规格见表 3-11。

荧光灯的工作过程为:合上开关 K,电压加到辉光启动器动静触点上,辉光启动器产生辉光放电,U 形双金属片动触点受热弯曲,与静触点接触,使电路接通。电流流经镇流器、灯丝和辉光启动器。灯丝温度升高到 800℃~1000℃,产生大量热电子。辉光放电消失,U 形动触点冷却复原,突然切断电路,在镇流器中产生很大的自感电动势,使灯丝附近的热电子高速运动,汞蒸气电离,灯管因击穿而导电。电离的汞产生出紫外线,紫外线激发荧光粉产生出可见光。电源电压分别加在镇流器和灯管上,灯管工作电压较低,不足以使辉光启动器产生辉光放电,荧光灯进入正常工作。

①荧光灯发光效率高达 851m/W,这是它应用广泛的重要原因。

②光色好。不同荧光粉可产生不同颜色的光。白色和日光色荧光灯的光接近太阳光,故适用于对辨色要求高的场所。

表 3-11 日光色荧光灯及其附件型号规格

灯管型号	额定功率/W	电源电压/V	工作电压/V	工作电流/mA	启动电流/mA	启动电压/V	光通量/lm	平均寿命/h	主要尺寸/mm			灯头型号
									管径	全长	管长	
YZ6	6	220	50±6	135±5	180±20	190	150	2000	15.5±0.8	261±1	210±1	2RC-14
YZ8	8		60±6	145±5	200±20		250			301±1	285±1	
YZ15	15		52	320	440		580	3000	38	451	436	2RC-35
YZ20	20		60	350	460		970			604	589	
YZ30	30		95	350	560		1550			909	89	
YZ40	40		108	410	650		2400			1215	1200	
YZ100	100		87	1500	1800		5500	2000				
YH_{40}^{30}	30	220	95	350	560	190	1550	1000				
	40		108	410	650		2200					
YU_{40}^{30}	30		90	370	570		1550					
	40		112	420	680		2200					

注：1. YZ 型日光色荧光灯的色温为 6500K，一般显色指数为 70～80。

2. YH 为环形荧光灯，YU 为 U 形荧光灯。

3. YZ1，YZ2 为一般镇流器，YZ6 为有副线圈镇流器。

4. 辉光启动器的使用寿命一般为 5000 次。

③寿命长。寿命与连续点燃的时间长短成正比，与开关的次数成反比，在使用中应注意减少开关灯的次数。

④灯管和附件应配套使用，以免损坏。

⑤因配有镇流器，故用电功率因数偏低，在采用大量荧光灯照明的场所，应考虑采用改善功率因数的措施。

⑥有频闪效应，不宜在有旋转部件的房间内使用。

⑦对使用条件有较高要求：电压偏移不宜超过±5%U_e，环境温度应低于 75%～80%，最适宜的环境温度为 18℃～25℃。

⑧应防止灯管破损造成污染。

(7)LED 灯。LED 是英文 light emitting diode（发光二极管）的缩写，它的基本结构是一块电致发光的半导体材料芯片，用银胶或白胶固化到支架上，然后用银线或金线连接芯片和电路板，然后四周用环氧树脂密封，起到保护内部芯线的作用，最后安装外壳，所以 LED 灯的抗震性能好。

1)原理。LED 是一种能够将电能转化为可见光的固态的半导体器件，它可以直接把电转化为光。LED 的心脏是一个半导体的晶片，晶片的一端附在一个支架上，一端是负极，另一端连接电源的正极，使整个晶片被环氧树脂封装起来。半导体晶片由两部分组成，一部分是 P 型半导体，在它里面空穴占主导地位，另一端是 N 型半导体，在这边主要是电子。但这两种半导体连接起来的时候，它们之间就形成一个 P-N 结。当电流通过导线作用于这个晶片的时候，电子就会被推向 P 区，在 P 区里电子与空穴复合，然后就会以光子的形式发出能量，这就是 LED 灯发光的原理。而光的波长也就是光的颜色，是由形成 P-N 结的材料决定的。其光源具有下列特征：

①新型绿色环保光源。LED 运用冷光源，眩光小，无辐射，使用中不产生有害物质。LED 的工作电压低，采用直流驱动方式，超低功耗（单管 0.03～0.06W），电光功率转换接近 100%，在相同照明效果下比传统光源节能 80%以上。LED 的环保效益更佳，光谱中没有紫外线和红外线，而且废弃物可回收，没有污染，不含汞元素，可以安全触摸，属于典型的绿色照明光源。

②寿命长。LED 为固体冷光源，环氧树脂封装，抗震动，灯体内也没有松动的部分，不存在灯丝发光易烧、热沉积、光衰等缺点，使用寿命可达 6 万～10 万小时，是传统光源使用寿命的 10 倍以上。LED 性能稳定，可在－30～＋50℃环境下正常工作。

③多变换。LED 光源可利用红、绿、蓝三基色原理，在计算机技术控制下使三种颜色具有 256 级灰度并任意混合，即可产生 256X256X256（即 16777216）种颜色，形成不同光色的组合。LED 组合的光色变化多端，可实现丰富多彩的动态变化效果及各种图像。

④高新技术。与传统光源的发光效果相比，LED 光源是低压微电子产品，成功地融合了计算机技术、网络通信技术、图像处理技术和嵌入式控制技术等。传统 LED 灯中使用的芯片尺寸为 0.25mmX0.25nm，而照明用 LED 的尺寸一般都要在 1.0mmX1.0mm 以上。LED 裸片成型的工作台式结构、倒金字塔结构和倒装芯片设计能够改善其发光效率，从而发出更多的光。LED 封装设计方面的革新包括高传导率金属块基底、倒装芯片设计和裸盘浇铸式引线框等，采用这些方法都能设计出高功率、低热阻的器件，而且这些器件的照度比传统 LED 产品的照度更大。

一个典型的高光通量 LED 器件能够产生几流明到数十流明的光通量，更新的设计可以在一个器件中集成更多的 LED，或者在单个组装件中安装多个器件，从而使输出的流明数相当于小型白炽灯。例如，一个高功率的 12 芯片单色 LED 器件能够输出 200lm 的光能量，所消耗的功率在 10～15W 之间。

LED 光源的应用非常灵活，可以做成点、线、面各种形式的轻薄短小产品；LED 的控制极为方便，只要调整电流，就可以随意调光；不同光色的组合变化多端，利用时序控制电路，更能达到丰富多彩的动态变化效果。LED 已经被广泛应用于各种照明设备中，如电池供电的闪光灯、微型声控灯、安全照明灯、室外道路和室内楼梯照明灯以及建筑物与标记连续照明灯。

白光 LED 的出现，是 LED 从标识功能向照明功能跨出的实质性一步。白光 LED 最接近日光，更能较好地反映照射物体的真实颜色，所以从技术角度看，白光 LED 无疑是 LED 最尖端的技术。白光 LED 已开始进入一些应用领域，应急灯、手电筒、闪光灯等产品相继问世，但是由于价格十分昂贵，故而难以普及。白光 LED 普及的前提是价格下降，而价格下降必须在白色 LED 形成一定市场规模后才有可能，两者的融合最终有赖于技术进步。

2）特点：

①节能。白光 LED 的能耗仅为白炽灯的 1/10,节能灯的 1/4。

②长寿。寿命可达 10 万小时以上,对普通家庭照明可谓"一劳永逸"。

③可以工作在高速状态．节能灯如果频繁的启动或关断灯丝就会发黑很快的坏掉,所以更加安全。

④固态封装,属于冷光源类型。所以它很方便运输和安装,可以被装置在任何微型和封闭的设备中,不怕振动,基本上用不着考虑散热。

⑤led 技术正日新月异的在进步,它的发光效率正在取得惊人的突破,价格也在不断地降低。一个白光 LED 进入家庭的时代正在迅速到来。

⑥环保,没有汞的有害物质。LED 灯泡的组装部件可以非常容易的拆装,不用厂家回收都可以通过其他人回收。

⑦配光技术使 LED 点光源扩展为面光源,增大发光面,消除眩光,升华视觉效果,消除视觉疲劳;

⑧透镜与灯罩一体化设计。透镜同时具备聚光与防护作用,避免了光的重复浪费,让产品更加简洁美观;

⑨大功率 led 平面集群封装,及散热器与灯座一体化设计。充分保障了 led 散热要求及使用寿命,从根本上满足了 LED 灯具结构及造型的任意设计,极具 LED 灯具的鲜明特色。

⑩节能显著。采用超高亮大功率 LED 光源,配合高效率电源,比传统白炽灯节电 80%以上,相同功率下亮度是白炽灯的 10 倍;

⑪超长寿命 50,000 小时以上,是传统钨丝灯的 50 倍以上。LED 采用高可靠的先进封装工艺—共晶焊,充分保障 LED 的超长寿命;

⑫无频闪。纯直流工作,消除了传统光源频闪引起的视觉疲劳

⑬绿色环保。不含铅、汞等污染元素,对环境没有任何污染;

⑭耐冲击,抗雷力强,无紫外线(UV)和红外线(IR)辐射。无灯丝及玻璃外壳,没有传统灯管碎裂问题,对人体无伤害、无辐射。

⑮低热电压下工作,安全可靠。表面温度≤60℃(环境温度 Ta=25℃时);

⑯宽电压范围,全球通用 LED 灯。85V～264VAC 全电压范围恒流,保证寿命及亮度不受电压波动影响;

⑰采用 PWM 恒流技术,效率高,热量低,恒流精度高;

⑱降低线路损耗,对电网无污染。功率因数≥0.9,谐波失真≤20%,EMI 符合全球指标,降低了供电线路的电能损耗和避免了对电网的高频干扰污染;

⑲通用标准灯头,可直接替换现有卤素灯、白炽灯、荧光灯;

⑳发光视效能率可高达 80lm/w,多种 LED 灯色温可选,显色指数高,显色性好;

很明显,只要 LED 灯的成本随 led 技术的不断提高而降低。节能灯及白炽灯必然会被 LED 灯具所取代。

2. 控照器

控照器俗称灯罩，和光源配套组成灯具。控照器可改变光源的光学指标，可适应不同安装方式的要求，可做成不同的形式、尺寸，可以用不同性质和色彩的材料制造，可以将几个到几十个光源集中在一起组成建筑花灯。控照器虽为光源的附件，也有其自身的重要作用。

(1)控照器的作用。控照器的作用有以下几个方面：

①重新分配光源产生的光通量。

②限制光源的眩光作用。

③减少和防止光源的污染。

④保护光源免遭机械破坏。

⑤安装和固定光源。

⑥和光源配合起一定的装饰作用。

(2)材料。一般由金属、玻璃或塑料做成。

(3)类型。按照控照器的光学性质可分为反射型、折射型和透射型等多种。

(4)主要特性。主要特性有三条：

①配光曲线，已如前述。

②光效率。它是指由控照器输出的光通量 F_1 与光源的辐射光通量 F 之比值，此值总是小于 1，即 $\eta = F_1/F \times 100\% < 1$。

对于不同类型的控照器，光效率的具体计算公式各不相同。

③保护角。它是指控照器开口边缘与发光体(灯丝)最远边缘的连线与水平线之间的夹角，即控照器遮挡光源的角度，如图 3-35 所示。保护角的大小可以用下式确定：

$$\mathrm{tg}\gamma = h/c$$

式中 h——发光体(灯丝)至控照器下缘的高差；

c——控照器下缘与发光体(灯丝)最远边缘的水平距离。

控照器的三个特征之间紧密相关，相互制约。如要改善配光就需加罩，要减弱眩光就需增大保护角，但都会造成光效率降低。为此，需研制一种可建立任意大小的保护角，但不增加尺寸的新型控照器，遮光格栅(可任意调节格板的角度)就是其中的一种。

3. 发光装置

发光装置是一种与土建工程同时设计、同时施工，形成统一整体的照明设施。整个顶棚均匀发光者称光顶棚。发光顶棚在宽度方向缩小形成细而长的均匀发光长条称光带。为避免光带照明在顶棚上形成明暗差异和不均匀的现象，将光带突出顶棚面形成梁状，三面发光，可消除阴影，则成为光梁。将光带或光梁分割成等距相隔的矩形发光小块，即成为光盒。发光顶(天)棚如图 3-36 所示。

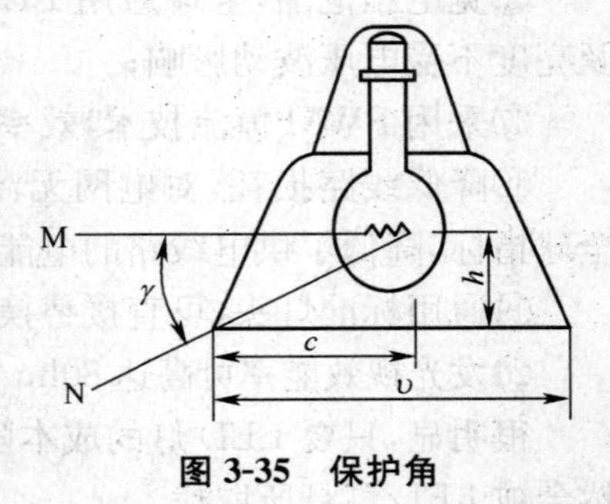

图 3-35 保护角

吊顶材料可以是磨砂玻璃、乳白玻璃、有色玻璃、棱镜或格栅。若灯距 L 与灯和吊顶间距离 H 的比值 L/H 适当,可使整个顶棚亮度均匀。

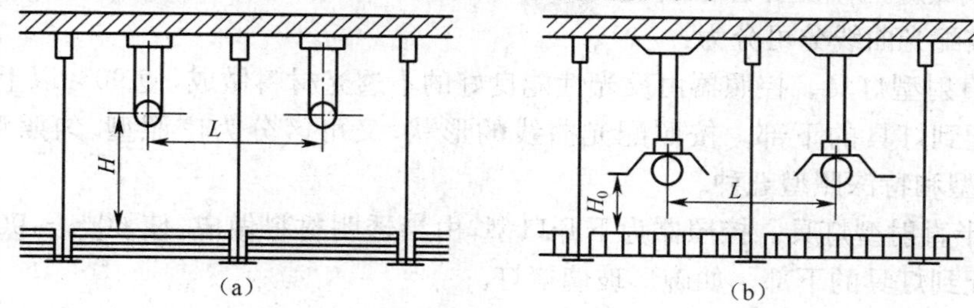

图 3-36 发光顶(天)棚

(a)白炽灯 (b)荧光灯

在保证亮度均匀的条件下,透射系数为 50%的乳白玻璃光带和光梁的推荐尺寸和光效率见表 3-12。

表 3-12 光带和光梁推荐尺寸和光效率

白炽灯			荧光灯			光效率(%)
h/L	h/b	a/b	h/L	h/b	a/b	
54						
56	0.4	0.25	—	0.5	0.3	—
63						
60			0.33			0.41
50						
62	—	0.37	0.49	—	0.46	0.63

还有一种与土建工程合成一体的发光装置是光檐和光龛,分别如图 3-37 和图 3-38 所示。

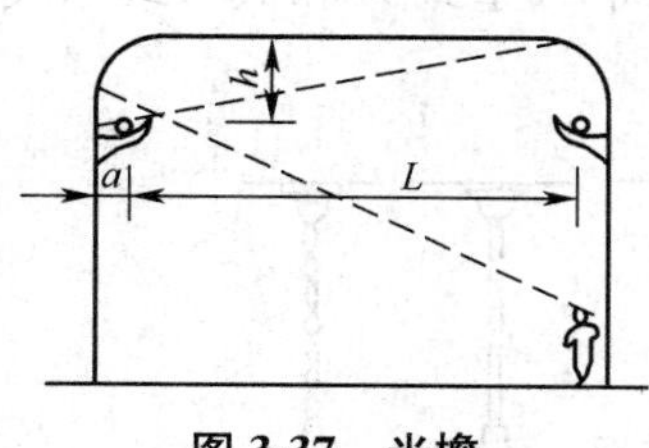

图 3-37 光檐

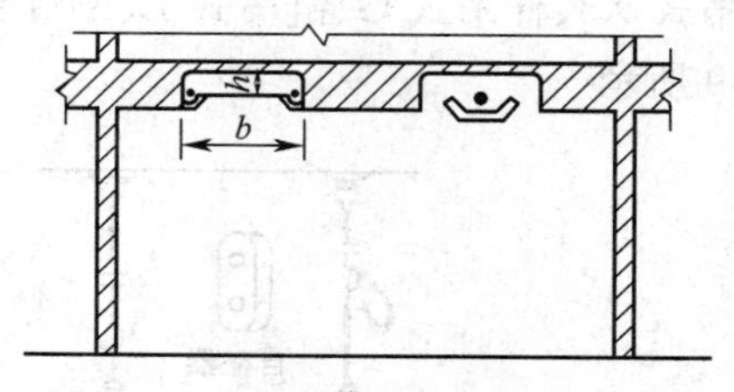

图 3-38 光龛

4. 灯具

(1)灯具的分类。为便于选择使用,可从不同角度对灯具作如下分类:

1)按光源分。按类型可分为白炽灯具、卤钨灯具和荧光灯具 LED 灯具等;按数目可分为普通灯具、组合花灯灯具(由几个到几十个光源组合而成)。

2)按控照器分。

①按结构形式,即按照控照器结构的严密程度对灯具进行分类,可分为:

a. 开启式。光源和外界环境直接接触的普通灯具。

b. 保护式。有闭合的透光罩,但罩内可以自由流通空气,如走廊吸顶灯等。

c. 密闭式。透光罩将其内外空气隔绝，如浴室的防水防尘灯。

d. 防爆灯。严格密闭，在任何情况下都不会因灯具而导致爆炸，用于易燃、易爆场所。

②按配光曲线分可分为：

a. 直射型灯具。控照器由反光性能良好的不透光材料做成，使90%以上的光通量都分配到灯具的下部。按照配光曲线的形状，又可区分为广照型、匀照型、配照型、深照型和特深照型五种。

b. 半直射型灯具。控照器为下开口型，由半透明材料做成，使60%～90%的光通量分配到灯具的下部。如碗形玻璃罩灯。

c. 漫射型灯具。控照器为闭合型，由漫射透光材料做成，如乳白玻璃球灯。有40%～60%的光通量分配到灯具的下部，如球形乳白玻璃罩灯。

d. 反射型灯具。控照器为上开口型，有90%以上的光通量向上部分配。

e. 半反射型灯具。有60%～90%的光通量向上部分配。反射型和半反射型灯具，利用顶棚作为二次发光体，使室内光线均匀、柔和、无阴影。

③按材料的光学性能分可分为：

a. 反射型灯罩。主要由金属材料制成，可分为由涂瓷釉金属板制成的漫反射型，其中最简单的形式是搪瓷伞形罩；由磨光的或镶有镀银玻璃的金属板制成的定向反射型；由经过酸蚀的，或由涂以银漆的金属板制成的定向漫反射型。

b. 折射型灯罩。用具有棱镜结构的玻璃制成，经折射可使光线在空间任意分布。

c. 透射型灯罩。它又可以分为用乳白玻璃或塑料等漫透射材料制成的漫透射型；用磨砂玻璃等材料制成的定向散射透射型。透过灯罩可隐约看见灯丝。

3）按安装方式分可分为自在器线吊式X、固定线吊式X1，防水线吊式X2、人字线吊式X3、杆吊式G、链吊式L、座灯头式Z、吸顶式D、壁式B和嵌入式R等，如图3-39所示。

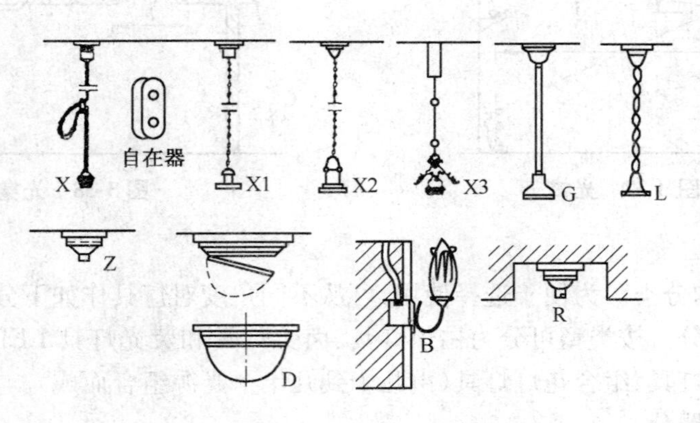

图 3-39 灯具安装方式图

（2）灯具的选择 灯具的选择是照明设计的基本内容之一。一般应考虑如下因素：

1）光源。首先应根据建筑物各房间的不同照度标准、对光色和显色性的要求、环境条件(温度、湿度等)、建筑特点、对照有可靠性的要求,根据基建投资情况,结合考虑长年运行费用(包括电费、更换光源费、维护管理费和折旧费等),根据电源电压等因素,确定光源的类型、功率、电压和数量。

如可靠性要求高的场所,需先用便于启动的白炽灯;高大的房间宜选用寿命长、效率高的光源;办公室宜选用光效高、显色性好、表面亮度低的荧光灯作光源等。

各种光源在发光效率、光色、显色性和点亮特性方面各有优缺点,主要光源的特征和用途见表 3-13。选择时可参考。

表 3-13 主要光源的特征和用途

种类	发光效率/(lm/W)	显色性	亮度	控制配光	寿命/h	特征	主要用途
普通型	10～15 低	优	高	容易	通常 1000(短)	一般用途。易于使用,适用于表现光泽和阴影。暖光色,适用于气氛照明	住宅、商店的一般照明
透明型	10～15 低	优	非常高	非常容易	通常 1000(短)	闪耀效果,光泽和阴影的表现效果好。暖光色,气氛照明用	花吊灯,有光泽陈列品的照明
球型	10～15 低	优	高	稍难	通常 1000(短)	明亮的效果,看上去具有辉煌温暖气氛的照明	住宅商店的吸引效果
反射型	10～15 低	优	非常高	非常容易	通常 1000(短)	控制配光非常好。光集中。光泽、阴影和材质感的表现力非常大	显示灯、商店、气氛照明
一般照明用(直管)	约 20 稍良	优	非常高	非常容易	2000(稍良)	体积小,瓦数大,易于控制配光	投光灯,体育馆照明
微型卤钨灯	15～20 稍良	优	非常高	非常容易	1500～2000(稍良)	体积小,用 150～500W 易于控制配光	适用于下射光和点光的商店照明
直射型	30～90 高	从一般到高显色性	稍低	非常困难	10000(非常长)	光效高,显色性也好,亮度低,眩光小。有扩散光,难于造成阴影。可做成各种光色和显色性。尺寸大,瓦数不能太大	最适用于一般房间、办公室、商店的一般照明

2)技术性。主要是指满足配光和限制眩光的要求。

高大的厂房宜选深照型,宽大的车间宜选广照型、配照型灯具,使绝大部分光线直接照到工作面上。一般公共建筑可选半直射型灯具,较高级的可选漫射型灯具,通过顶棚和墙壁的反射使室内光线均匀、柔和。豪华的大厅可考虑选用半反射型或反射型灯具，使室内无阴影。

3)经济性。应综合从初投资和年运行费用全面考虑。简化处理，满足照度要求而耗电最少就算最经济，故应选光效高、寿命长的灯具为宜。若考虑灯具与建筑室形的配合情况，可根据利用系数的大小判断经济性的好坏。

4)使用性。应结合环境条件、建筑结构情况等安装使用中的各种因素加以考虑。

①环境条件。干燥、清洁的房间尽量选开启式灯具；潮湿处（如厕所、卫生间）可选防水灯头保护式；特别潮湿处（如厨房、浴室）可选密闭式（防水防尘灯）；有易燃、易爆物场所（如化学车间）应选防爆灯；室外应选防水灯具；易发生碰撞处应选带保护网的灯具；振荡动处应选卡口灯具。

②安装条件。应结合建筑结构情况和使用要求，确定灯具的安装方式，选用相应的灯具，如一般房间为线吊，门厅等处为杆吊，门口处为壁装，走廊为吸顶安装等。

5)功能性。不同建筑有不同的特点，不同房间有不同的功能，灯具的选择应和这些特点和功能相适应。特别是临街建筑的灯光，应和周围的环境（其他建筑和道路的灯光）相协调，以便创造一个美丽和谐的城市夜景。因而，根据不同功能要求选择灯具，是比较复杂的事情，但对从事建筑设计的人员来说又是十分重要的一项工作。由于建筑的多样性、环境的差异性和功能的复杂性，决定了满足这些要求的灯具选型很难确定一个统一的标准。但一般说来应考虑到，恰当确定灯具的光、色、型、体的布置，合理运用光照的方向性、光色的多样性、照度的层次性和光点的连续性等技术手段，可起到渲染建筑、烘托环境和满足各种不同需要的作用。如大阅览室中采用三相均匀布置的荧光灯，创造明亮、均匀而无闪烁的光照条件，形成安静的读书环境；宴会厅采用以组合花灯或大吊灯为中心，配上高亮度的无影白炽灯具，产生温暖而明朗的光照条件，形成一种欢快热烈的气氛。

三、人工照明标准和照明设计

照明设计的完善程度应根据照明标准来衡量，照明工程的成果应通过照明设计来完成。

1. 人工照明标准

人工照明标准就是保证照明设计的结果使人的眼睛能轻松地、清晰地把被观察物从背景上分辨出来，即满足一定的视力条件，根据国家的经济和电力发展水平，由国家有关部门颁布的数量依据。

制定人工照明标准的基本依据是充分满足产生视觉和影响视觉的各种因素。具体制定时又需遵循以下原则：

(1)基本原则。应保证相应的视觉条件，即保证产生足够的亮度。应充分考虑到当视觉工作越精细（视角越小）、亮度对比越小、具体条件限定的允许分辨时间越短时，工作面上所需的照度（或亮度）应定的数值就越大。

(2)其他因素。

①随着国家电力工业的发展，应适时、适当提高照度标准。

②要考虑限制眩光,不应使发光体(光源)或第二发光体(所观察的物体)表面亮度过大。

③要保证在工作面上和视野空间内形成适宜的亮度分布,按需要采用混合照明。

④应考虑对光源的光色和显色性要求。

(3)照度标准。我国执行的是最低照度标准,即保证工作面上照度最低的地方、视觉工作条件最差的地方应达到照度标准。这种标准有利于保护劳动者的视力和提高劳动生产率。

我国现行的照度标准分工业建筑照度标准和民用建筑照度标准两大类。

①工业建筑照度标准。这个标准是将各类工业建筑,按照所观察物件的最细小部分的尺寸将视觉工作分为十等,进一步按照所观察物与背景的亮度对比大小分成甲、乙两级,最后按照混合照明和一般均匀照明的要求,分别定出照度标准。生产车间工作面上的照度标准见表3-14。在表3-14的基础上制定出通用生产车间和工作场所工作面上的照度标准,见表3-15。对于工厂中的办公室、生活用房间制定的照度标准可见表3-16。厂区露天工作场所和交通运输线的照度标准见表3-17。

表3-14　生产车间工作面上的照度标准

视觉工作精细程度特征	识别物件细节的尺寸 d/mm	视觉工作分类		与背景的亮度对比	最低照度/lx	
		等	级		混合照明	单独使用一般照明
特别精细	$d \leqslant 0.15$	Ⅰ	甲	小	1500	—
			乙	大	1000	—
高度精细	$0.15 < d \leqslant 0.3$	Ⅱ	甲	小	750	200
			乙	大	500	150
精细	$0.3 < d \leqslant 0.6$	Ⅲ	甲	小	500	150
			乙	大	300	100
稍精细	$0.6 < d \leqslant 1.0$	Ⅳ	甲	小	300	100
			乙	大	200	75
稍粗糙	$1 < d \leqslant 2.0$	Ⅴ	—	—	150	50
很粗糙	$2.0 < d \leqslant 5$	Ⅵ	—	—	—	30
特别粗糙	$d > 5$	Ⅶ	—	—	—	20
一般观察生产过程	—	Ⅷ	—	—	—	10
大件贮存	—	Ⅸ	—	—	—	5

有自行发光材料的车间	—	Ⅹ	—	—	—	30

表 3-15 通用生产车间和工作场所工作面上的照度标准

车间和工作场所的名称	视觉工作分类等级	最低照度/lx		
		混合照明	混合照明中的一般照明	单独使用的一般照明
金属机械加工车间				
一般	Ⅱ乙	500	30	—
精密	Ⅰ乙	1000	75	—
木工车间				
机床区	Ⅲ乙	300	30	—
锯木区	Ⅴ	—	—	50
木模区	Ⅳ	300	30	—
动力站房				
压缩机房	Ⅵ	—	—	30
泵房	Ⅶ	—	—	20
风机房	Ⅶ	—	—	20
锅炉房	Ⅶ	—	—	20
汽车库				
停车间	Ⅷ	—	—	10
充电间	Ⅶ	—	—	20
检修间	Ⅵ	—	—	30

表 3-16 办公室、生活用房间的照度标准

房间名称	单独使用一般照明的最低照度/lx	工作面高度/m
设计室、打字室、描图室	100	0.8
阅览室	75	0.8
办公室、资料室、医务室、会议室	50	0.8
托儿所、幼儿园	30	0.4～0.5
车间休息室、单身宿舍、食堂	30	0.8
更衣室、浴室、厕所	10	0
通道、楼梯间	5	0

表 3-17 厂区露天工作场所和交通运输线的照度标准

工作场所及特点	最低照度/lx	规定照度的平面	工作场所及特点	最低照度/lx	规定照度的平面
露天工作场所			道路		
视觉工作要求高的场所	30	工作面	主要道路	2	地面
用眼检查质量的金属焊接	15	工作面	一般道路	1	地面
用仪器检查质量的金属焊接	10	工作面	站台		
间断观察的仪表	10	工作面	视觉作业要求较高的站台	3	地面

②民用建筑照度标准。因民用建筑的照度要求随类别和功能的不同而不同,随等级和各种条件的不同而相差悬殊,故很难制定一个适合各地各类建筑的统一标准。因此,我国至今尚未颁布正式的民用建筑照度标准。

近年来,在对国内各类民用建筑照明设计经验进行总结和对实际运行情况进行调查测试的基础上,由北京照明学会提出的民用建筑照明的照度标准(推荐值),可供设计中参考。该标准中按照视力条件将各类民用建筑归纳为居住建筑、科教办公建筑、医疗建筑、影剧院、礼堂建筑、汽车库、室外设施、体育建筑、商业建筑、宾馆(饭店)建筑、机电用房和火车站等十一大类,每类中按房间的功能不同又分别定出相应的照度标准,见表 3-18。

表 3-18 民用建筑照明的照度标准(推荐值)

建筑类型	房间名称	一般照明的最低照度/lx
居住建筑	厕所、盥洗室	5~10
	卧室、婴儿哺乳室	10~15
	餐室、厨房、起居室、单身宿舍	15~20
	活动室、医务室	30~50
医疗建筑	污物处理间、更衣室、通道	10~15
	病房、健身房	20~30
	太平间	20
	解剖室、化验室、教室、手术室、制剂室	75~100
	加速器治疗室、电子计算机室、X 射线扫描室	100~200
影剧院礼堂建筑	卫生间、通道、楼梯间	10~15
	倒片室	15~30
	放映室、衣帽厅、电梯厅	20~50
	转播室、化妆室、录音、影剧院观众厅	50~75
	展览厅、排练厅、休息厅、会议厅	75~150
	报告厅、接待厅、小宴会厅、大门厅	100~200
	大宴会厅	200~300
	大会堂、国际会议厅	300~500
火车站	站台	2~5
	地道跨线	10~20
	一般候车室、售票厅	30~75

2. 照明设计

灯具选择完成后,照明设计的内容包括灯具布置和照度计算。

(1)灯具的布置。灯具的布置包括确定灯具的高度布置和平面布置两部分内容,即确定灯具在房间内的具体空间位置。

1)灯具的高度(竖向)布置。灯具的竖向布置图如图 3-40 所示。图中,h_c 为垂度;h 为计算高度;h_p 为工作面的高度;h_s 为悬吊高度,单位均为 m。

确定灯具的悬吊高度应考虑如下因素：

①保证电气安全。对工厂的一般车间不宜低于2.4m，对电气车间可降至2m。对民用建筑一般无此项限制。

②限制直接眩光。和光源种类、瓦数及灯具形式相对应，规定出最低悬吊高度，见表3-19。对于不考虑限制直接眩光的普通住房，悬吊高度可降至2m。

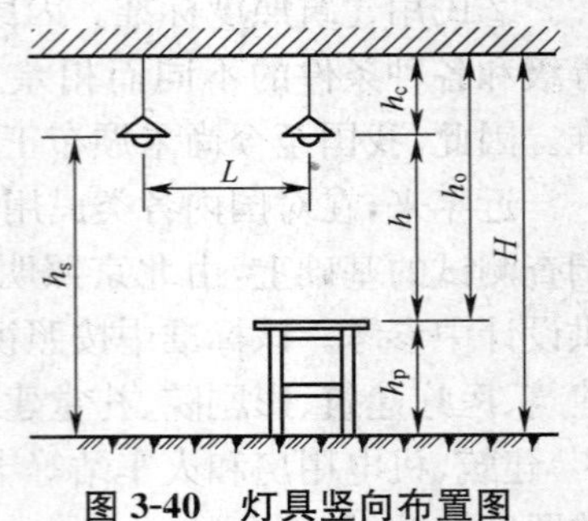

图3-40 灯具竖向布置图

③便于维护管理。用梯子维护时不超过6～7m。用升降机维护时，高度由升降机的升降高度确定。有行车时多装于屋架的下弦。

④和建筑尺寸配合，如吸顶灯的安装高度即为建筑的层面。

⑤防止晃动。垂度 h_c 一般为0.3～1.5m，多取为0.7m。

表3-19 最低悬吊高度

光源种类	灯具形式	保护角	灯泡功率/W	最低悬挂高度/m
白炽灯	搪瓷反射罩或镜面反射罩	10°～30°	≤100 150～200 300～500	2.5 3.0 3.5
高压水银荧光灯	搪瓷、镜面深照型	10°～30°	≤250 ≥400	5.0 6.0
碘钨灯	搪瓷或铝抛光反射罩	≥30°	500 1000～2000	6.0 7.0
白炽灯	乳白玻璃漫射罩	—	≤100 150～200 300～500	2.0 2.5 3.0
荧光灯	—	—	≤40	2.0

⑥提高经济性，即应符合表3-20所规定的合理距高比 L/h 值。对于直射型灯具，查表3-19求值即可。对于半直射型和漫射型灯具，除满足表3-16的要求外，尚应考虑光源通过顶棚二次配光的均匀性。分别应满足如下条件：半直射型 $L/h_c<5\sim6$；漫射型 $h_c<h_0\approx0.25$。

常见的一些参考数据有：一般灯具的悬挂高度为2.4～4.0m；配照型灯具的悬挂高度为3.0～6.0m；搪瓷深照型灯具悬挂高度为5.0～10m；镜面深照型灯具悬挂高度为8.0～20m；其他灯具的适宜悬吊高度见表3-21。

表 3-20 合理距高比 L/h 值

灯具类型	L/h		单行布置时房间最大宽度
	多行布置	单行布置	
配照型、广照型	1.8～2.5		
深照型、镜面深照型、乳白玻璃罩灯	1.6～1.8	1.8～2	1.2h
防爆灯、圆球灯、吸顶灯、防水、防尘灯	2.3～3.2	1.5～1.8	h
荧光灯	1.4～1.5	1.9～2.5	1.3h

表 3-21 灯具适宜悬吊高度

灯具类型	灯具距地高度	灯具类型	灯具距地高度
防水防尘灯	2.5～5m	软线吊灯	2m 以上
防潮灯	2.5～5m，个别处带罩可低于 2.5m	荧光灯	2m 以上
双照型配照灯	2.5～5m	碘钨灯	7～15m，特殊情况可低于 7m
隔爆型、安全型灯	2.5～5m	镜面磨砂灯泡	200W 以下，吊高 2.5m 以上
圆球灯、吸顶灯	2.5～5m	裸磨砂灯泡	200W 以上，吊高 4m 以上
乳白玻璃吊灯	2.5～5m	路灯	5.5m 以上

2)灯具的平面布置。灯具的平面布置对照明的质量有重要的影响，对以下几方面内容有决定性的作用：光的投射方向、工作面的照度、照明的均匀性、反射眩光和直射眩光、视野内各平面的亮度分布、阴影、照明装置、安装功率和初次投资、用电的安全性，维修的方便性等。灯具的平面布置方式分为均匀布置和选择布置两种，两者结合形成混合布置。选择布置会造成强烈的阴影，常不单独采用。

对于均匀布灯的一般照明系统，灯具的平面布置应考虑以下因素：

①与建筑结构配合，做到考虑功能、照顾美观、防止阴影、方便施工。

②与室内设备布置情况相配合，尽量靠近工作面，但不应装在大型设备的上方。

③应保证用电安全，和裸露导电部分应保持规定的距离。

④应考虑经济性。若无单行布置的可能性，则应按表 3-20 的规定确定灯具的间距和布置。对于荧光灯，横向和纵向合理距高比的数值不同，在相应照明手册中有表可查。

⑤当灯距的平面布置不是矩形时，应当按如图 3-41 所示方法求当量灯距 L。

⑥当灯具的实际距高比等于或略小于相应合理距高比时，即认为布灯合理。

灯具离墙的距离，一般取(1/3～1/2)L，有工作面时取(1/4～1/3)L。

灯具的平面布置确定后，房间内灯具的数目就可确定。从而包括建筑空间(房间的形状和大小、反射性能和清洁度等)在内的，由光源种类、灯具形式和布置等因素组成的照明系统也就可以确定。

(2)照明的计算。照明计算的目的是使空间获得符合视觉要求的亮度分配，使

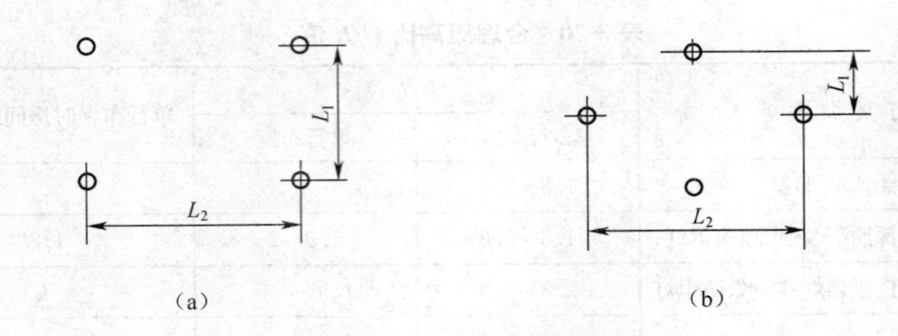

图 3-41 当量灯距计算图

(a)矩形 (b)菱形

工作面上达到适宜的亮度标准。故照明计算的实质是进行亮度的计算。因亮度计算相当困难,故以直接计算与亮度成正比的照度值间接反映亮度值,使计算简化。因而所谓照明计算,实际是做照度计算。

1)照明计算的方法很多,但从计算工作的内容和程序上可分为两类:

①已知照明系统和照度标准,求所需光源的功率和总功率,用以进行照明的设计。

②已知照明系统和光源的功率与总功率,求在某点产生的照度,用以进行照明的验算。

无论哪一种方法,都很难做到完全符合照度标准。一般认为工作面上任何一点的照度,不低于最低照度(照度标准值),不超出 20%就算正确,就认为布灯合理,满足要求。

目前,国内在一般照明工程中常用的计算方法,大体分为两大类:平均照度的计算和点照度的计算。平均照度的计算适合于进行一般均匀照明的水平照度计算,只可求出被照面上的平均照度,而求不出其上的照度分布,可用于进行照明工程的设计。点照度计算法可求出工作面任何一点的照度,也可求出其上的亮度分布,这种方法是以照明的平方反比定律为基础的,多用以进行照明的验算。

2)平均照度计算分单位功率和利用系数两种方法。

①单位功率法。

a. 估算法是依据下式计算建筑总用电量:

$$P=wS\times10^{-3}$$

式中 P——建筑物(或功能相同的所有房间)的总用电量,单位为 kW;

W——单位建筑面积安装功率,单位为 W/m^2,其值查表 3-22 确定;

S——建筑物(或功能相同的所有房间)的总面积,单位为 m^2。

进而可求出每盏灯泡的瓦数(灯数为 n 盏):

$$P_n=P/n$$

根据过去调查得出的估算值见表 3-22。近年来随着家电的普及,生活用电量有所增加,如最近提出的住宅用电估算值提高到 $5\sim8W/m^2$,故应注意选用实际调查资料。

表 3-22 单位建筑面积照明用电估算指标

序号	建筑物名称	单位容量/(W/m²)	序号	建筑物名称	单位容量/(W/m²)	序号	建筑物名称	单位容量/(W/m²)
1	实验室	10	6	汽车库	8	11	食堂	4
2	各种仓库(平均)	5	7	住宅	4	12	托儿所	5
3	生活间	8	8	学校	5	13	商店	5
4	锅炉房	4	9	办公楼	5	14	浴室	3
5	木工车间	11	10	单身宿舍	4			

b. 单位功率法,又称单位容量法。根据灯具类型和计算高度、房间面积和照度编制出单位容量表,当求诸值后即可由表查出单位容量 W 值,进而可采用和估算法相同的公式和步骤,求出建筑总用电量和每盏灯泡的瓦数。

单位面积安装功率一般按照灯具类型分别编制,其示例见表 3-23。

表 3-23 乳白玻璃罩灯单位面积安装功率 (W/m²)

灯具类型	计算高度/m	房间面积/m²	白炽灯照度/lx							
			10	15	20	25	30	40	50	75
乳白玻璃罩的球形灯和吸顶灯	2～3	10～15	6.3	8.4	11.2	13.0	15.4	20.5	24.8	35.3
		15～25	5.3	7.4	9.8	11.2	13.3	17.7	21.0	30.0
		25～50	4.4	6.0	8.3	9.6	11.2	14.9	17.3	24.8
		50～150	3.6	5.0	6.7	7.7	9.1	12.1	13.5	19.5
		150～300	3.0	4.1	5.6	6.5	7.7	10.2	11.3	16.5
		300 以上	2.6	3.6	4.9	5.7	7.0	9.3	10.1	15.0
	3～4	10～15	7.2	9.9	12.6	14.6	18.2	24.2	31.5	45.0
		15～20	6.1	8.5	10.5	12.2	15.4	20.6	27.0	37.5
		20～30	5.2	7.2	9.5	11.0	13.3	17.8	21.8	32.2
		30～50	4.4	6.1	8.1	9.4	11.2	15.0	18.0	26.3
		50～120	3.6	5.0	6.7	7.7	9.1	12.1	14.3	21.0
		120～300	2.9	4.0	5.6	6.5	7.6	10.1	11.3	17.3
		300 以上	2.4	3.2	4.6.	5.3	6.3	8.4	9.4	14.3

②利用系数法。利用系数是指投射到被照面上的光通量 F 与房内全部灯具辐射的总光通量 nF_0 之比(n 为房内灯具数,F_0 为每盏灯具的辐射光通量)。F 值中包括直射光通量和反射光通量两部分。反射光通量在多次反射过程中,总要被控照器和建筑内表面吸收一部分,故被照面实际利用的光通量必然少于全部光源辐射的总光通量,即利用系数 U 值总是<1 的,可用下式表示:

$$U=F/nF_0<1$$

影响利用系数的因素有:

a. 灯具的效率。U 值与灯具效率成正比。

b. 灯具的配光曲线。向下部分配的直射光通量比例越大则 U 值越大。

c. 建筑内装饰的颜色。墙面和顶棚等颜色越浅，反射系数就越大，U 值就越大。

d. 房间的建筑尺寸和构造特点。如前所述，室形指数 i 值越大或室空间比值 RCR 越小，则 U 值越大。

在公式$U=F/nF_0$中，F 是受照面上实际接受的光通量，该光通量应保证受照面积 S 达到规定的照度 E 值，故 $F=ES$ 。考虑到使用过程中灯具和建筑内表面的污染以及被照面上照度分布不均匀的情况，受照面实际接受的光通量有所下降的情况，还应根据相关规定对其进行修正。

照明系统的设计成果集中体现在照明平面图上。图中常采用如下标注方式：

$$a-b\frac{c\times d}{e}fG$$

式中 a——同一类灯具的数目，盏；

b——灯具型号或代号；

c——每盏灯具中的光源数目；

d——每个光源的功率，单位为 W；

e——灯具的安装高度 h_s 值，单位为 m；

f——灯具的安装方式(图 3-39)；

G——房间的照度值，单位为 lx。

四、用电负荷的计算

用电负荷的计算是指用电设备用电量的计算。因为在相同时间内设备的用电量是由其功率所决定的，所以用电负荷的计算实际是指用电设备功率的计算和所用电流的计算，在正常工作任务下，各级电路中的供电电压高低是固定值。

1. 用电设备的工作制

用电设备的工作制指用电设备的工作方式，它对于用电负荷的大小有直接影响。按照工作制的不同，可将用电设备分为三类：

(1)长期工作制的设备，是指长期连续运行，可以达到稳定温升，而且停用时间很长，可冷却到周围环境温度的用电设备，如房间换气扇、锅炉补水泵等。

(2)短期工作制的设备，是指时而工作，时而停用，反复交替变换，工作时间很短，常达不到稳定温升，停用时间也很短，常冷却不到环境温度，工作周期一般不超过 10min，运行一段时期后温升稳定在某一稳定范围内反复波动的用电设备，如电梯、吊车、电焊机等。反复短时工作制设备的工作情况，可用暂载率(又称相对接用时间)来表示。

同一设备，在不同暂载率下工作时，其输出功率是不同的，因而所需输入的电功率也是不同的，所以对反复短时工作制的设备进行负荷计算时，应搞清其实际工作的暂载率。

2. 负荷曲线和负荷的种类

(1)负荷曲线。负荷曲线是指电子工业负荷(功率或电流)随时间而变化的曲线。因建筑内各用电设备的工作情况是经常变化的，所以负荷曲线是沿时间轴波动变化的曲线。按负荷持续的时间，可分为年的、月的、日的或某一负荷班的负荷曲线。某建筑的日负荷曲线如图 3-42 所示。由图可以清楚直观地了解负荷的实际变化情况，这对进行供电设计和运行管理工作，都是重要的原始资料。

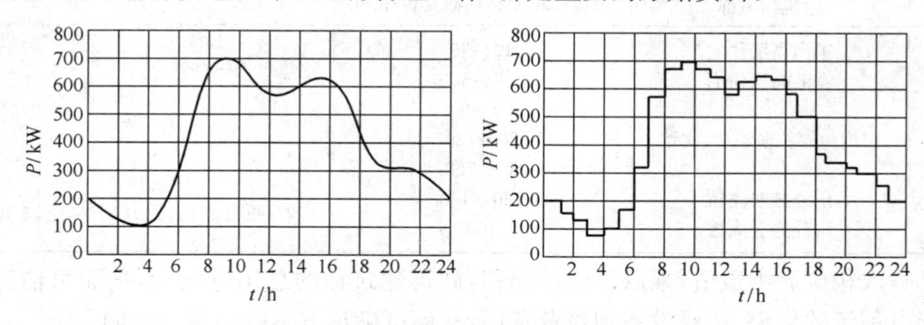

图 3-42　某建筑的日负荷曲线

(2)负荷的种类。实际负荷曲线是波动变化的，在进行设计和其他工作时，到底以多大的数值为依据呢？为满足不同的需要，净负荷表示成三种类型。

①最大负荷。它是指水泵电能最多的半小时的平均功率，也即连续 30min 的最大平均负荷用 P_{30}、Q_{30}、S_{30}表示。可依此作为按发热条件选择电气设备的依据，又称计算负荷，常用 P_f、Q_f和 S_f表示。

②尖峰负荷。它是指连续 1～2s 时间内的最大平均负荷，可看作短时最大负荷。可依此计算电路中的电压损失和电压波动，选择熔断器和自动开关等设备和确定继电保护装置等。常记以 P_{ff}、Q_{ff}和 S_{ff}。

③平均负荷数又称负荷率，也可称为负荷曲线填充系数，用以反映负荷曲线的不平坦程度，即表示负荷波动程度。

3. 负荷计算的方法

根据用户情况确定负荷的大小，是关系到供配电设计合理与否的前提。如负荷确定得过大，将使导线和设备选得过粗过大，造成材料和投资的浪费。如负荷确定得过小，将使供配电系统在运行中电压损失过大、电能损耗增加。发热严重、引起绝缘老化以至烧坏，以及造成短路等故障，从而带来更大的损失。如前所述，影响用户负荷的因素很多，实际负荷情况也很复杂，而且并不是固定不变的。因而必须选择正确的负荷计算方法以使计算结果尽量符合实际，力求合理。负荷计算的方法有单位建筑面积安装功率法、需要系数法、二项式法和利用系数法等。在建筑电气设计中，初步设计阶段可采用单位建筑面积安装功率法，施工图设计阶段多采用需要系数法。

单位建筑面积安装功率法与建筑物单位建筑面积的安装功率及建筑物的种类(办公楼或宾馆)、等级(普通的或高级的)、附属设备情况(有无空调等)、房间用途(卧室或绘图室)等条件有关，而且随着生活和生产水平的提高，其标准逐渐提高。

通过对大量调查资料进行分析，整理出一些推荐值供选用，单位建筑面积安装功率见表 3-24。

表 3-24 单位建筑面积安装功率表

序号	建筑物名称	单位面积安装功率/(W/m²)	备注
1	国内高层住宅	10～35	
2	香港高层住宅	10～60	
3		30～60	无空调
4	国内主要旅游饭店、宾馆	70～120	有空调
5		60～702	一般的
6	国外旅游宾馆	120～140	高级的
7	国外办公大楼	100	其中：照明 25%，动力 37%，空调 38%

查取相应表中数值，乘以总建筑面积，即得建筑物的总用电负荷，进而可估算出供配电系统的规模、主要设备和投资费用，从而可满足方案或初步设计的要求。

用电设备组的供配电系统如图 3-43 所示。

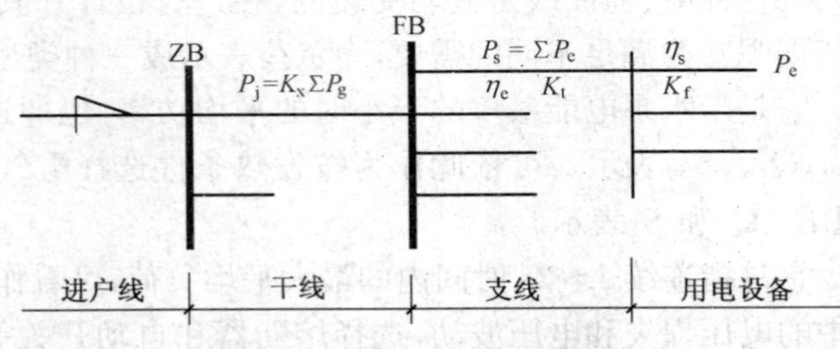

图 3-43 用电设备组的供配电系统

一组用电设备接入一条支线，若干条支线接入一条干线，若干条干线接入一条总进户线。汇集支线接入干线的配电设备称分配电盘。汇集干线接入总进户线的配电设备称总配电率。

实际上，需要系数不仅与设备的效率、台数、工作情况及线路损耗有关，而且与维护管理水平等因素也有关，故一般均通过实测确实，以便尽可能符合实际。不同类型的建筑和不同类型的用电设备，整理出相应的需要系数表，可供设计中查用。各类建筑的照明需要系数见表 3-25。

表 3-25 照明需要系数

建筑类别	K_x	建筑类别	K_x
生产厂房(有自然采光)	0.8～0.9	宿舍区	0.6～0.8
生产厂房(无自然采光)	0.9～1	医院	0.5
办公楼	0.7～0.8	食堂	0.9～0.95
设计室	0.9～0.95	商店	0.9
科研楼	0.8～0.9	学校	0.6～0.7
仓库	0.5～0.7	展览馆	0.7～0.8
锅炉房	0.9	旅馆	0.6～0.7

若有单相负载接入三相电路中，就应尽量做到在三相内均匀分配。若三相负荷不平衡，为保证安全供电，应以最大负荷相的电流确定三相计算负荷。

第四节 电 气 设 备

供配电系统是由相应的电气设备组成的，全部设备都应满足传输所需的用电负荷，从而达到长期安全、经济运行等要求。

电气设备按其工作电压分类可分为高压设备和低压设备(通常以1000V为界)，按其在系统中的作用和地位可分为一次设备(用电负荷直接通过的各种设备，如导线、开关等，在线路图中用粗线条表示)和二次设备(为有利和方便于一次设备正常安全工作而增加的设备，如检测、信号、保护设备等，在线路图中常画成细线条)。下面只对主要的低压一次设备的选择设计问题作些介绍。

一、导线

导线是传送电能的基本通路。在各种电气设备中，导线在建筑内用量最大、分布最广，导线的选择和布置对建筑构造和布置以及对整筑物的经济、安全使用，都有很大的影响。因而，对导线设计的问题应有较多的了解。

1. 导线的选择

(1)选择原则。选择导线应考虑技术上合理、经济上节省，具体应满足如下要求：不能在正常工作条件下断线，以保证正常输送电能；电压损失应在允许范围之内，以保证用电设备正常运行，即输送符合标准的电能。

(2)选择内容。包括两部分内容：

1)型号：可反映导线的材料和绝缘方式，如BX型表示铜芯橡胶线；BLX型则表示铝芯橡胶线；BV型表示铜芯塑料线；BLX型则表示铝芯塑料线等。

2)截面：是导线选择的主要内容，直接影响着技术经济效果。在图样中表示时，导线的截面和根数通常写在其型号的后面，截面的单位为mm^2，如BLX-3×4+1×2.5，表示有3根$4mm^2$和1根$2.5mm^2$的铝芯橡胶线。

(3)选择的方法。具体选择方法如下：根据周围环境选择导线的型号和敷设方式，按环境选择导线见表3-26。按机械强度选择导线允许的最小截面，见表3-27，导线的最小截面还与导线的用途及敷设方式有关。

表3-26 按环境选择导线

环境特征	线路敷设方式	常用导线、电缆型号
正常干燥环境	1. 绝缘线，瓷珠、瓷夹板或铝皮卡子明配线； 2. 绝缘线、裸线，瓷瓶明配线； 3. 绝缘线穿管，明敷或暗敷； 4. 电缆明敷或放在沟中	BBLX，BLXF，BLV，BLVV，BLX BBLX，BLXF，BLV，BLX，LJ，LMY BBLX，BLXF，BLV，BLX ZLL，ZLL_{11}，VLV，YJV，XLV，ZLQ

续表 3-26

环境特征	线路敷设方式	常用导线、电缆型号
潮湿或特殊潮湿的环境	1. 绝缘线瓷瓶明配线(敷设高度＞3.5m); 2. 绝缘线穿塑料管,钢管明敷和暗敷; 3. 电缆明敷	BBLX,BLXF,BLV,BLX BBLX,BLXF,BLV,BLX ZLV_{11},VLV,YJV,XLV
危险环境(不包括火灾及爆炸危险尘埃)	1. 绝缘线瓷珠、瓷瓶明配线; 2. 绝缘线穿钢管明敷或暗敷; 3. 电缆明敷设或放在沟中	BBLX,BLXF,BLV,BLVV,BLX BBLX,BLXF,BLV,BLX ZLL,ZLV_{11},VLV,YJV,XLV,ZLQ
有腐蚀性的环境	1. 塑料线瓷珠,瓷瓶明配; 2. 绝缘线穿塑料管,明敷或暗敷; 3. 电缆明敷	BLV,BLVV BBLX,BLXF,BLV,BV,BVX VLV,YJV,ZLL_{11},XLV
有火灾危险的环境	1. 绝缘线瓷瓶明配线; 2. 绝缘线穿钢管明敷或暗敷; 3. 电缆明敷或放在沟中	BBLX,BLV,BLX BBLX,BLV,BLX ZLL,XLQ,VLV,YJV,XLV,XLHF
有爆炸危险的环境	1. 绝缘线穿钢管明敷或暗敷; 2. 电缆明敷	BBX,BV,BX ZL_{120},ZQ_{20},VV_{20}

表 3-27 按机械强度选择导线允许的最小截面 (mm^2)

用途	导线最小截面			用途	导线最小截面		
	铝线	铜线	铜芯软线		铝线	铜线	铜芯软线
照明用灯头引下线				移动式用电设备用导线			0.2
民用建筑,屋内	1.5	0.5	0.4	生活用			1
工业建筑,屋内	2.5	0.8	0.5	生产用			
屋外	2.5	1	1	爆炸危险场所穿管敷设的			
架设在绝缘支持件上的绝缘				绝缘导线 Q-1,G-1 级场所		2.5	
导线,其支持点间距为				电力、照明、控制			
＜1m,屋内	1.5	1		Q-2 级场所	4	1.5	
屋外	2.5	1.5		电力	2.5	1.5	
1～2m,屋内	2.5	1		照明		1.5	
屋外	2.5	1.5		控制	2.5		
≤6m	4	2.5		Q-3,G-2 级场所		1.5	
≤12m	6	2.5		电力、照明		1.5	
≤25m	10	4		控制			
固定敷设护套线	2.5	1					
穿管敷设的绝缘导线	2.5	1	1				

按允许温升选择导线的截面:由于绝缘材料限定了导线的最高工作温度,超过此温度则因加速绝缘材料的老化和导体材料性能的变化而导致故障。一般导线的最高允许工作温度为65℃。环境温度取当地最热月份的平均温度,最高允许温度与

环境温度之差值，为最高允许温升。最高允许温升与导线的载流量、环境温度和导线的敷设方式等因素有关。

载流量即导线中流过的电流大小 I（A），它是温升的热源。若导线的电阻为 R（Ω），则在时间 t（s）内的发热量 $Q=I2Rt$（J）。该热量一部分用于使导线温度升高，另一部分散失于周围空间。当发热量等于散热量时，则导线的温度不再升高，而稳定在某一个高于环境温度的温度上。可见，当环境温度固定时，载流量 I 和温升 t 是对应的。

环境温度是影响温升的因素。环境温度越高，散热就越差，则长期允许载流量就应越小，反之，长期允许载流量就越大。产品标定时都对环境温度作了规定。在空气中明敷有 25℃、30℃、35℃、40℃四种，埋土敷设有 20℃、25℃、30℃三种，而热绝缘材料有 50℃、55℃、60℃、65℃四种，当实际温度与此规定不符时，应对载流量进行校正。不同环境温度时载流量的校正系数见表 3-28。

敷设方式也是影响温升的因素。当导线或电缆穿管或并行敷设且相距较近时，因散热条件恶化，加上交流邻近效应，使导线交流阻抗增大，发热加剧，故应使载流量减小。当 $S \geqslant 2d$ 时可不作修正，S 为导线间距，d 为导线直径。

表 3-28 不同环境温度时载流量的校正系数 *Kt* 值

线芯工作温度/℃	环境温度/℃								
	5	10	15	20	25	30	35	40	45
90	1.14	1.11	1.08	1.03	1.0	0.960	0.920	0.875	0.830
80	1.17	1.13	1.09	1.04	1.0	0.954	0.905	0.853	0.798
70	1.20	1.15	1.10	1.05	1.0	0.940	0.880	0.815	0.745
65	1.22	1.17	1.12	1.06	1.0	0.935	0.865	0.791	0.707
60	1.25	1.20	1.13	1.07	1.0	0.926	0.845	0.756	0.655
50	1.34	1.26	1.18	1.09	1.0	0.895	0.775	0.633	0.447

穿电线的钢管或塑料管在空气中多根并列敷设载流量校正系数见表 3-29。导体的长期允许载流量 I_m 在有关手册中有表可查。

表 3-29 穿电线的钢管或塑料管在空气中多根并列敷设载流量的校正系数 K_0 值

管子并列敷设数	2～4	>4
载流量校正系数 K_0 值	0.95	0.90

选择导线截面时可用如下公式进行计算：

$$I_f \leqslant I_m$$

式中 I_f——经负荷计算求出计算电流，单位为 A；

I_m——查表得出的长期允许载流量，单位为 A。

根据导线型号、敷设方式和环境温度等，查相应表格即可得出导线截面积 S（mm^2）。按允许温度所选导线截面，能满足发热条件，可做到物尽其用，节省投资。但在电压损失方面却较大，电费高。

按允许电压损失选择导线截面：端子电压对用电设备的工作特性和寿命有很大影响，故对用电设备端子电压的偏移有具体的规定，用电设备端子电压偏移允许值见表 3-30。

表 3-30 用电设备端子电压偏移允许值

名 称	电压偏移允许值(%)	名 称	电压偏移允许值(%)
电动机		照明灯	
正常情况下	+5～−5	视觉要求较高的场所	+5～−2.5
特殊情况下	+5～−10	一般工作场所	+5～−5
		事故、道路、警卫照明	+5～−10
		其他用电设备，无特殊规定	+5～−5

导线中电压损失与导线的材料、长度、截面、负荷大小及分布情况等因素有关。

在设计中，一般是按照允许温升进行导线截面的选择的，按允许电压损失进行校核，并应满足机械强度的要求。单相供电电压损失计算图如图 3-44 所示。

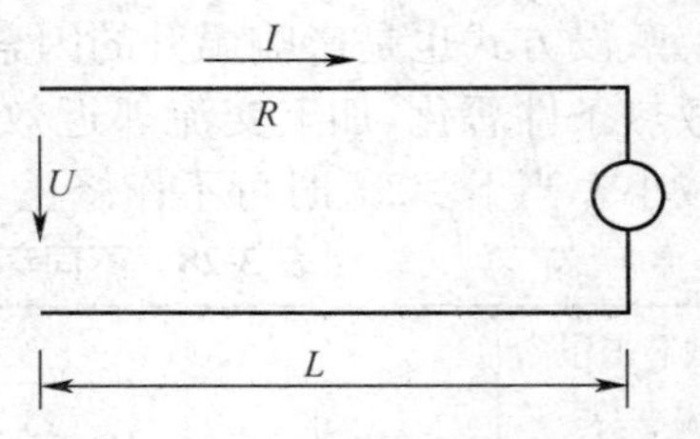

图 3-44 单相供电电压损失计算图

2. 线路的布置

建筑内外供电电源与用电设备（或与配电盘，或与建筑物）之间的连线方式分树干式、放射式和混合式三种。

1)树干式。各用电设备(或配电盘、建筑物)共用一条供电线路。优点是节省导线，缺点是可靠性较低。

2)放射式。各用电设备(或配电盘、建筑物)均由电源以单独的线路供电。优点是供电可靠性较高，缺点是用导线多，投资大。

3)混合式。介于以上二者之间。

3. 线路的敷设

建筑内无论是配电线路还是信号线路，若按构造区分，均可分为导线和电缆两大类，两者各有不同的敷设方式和要求。

(1)导线的敷设。导线又可分为裸导线和绝缘导线两大类。

布线方式的确定：导线的布线方式是根据导线的类别，按导线的使用方式来选择确定的。

裸导线布线，应着重考虑安全。室内裸导线距地面高度应不低于 3.5m。采用网孔遮拦时应不低于 2.5m。用网眼不大于 20mm×20mm 的遮栏遮护时，相互净距不应不小于 100mm。用板状遮栏遮护时，不应不小于 50mm。裸导线的线间距及裸导线至建筑物表面的最小净距见表 3-31。绝缘导线至建筑物的最小间距见表 3-32。

表 3-31 裸导线的线间距及裸导线至建筑物表面最小净距

布线方式	最小距离/m	固定点间距/m	导线最小间距/mm	
			屋内布线	屋外布线
导线水平敷设时				
屋内	2.5	≤1.5	35	100
屋外	2.7	>1.5～3	50	100
导线垂直敷设时				
屋内	1.8	>3～6	70	100
屋外	2.7	>6	100	150

穿管布线适宜于易燃、易爆、潮湿或有腐蚀性的场所，以及对建筑美观要求较高的场所。布线方式分明敷(M)和暗敷(A)两种。明敷时固定点最大间距见表 3-33。暗敷于楼板上的应避免交叉，以免垫层过厚。若埋地时，不宜穿过设备和建筑物的基础，以防基础下沉时折断。

表 3-32 绝缘导线至建筑物的最小间距 (mm)

布线方式	最小间距	布线方式	最小间距
水平敷设时垂直间距		在窗户下	800
在阳台、平台上和跨越建筑物	2500	垂直敷设时至阳台、窗户的水平间距	400
在窗户上	300	导线至墙壁和构架的间距(挑檐下除外)	35

表 3-33 管线明敷时固定点间最大间距 (m)

管子类别	直径(公称口径)/mm				
	15～20	25～32	40	50	63～100
钢管	1.5	2	2	2.5	3.5
电线管	1	1.5	2	2	—
硬塑料管	1	1.5	1.5	2	2

注：钢管和硬塑料管指内径，电线管指外径。

穿线管分钢管(又称水煤气管，记以 G)、电线管(又称薄壁钢管，记以 DG)和硬塑料管(记以 SG)三种。

钢管适用于潮湿场所明敷、埋地暗敷和防爆场所。电线管适用于干燥场所的明敷和暗敷。在有腐蚀性的场所宜选用硬塑料管。

为便于施工和维护，直管长度不得超过 45m。有一个弯(90°～105°)时，长度不超过 30m；有两个弯时，不超过 20m；有三个弯时，不超过 12m。否则，应加设接线盒(箱)，或将管径放大一级。

不同回路、不同电压、不同电流种类的导线不得共管。可共管穿线的情况有：一台电动机的所有回路(包括控制回路)、照明花灯的供电回路、电压相同的同类照明支线(但不宜超过8根)等。工作照明与事故照明线路不得共管,互为备用的线路不得共管。

多线共管时,导线总截面不应超过管子内截面面积的40%。穿线管管径选择有表可查。

无论是明敷或暗敷,敷设位置均分埋地(D)、沿墙(Q)、沿顶棚(P)等多种形式。QM表示沿墙明敷,DA表示埋地暗敷。

在大型工业厨房中还常采用钢索布线。

(2)电缆的敷设。

①埋地敷设:这种敷设方式有施工简单、投资省、散热条件好等优点,应考虑采用。埋深不应<0.7m,上下各铺100mm厚的软土或砂层,上盖保护板。应敷设于冻土层之下。不得在其他管道上面或下面平行敷设。电缆在沟内应波状放置,预留1.5%长度,以免冷缩受拉。无铠装电缆引出地面时,高度1.8m以下部分应穿钢管或加以保护,以免机械损伤(电气专用房间除外)。电缆应与其他管道设施保持规定的距离。在含有腐蚀性物质的土壤中或有接地电流的地方。电缆不宜直接埋地。如果必须埋地时,宜选用塑料护套电缆或防腐电缆。

②电缆沟敷设。采用这种敷设方式时室内电缆沟的盖板应与室内地面齐平。在易积水、积灰处宜用水泥砂浆或沥青将盖板缝隙抹死。经常开启的电缆沟盖板、室外电缆沟的盖板宜高出地面100mm,以减少地面上的水流入沟内。当有碍交通和排水时,采用有覆盖层的电缆沟,盖板顶低于地面300mm。沟盖板一般采用钢筋混凝土盖板,每块质量以两人能提起为宜,一般不超过50kg。沟内应考虑分段排水,每50m设一集水井,沟底向集水井应有不小于0.5%的坡度。电缆沟进户处应设有防火隔墙。

③电缆穿管敷设。采用这种敷设方式时管内径不能小于电缆外径的1.5倍。管的弯曲半径为管外径的10倍,且不应小于所穿电缆的最小弯曲半径。电缆穿管时,若无弯头,长度不宜超过50m;有一个弯头时,不宜超过20m;有两个弯头时,应设电缆井,电缆中间接线盒应放在电缆井内,接线盒周围应有火灾延燃设施。电缆穿管的最小内径见表3-34。

表3-34 电缆穿保护管的最小内径

三芯电缆芯线截面/mm²			四芯电缆芯线截面/mm²	保护管最小内径/mm
1kV	6kV	10kV	≤1kV	
≤70	≤25(≤10)	—	≤50	50
95～150(95～120)	35～70(16～70)	≤50	70～120	70
185(150～185)	95～150(95～120)	70～120	150～185	80
240	185～240(150～240)	150～240	240	100

注:表中括号内截面用塑料护套电缆。

电缆在室内埋地、穿墙或穿楼板时,应穿管保护。水平明敷时距地应不小于

2.5m。垂直明敷时,高度1.8m以下部分应有防止机械损伤的措施。

线路敷设除以上共同部分外,对有些电气系统的布线尚可能有其他特殊的形式。

二、开关设备

开关设备是用于控制电路通断的设备。它可根据生产工艺要求,产生相应的动作使电路接通或断开,按照产生动作的方式,可分为自动电器(如前所述的接触器等)和手动电器两类。下面只介绍一些手动开关。

1. 刀开关

刀开关又称刀闸。一般用在低压(不超过500V)电路中,用于通、断交直流电源。刀开关的结构如图3-45所示。基刀夹座和刀极通常用纯铜或花雕铜制作。刀开关分单极、双极及多极几种。一般刀开关由于触头分断速度慢,灭弧困难,只用于切断小电流。为使刀闸断弧快,切断电流大,制成附有消弧快断刀极的刀开关。当刀开关合闸时,快断刀极先接通电路。当分闸时,主刀极先离开刀夹座,尔后,快断刀极在弹簧拉力作用下迅速切断电路。快断刀极保护了主刀极不被电弧灼伤。快断刀极被电弧灼伤后可以单独更换。600A以上的刀开关,附装有断弧角头或灭弧罩。

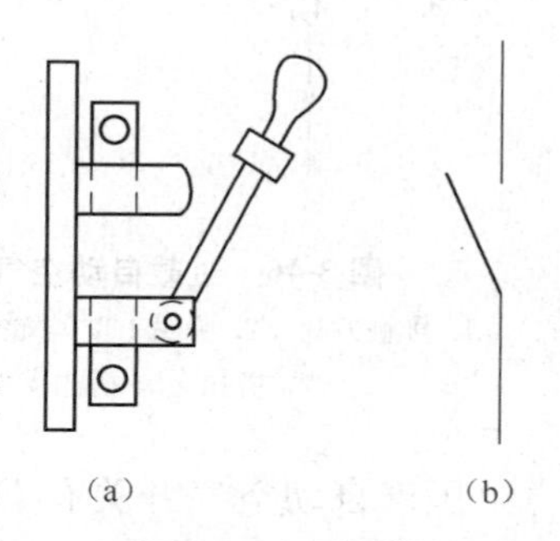

图3-45 刀开关
(a)实例 (b)图例

刀开关主要用作电源输入开关,用于机器长期停止运行或检修电路时切断电源用。但一般也可用于切断交流380V及以下的额定负载,作为小容量照明设备和电动机不频繁工作时的操作开关,国产刀开关有HD11、HS11等系列。照明配电多采用HK1型胶盖开关。

负荷开关是由带有速断刀极的刀开关与熔断器组合而成的,又称铁壳开关。常用来控制小容量异步电动机的不频繁起动和停车。

刀开关在接通和断开时均需手动操作。下面讲到的自动空气开关,在合闸时需要手动,而分闸却可以自动实现,这是一种多功能的开关设备。

2. 自动空气开关

自动空气开关通常应用在500V以下的交直流电路中。其动作情况是手动合闸、自动跳闸,同时可用作线路的故障(过载、短路、欠压、失压等)保护。

(1)基本结构和工作原理。过载自动空气开关的基本构造如图3-46所示。电路中电流正常时,电磁铁中的吸力小,不能将搭扣吸上,使动接触刀片保持在闭合位置。当过载或短路时,电流增大到一定数值,电磁铁的吸力增大到能吸动搭扣上的衔铁,搭扣被拉开,接触刀片跳开,将电路切断,完成过载或短路保护。

欠压(失压)自动空气开关的构造如图3-47所示。电磁线圈接在线电压上。电压正常时,电磁吸力可以将搭扣吸住,使线路保持接通。当欠压(或失压)时,电磁吸力变小，在弹簧的作用下，搭扣被拉开，接触刀片迅速被拉开，切断电路。

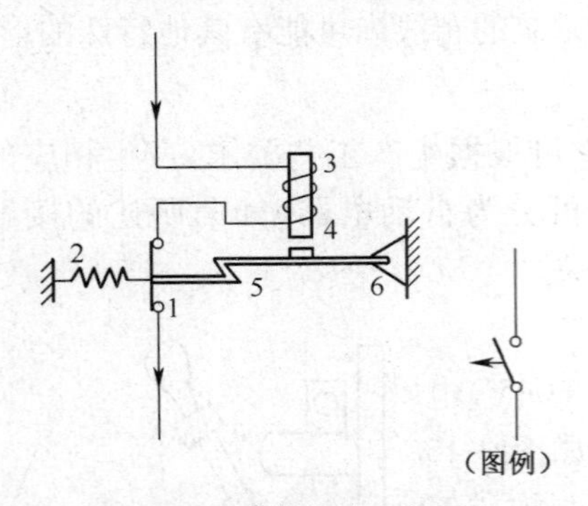

图 3-46 过载自动空气开关

1. 接触刀片 2. 弹簧 3. 电磁铁 4. 衔铁 5. 搭扣 6. 搭扣支点

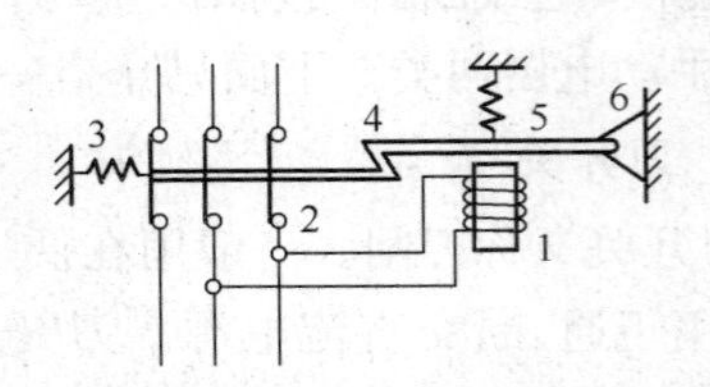

图 3-47 欠压自动空气开关

1. 电磁铁 2. 接触刀片 3. 弹簧 4. 搭扣 5. 弹簧 6. 搭扣支点

国产自动空气开关有 DZ 和 DW 系列等多种，在线路图中一般只画出其触头。

欠压自动空气开关可装在事故供电路中，实现从工作电源向事故电源的自动切换，如图 3-48 所示。

(2)选择自动空气开关时应考虑如下几方面的因素：

按工作条件选择自动空气开关的型号和结构。在低压配电、电动机控制和建筑照明线路中常采用框架式自动开关和塑料外壳式自动开关。对于半导体整流装置，宜采用快速自动开关。

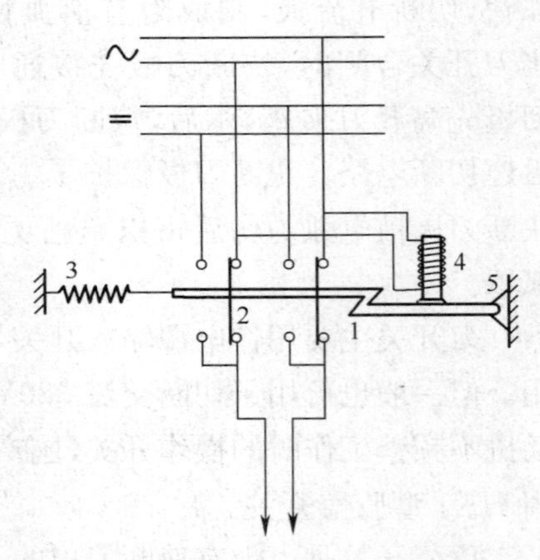

图 3-48 自动空气开关的应用

1. 搭扣 2. 接触刀片 3. 弹簧 4. 电磁铁 5. 搭扣支点

按线路的额定参数选择自动空气开关的额定电压和额定电流。自动空气开关的额定电压应大于或等于装设它的线路额定电压，其额定电流应大于或等于线路的计算电流。

根据不同的使用场合选用脱扣器的类型，一般均附有过流脱扣器，以保护短路和大的过程电流。控制电动机时，应有欠压、失压保护，故需失压脱扣器。若控制笼型电动机，为使电动机在起动时不跳闸（不能起过载和短路保护作用）应设置热脱扣器或有延时的过电流脱扣器。应通过计算对脱扣器的动作电流进行整定（也可通过实验进行调整）。

由上可见，对于供电线路，不仅应考虑在正常情况下利用开关设备（执行设备）对其进行通断，而且还应考虑在故障情况下能对其进行保护。自动空气开关能同时起到这两种作用。带熔断器的刀开关（如 HK1 型刀开关）用的设备和元件称为“保护设备”。

三、保护设备

1. 熔断器

熔断器俗称保险丝，是广泛应用于供电系统中的保护电器，也是单台用电设备的重要保护元件之一。熔断器串接于被保护的电路中，当电路发生短路或严重过载时，自动熔断，从而切断电路，使线路和设备不致损坏。

(1)类型。按结构形式熔断器可分为插入式、旋塞式和管式三种。插入式为RC1A型，旋塞式为RL1型，管式分普通管式为RM10型和具有强灭弧性能的RT0型。RT0型为有填料的管式熔断器。熔断器中起主要作用的熔体部分，都是由熔点低、导电性能好的合金材料制成的，在小电流电路中常用铅锡合金材料，在大电流电路中常用铜熔体材料。

(2)选择熔断器应考虑如下一些因素：根据供电对象和线路的特性选择熔断器的类型。例如，对于低压配电柜，因所带负载多，要求切断能力较大，宜选用RT0型熔断器。在用于照明、中小容量电动机的供电线路或控制电路等电流不大的电路中，可采用RL1型旋塞式或RC1A型瓷插式熔断器。对于中小型异步电动机，若短路电流不大且短路机会也不多时，宜选用RM10型熔断器。对要求快速动作的场合，宜选用RS型快速熔断器。

根据线路负载电流选择熔断器的熔体。A值与熔体的安秒特性、电流大小及电动机的起动情况等因素有关，熔断器技术数据及A值选择见表3-35。

熔断器额定电压不应低于线路额定电压。熔断器额定电流大于或等于熔体的额定电流。

表3-35 熔断器技术数据及A值选择

熔断器型号	熔体材料	熔体额定电流/A	A值	
			电动机轻载起动	电动机重载起动
RT0	铜	≤50 60～200 >200	2.5 3.5 4	2 3 3
RM10	锌	≤60 80～200 >200	2.5 3 3.5	2 2.5 3
RC1A	锌	10～350	2.5	2
RL1	铜、银	≤60 80～100	2.5 3	2 2.5

2. 热继电器

热继电器是以被控对象发热状态为动作信号的一种保护电器，常用于电动机的过载保护。

(1)双金属片热继电器的构造和工作原理。双金属片热继电器的构造如图 3-49a 所示。双金属片是由线膨胀系数不同的两种金属碾压而成的。上面的线胀系数小,下面的线胀系数大,受热向上弯。发热元件串接于被保护设备的主电路中。当设备过载时,电流增大,经过一定的时间,双金属片受热弯曲到一定程度则脱开杠杆,在弹簧的作用下杠杆转动,使常闭触头断开,进而使被保护设备断电,得到保护。

经一段时间冷却后,双金属片恢复原状,其触点有的可自动复位,有的需手动复位。

双金属片热继电器的发热方式分直接发热式和间接发热式两种。目前常用的型号有 NR2、NR3、NR4、JR20、JR36 等。按双金属片的数目不同可将热继电器分为两相结构和三相结构两种。

(2)图例和代表符号。热继电器一般用 RJ 表示,在线路图中一般只画出其发热元件和触点,如图 3-49b 所示。发热元件用粗实线画,接入主线路中。触点用细实线画,接入控制线路中。

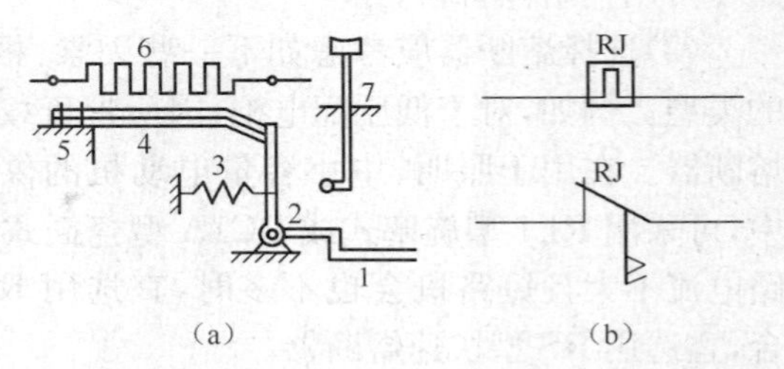

图 3-49 热继电器

(a)实例 (b)图例

1. 线路触点 2. 杠杆 3. 弹簧 4. 双金属片 5. 双金属片固定点 6. 发热元件 7. 限位器

四、配电箱

配电箱是接受电能和分配电能的装置。对于用电量较小的农村建筑物,可只安装一个配电箱。对于多层建筑物可以在某层(如二层)设置总配电箱,并由此引出干线到其他楼层设置的层间分配电箱。

在平面图上只能表示配电箱的位置和安装方式,配电箱内安装的开关、熔断器、电度表等电气元件必须在系统图中标明。配电箱较多时,要进行编号,如 MXl-1,-2 等。选定产品时,应在旁边标明型号,自制配电箱应画出箱内电气元件布置图。

如果是三相配电箱,三相电源的零线不能接开关和熔断器,应直接接在配电箱内的零线板上。零线板固定在配电箱内的一个金属条上,每一单相回路所需的零线都可以从零线板上引出。

一般住宅建筑中,配电箱内的总开关、支路开关可选用胶盖刀开关,这种开关可以带负荷操作,而且开关里的熔丝还可以作短路保护。现在多数采用自动开关对照明线路进行控制和保护。

为了计量负荷消耗的电能,在配电箱内要装设电度表。考虑到三相照明负荷的不平衡,故在计量三相电能时应采用三相四线制电度表。对于民用住宅,应采用一户一表,以便控制和管理。

控制、保护和计量装置的型号、规格应标注在图上电气元件的旁边,在总配电箱内设有电度表进行总电能的计量，该表的型号及规格为：5A-10A，并设置总的的漏电保护开关。分配电箱（即用户配电箱，向每单元每层的两个用户供电）内装有DZ12-6011单极自动开关，分别控制各层的照明、插座、抽水机、空调机专用设备支路。

五、插座和开关

插座和开关是照明系统中常用的设备。插座分单相和三相，形式分明装和暗装两种。若不加以说明，明装式插座和开关通常距地面1.3～1.4m，插座可距地面0.3m。跷板（或板把）开关若不加以说明，明装式通常距地面1.4m。拉线开关分普通式和防水式，安装高度或距地面3m，或距顶0.3m。插座是线路中最容易发生故障的地方，如需要安装较多的插座时，可考虑专设一条支线供电，以提高照明线路的可靠性。

插座接线规定：单相两线是左零右相，单相三线是左零右相上接地。

室内照明线路布线，若是明敷设时，为了布线整齐美观，应沿墙水平方向或沿墙垂直方向走线，尽量不走或少走顶棚；若是暗敷设时可以最短的路径走线，导线穿墙的次数应减至最少。

六、CATV系统的主要设备

各国电视频道都不一样，因而采用的制式也不一样，我国在电视频道上规定每8MHz为一个频道所占用的带宽。目前已规定“Ⅰ”频段划分为5个频道；“Ⅲ”频段划分为7个频道；“Ⅳ”频段划分为12个频道；“Ⅴ”频段划分为44个频道。总共在甚高频（VHF）段有12个频道；在特高频（UHF）段有56个频道，具体频率可参阅相关手册。

1. 天线

CATV系统所使用的接收天线与一般家用天线并没有本质的区别，它接收载有图像和伴音信号的空间各类电视信号（如无线电视信号、调频广播信号、微波传输电视信号和卫星电视信号）电磁波，使之变成感应电压和电流，并经过电缆传输到CATV系统，它是电视信号进入电视机的门户。对C波段微波和卫星电视信号大多采用抛物面天线；对VHF（甚高频），UHF（特高频）电视信号和调频信号大多采用引向天线（又称八木天线）。系统信号的质量好坏主要取决于天线接收信号能力的高低。因此为了保证好的收视效果，常选用方向性强、增益高的天线，并将其架设在易于接收、干扰少、反射波少的住家屋顶高处。

（1）引向天线。共用天线电视系统中，一般最常用的是引向天线。它由一个辐射器（即有源振子）、一个反射器和多个无源振子组成，结构外形示意如图3-50所示。

在有源振子前的若干个无源振子，统称为引向器。引向器越多，则天线增益越高，方向性越强。但其数目也不宜过多，否则会使天线频带变窄，输入阻抗降低。

引向天线有单频道的，也有多频道或全频道的。由于引向天线具有简单轻便、架设容易、方向性好、增益高等优点，因此得到广泛的应用。

(2)抛物面天线。抛物面天线是卫星电视广播地面站使用的设备,现在也有一些家庭使用小型抛物面天线。它一般由反射面、背架及馈源与支撑件组成。它的结构示意如图 3-51 所示。卫星电视广播地面站用的天线反射面板一般分为两种形式,一种是板状,另一种是网状面板,对于 C 频段电视接收两种形式都可满足要求。相同口径的抛物面天线,板状要比网状接收效果好。网状防风能力强。

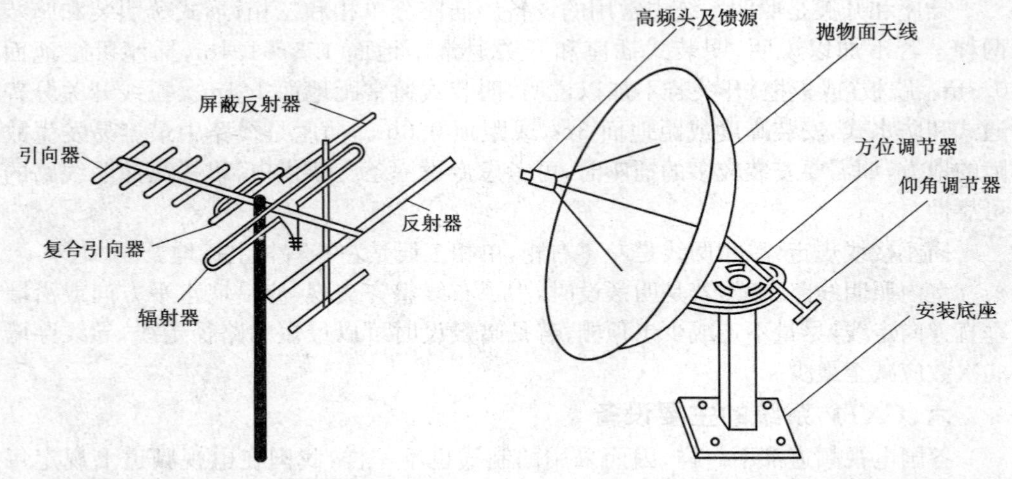

图 3-50 VHF 引向天线结构外形示意　　图 3-51 抛物面天线的结构示意

天线一般架设在建筑物最高部位,尽可能与建筑物保持 6m 以上的距离,还要避开电磁干扰和考虑防雷安全(通常做法是天线架竖杆顶部设避雷针,其引下线引至天线架基座底部与接地装置作良好的连接)。

2. 放大器

将输入的微弱信号放大从而得到较强的信号输出,这种设备称为信号放大器,一般简称为放大器。在 CATV 系统中有天线放大器、干线放大器、分支放大器和分配放大器、线路延长放大器等,其工作原理基本相似,只是根据设置场合要求,其构造和技术指标有所差异。

(1)天线放大器。直接与天线相连的放大器称天线放大器。天线放大器的主要功能是放大场强较弱地区的接收信号。在电视场强较高的地区,可将天线输出信号直接送至信号分配网络,因为天线输出的信号足够推动若干台电视机;而在场强较弱的地区;因天线输出的信号功率不够,不能同时间向大量电视机提供足够的信号电平,所以应安装天线放大器。

常用的天线放大器有两种:一种是单频道天线放大器,只对某一电视信号进行放大,其带宽与射频电视信号相同,为 8MHz;另一种是分波段的宽带天线放大器,如 VHFⅠ波段(1～5 频道)、VHFⅡ波段(6～12 频道)、UHF 波段(13～56 频道)。一般可根据实际需要配合使用。天线放大器一般采用密封结构,并有电源设备,它安装在屋顶天线竖杆上,用传入信号的电缆馈电。

(2)干线放大器。用于传输干线上的放大器称干线放大器。干线放大器安装在干线上，以补偿干线电缆的损耗，它具有一个输入和输出端。干线放大器一般带有ALC(自动电平控制)电路；常用于双向传输系统。

(3)干线分支放大器和分配放大器。用于干线的末端，以提高信号电平值满足分配或分支需要的放大器，称为分配放大器或分支放大器。它们不但具有干线放大器的功能，而且还可引出 2～4 路分支线或分配线。其特点是增益和输出电平值均较高。

(4)线路延长放大器。通常安装在支干线上，用来补偿分支损耗、插入损耗和电缆损耗，因起到线路延长的作用而由此得名。在结构上线路延长放大器只有一个输入端和输出端，外形体积也较小。它同样也要求有高电平输出。

3. 混合器和分波器

混合器是将所接收的两路或多路信号混合在一起合成一路输送出去，而彼此又不互相干扰的一种设备。混合器在 CATV 系统的前端能将多路电视信号(无线电视接收信号、卫星电视信号、调频广播信号、放像设备信号等)混合成一路射频输出，共用一根同轴电缆进行传输。将一个输入端(覆盖某个频段)上的信号分离成两路或多路输出，每路输出都覆盖着该频段某一部分的装置，称为分波器，也称频段分离器。它在电路结构上，相当于子分配器或定向耦合器的反向使用。

4. 分配器

将一路高频信号的电平能量平均地分成两路或两路以上的输出装置，称为分配器。分配器的作用是将输入信号均等地分配到各路输出线路中，且各路输出线路上的信号互不影响，具有相互隔离的作用。它主要用于线路信号能量的平均分配，可用于前端系统和分配系统。分配器的输出端不能开路或短路，否则会造成输入端严重的不匹配。常见的有二分配器、三分配器、四分配器和六分配器。

5. 分支器

分支器是从干线(或支干线)上取出一小部分信号馈送到各用户终端，而大部分信号仍传送给干线的器件。目前，我国生产的分支器有甲分支(串接单元)、二分支和四分支等规格。

6. 同轴电缆和光缆

在分配网络中各元件之间均用馈线连接。现在馈线一般采用同轴电缆，它是信号传输的通路，分为主干线、干线、分支线等。同轴电缆是由同轴的内外两个导体组成，内导体是单股实心导线作芯线，外导体为金属编织网作屏蔽网，外包塑料套、保护层，电视信号在内外导体之间的绝缘介质中传输。在共用天线电视系统中均使用特性阻抗为 75Ω 的同轴电缆。

同轴电缆不能与有强电流的线路并行敷设，也不能靠近低频信号线路，如广播线和载波电话线。

电视电缆在室内可采用明敷或暗敷，新建建筑物内线路应尽量采用暗敷，一般用金属管或塑料管作保护管，在电磁干扰严重的地区，宜选用金属管。线路应尽量短直，减少接头，管长超过 25m 时，须加接线盒，电缆的连接应在盒内进行，线路作明敷时，要求管线横平竖直，并采用压线卡固定，一般每米长线路不少于一个卡子。

7. 用户终端盒

用户终端盒又称终端盒、用户盒、用户端插座盒等。它是有线电视系统暴露于室内的部件，是系统的终端。电视机从这个插座得到电视信号。

用户接线盒有单孔盒和双孔盒两种形式。单孔盒仅输出电视信号，双孔盒既能输出电视信号又能输出调频广播信号。终端插座盒的外形和安装位置对室内装饰会产生一定的影响，其安装高度一般在室内楼地面以上 0.3m 处。

第五节 防雷与接地

一、建筑物的防雷保护

(1)建筑物的防雷等级按建筑物的性质分为三类：

第一类：凡建筑物中有爆炸物质或经常发生瓦斯、蒸汽，或生产与空气的混合物因由火花而易发生爆炸者。具有重大政治意义的民用建筑物也属于第一类。

第二类：特征同第一类，但不致引起巨大破坏和人身死亡者，或当发生生产事故时，才有第一类的情况出现者。重要公共建筑物也属于第二类。

第三类：凡不属于第一、第二类的一般建筑物，而需作防雷保护者。如城区高 20 米，郊区高 15 米及以上的建筑物、构筑物或历史上曾经受雷击次数较多的地区的较重要的建筑物。

本书主要介绍常见的第三类建筑防雷措施。

(2)应在建筑物最易受雷击的部位(如屋脊、山墙)采用避雷针或避雷带进行重点保护，接地电阻应小于 10Ω。

(3)采用避雷针保护时，易受雷击的突出部位均应在保护范围内。

二、接地装置的敷设

(1)电气装置的接地工程按设计要求进行施工。

(2)电气装置由于绝缘损坏而可能带电的电气装置，其金属部分应有保护接地，应接地的部分如下：

①电动机、变压器及其他电器的金属底座和外壳。

②带有电气设备的传动装置。

③屋内外配电装置的金属或钢筋砼构架以及靠近带电部分的金属遮栏和金属门。

④配电、控制、保护用的盘(台、箱)的框架。

⑤交、直流电力电缆的接线盒，终端盒的金属外壳和电缆的金属护层，穿线的钢

管以及电缆支架。

⑥装有避雷线的电力线路杆塔。

⑦装在配电线路杆上的电力设备。

⑧在非沥青地面的居民区内，无避雷线的小接地电流架空电力线路的金属杆塔和钢筋砼杆塔。

(3)交流电气设备的接地应充分利用以下自然接地体，但应保证其全长为完好的电气通路。

①埋设在地下的金属管道(但可燃或有爆炸介质的管道除外)。

②金属井管。

③与大地有可靠连接的建筑物及构筑物的金属结构。

④水工构筑物及类似构筑物的金属柱。

(4)接地装置宜采用钢材，在腐蚀较强的场合，应采用镀锌钢或适当加大截面。导体截面及机械强度要符合设计要求，如设计无具体要求，选择钢接地体和接地线的最小规格见表 3-36。

表 3-36　钢接地体和接地线的最小规格

种类规格及单位		地上		地下
		室内	室外	
圆钢直径/mm		5	6	8(10)
扁钢	截面/mm²	24	48	48
	厚度/mm	3	4	4(6)
角钢厚度/mm		2	2.5	4(6)
钢管管基厚度/mm		2.5	2.5	3.5(4.5)

注：括号中数系指直流电力网中经常流过电流的接地线和接地体的最小规格。

低压电设备地面上外露的接地线的最小截面见表 3-37。

表 3-37　低压电设备地面上外露的接地线的最小截面　(mm²)

名　称	铜	铝	钢
明敷的裸导线	4	6	12
绝缘导线	1.2	2.5	

(5)接地体顶面埋设深度不应＜0.6m。角钢及钢管接地体应垂直配置，接地体的引出线应作防腐处理，使用镀锌扁钢时，焊接部位应刷防腐漆。

(6)接地体与建筑物的距离不宜＜1.5m，为减少相邻接地体的屏蔽作用，垂直接地体的间距不宜小于其长度的两倍，水平接地体的间距应根据设计规定，不宜＜5m。

(7)接地线在穿过墙壁时应通过明孔或钢管保护套，电气装置的每个接地部分应单独接地线并与接地干线连接。不能一个接地线上串接几个需要接地部分。接地干线至少应在不同的两点与接地网相连接。自然接地体至少应在不同的两点与接地干线相连接。

(8)明敷接地线应按水平或垂直敷设,但也可与建筑物倾斜结构平行,在直线段上不应有高低起伏及弯曲等情况;支持件间的距离,水平直线部分一般为1～1.5m,垂直部分为1.5～2m,转弯部分为0.5m,接地线沿墙壁水平敷设时,离地面宜保持250～300mm距离;与建筑物墙壁间应有10～15mm的间隙;接地线表面应涂黑漆,如因建筑物的设计要求,可涂其他颜色。应在连接处及分支处涂以各宽15mm的两条黑带,其间距为150mm。接地线跨越建筑物伸缩缝、沉降缝时,应用接地线本身弯成弧状代替补偿器。

(9)接地体(线)的连接应采用焊接,焊接必须牢固无虚焊。接至电气设备上的接地线应用螺栓连接;有色金属接地线不能采用焊接时,可用螺栓连接。焊接连接应采用搭接焊,其焊接长度:

①扁钢宽度的2倍(且至少三个棱边焊接)。

②圆钢直径的6倍。

③圆钢与扁钢连接时,其长度为圆钢直径的6倍。

④扁钢与钢管(或角钢)焊接时,除应在接触部位两侧进行焊接外,并应焊以由钢带弯成的弧形(或直角形)卡子,或直接由钢带本身弯成弧形(或直角形)与钢管(或角钢)焊接。

三、避雷针(带)安装技术要求

1. 避雷针(带)一般要求

(1)避雷针(带)。

1)避雷针材质及加工制造要求。避雷针采用圆钢或焊接钢管制成,一般采用圆钢,并都应是热镀锌件。其直径不应小于下列规定:

①针长1m以下:圆钢为12mm,钢管为20mm。

②针长1～2m:圆钢为16mm,钢管为25mm。

避雷针体可由若干节不同直径的镀锌钢管和底座组成。根据设计要求的高度,镀锌钢管的直径可为G70,G50,G40,G25,除最下部的钢管与底座直接焊接外,其他各上一节钢管应插入下一节钢管内,插入深度应为250mm,并在插入深度的上下两端各60mm处成90°交叉钻一个小孔,将穿钉(ϕ12圆钢)穿入后进行焊接,同时在钢管插入口处也将钢管四周焊接,如图3-52所示。底座一般可用钢板加工,其要求为:底板300mm×300mm×8mm,4块肋板为110mm×100mm×8mm,4个地脚螺栓孔为ϕ17,如图3-53所示。底座应安装在设计要求的混凝土基础或是横梁上,严禁直接安装在屋面上,以免破坏屋面防水层造成渗漏。

避雷针体与底座安装完后,其底座应不少于两处与避雷带连通。避雷针安装的位置和高度及其保护范围应由设计决定。避雷针安装完成后应进行校直校正,必要时应加设缆风绳进行保护(是否加设缆风绳应由设计规定,缆风绳可用镀锌钢丝绳

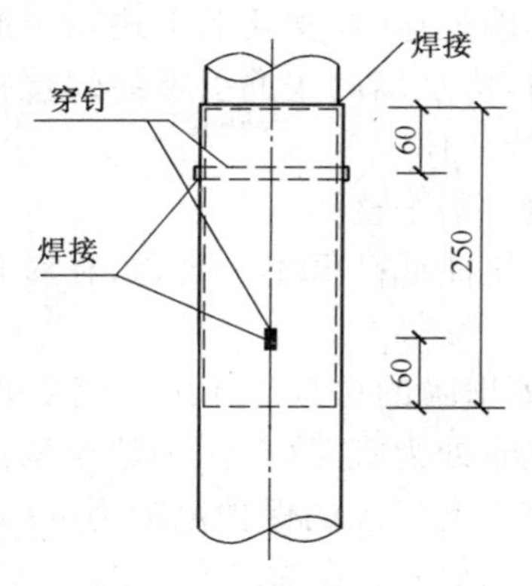

图 3-52　钢管插入示意图

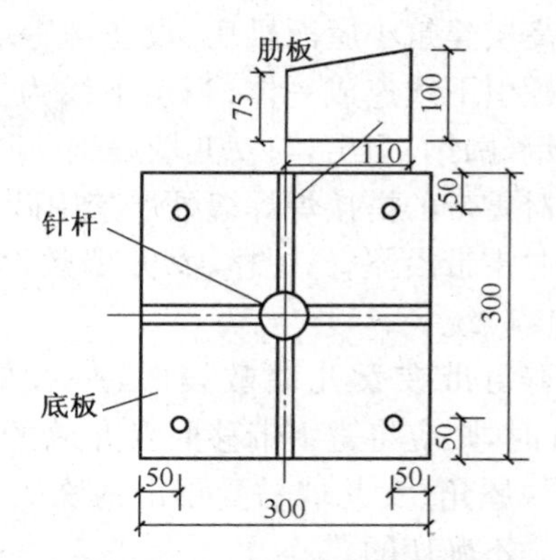

图 3-53　底座加工示意图

或镀锌铁丝组成)。

2)避雷带材质及弯曲要求:

避雷带的材质一般为扁钢或圆钢,均应为热镀锌(也有用铜排的)。当采用扁钢时,最小截面为 48mm²,厚度为 4mm;当采用圆钢时,最小直径为 8mm(根据建筑地区气象情况,设计一般采用扁钢为 25mm×4mm,圆钢直径为 12mm)。

避雷带支持件的材质一般应与避雷带材质相同,即避雷带为扁钢时,支持件也应为扁钢;避雷带为圆钢时,支持件也应为圆钢,这样可达到观感上一致。

避雷带采用扁钢时,其弯曲一般有以下三种方式:

①当加工立弯时,严禁采用加热方法煨弯,应用手工冷弯或机械加工的方式弯曲,以免损伤镀锌层,且加工后扁钢的厚度应基本不变。

②当加工平弯时,其弯曲半径不宜过大或过小,一般可利用 ϕ25～ϕ40 的钢管,将扁钢紧贴在钢管上弯成 90°即成。

③当加工扭弯时,其弯曲处长度宜为扁钢宽度的 2.5～5 倍。

(2)避雷带支持件安装的距离和高度要求。避雷带的主要功能是安全,即当遭受雷击时,应当在最大范围内使建筑物、设备和人身得到保护,这是第一位的。但避雷带敷设安装的观感质量也是十分重要的。因此,要求在避雷带(扁钢或圆钢)敷设前,应先测量、弹线定位把支持件预埋固定好。首先应当把每一处转角部位的支持件确定,当扁钢为 25mm×4mm 或圆钢为直径 12mm 时,从转角中心至支持件的两端宜为 250～300mm,且应对称设置,如扁钢为 40mm×4mm 时,则距离可适当放大些。然后在每一直线段上从转角处的支持件开始进行测量并平均分配,相邻之间的支持件距离在 1m 左右为宜。

1)扁钢与支持件(扁钢)的焊接,扁钢宜高出支持件约 5mm,这样焊接后上端可以平整而不至于高出影响观感。

2)焊接处焊缝应平整,不应有夹渣、咬边、焊瘤等现象。焊接后应及时清除焊渣,并在焊接处刷红丹漆一遍,面漆两遍(面漆应为银粉漆),以防锈蚀。

3)高层建筑小屋面机房、设备房等墙面与女儿墙相连时,女儿墙上避雷带应与墙面明敷引下线连成一体;当引下线为主筋暗敷时,应从墙内主筋引下线焊接钢板处用扁钢(圆钢)引出,与女儿墙扁钢(圆钢)搭接连成一体。

4)避雷带的搭接焊焊缝处严禁用砂轮机将焊缝打磨平整。

5)避雷带沿屋脊、屋檐、女儿墙敷设应平直,无扭曲或高低不一现象,在转角处弯曲弧度应统一。

6)避雷带在女儿墙敷设时,一般应敷设在女儿墙的中间,当女儿墙宽度>500mm时,则应将避雷带移向女儿墙的外侧200mm处为宜,这是因为建筑物的屋檐、屋脊、屋角、女儿墙易受雷击的缘故。避雷带在女儿墙上的保护范围为45°以内的提法是不确切的。

7)避雷带在经过变形缝(沉降缝或伸缩缝)时应加设补偿装置。补偿装置可用同样材质弯成弧状做成。

当采用境外标准,如用铜带及配套的连接件在屋面上敷设时,可以按设计要求紧贴地面或女儿墙面敷设。

(3)利用金属栏杆作避雷带。

1)在金属栏杆钢管内穿一根$\phi10$圆钢作避雷带。

2)栏杆已全部安装完成,这时要再穿入圆钢已无法操作,应在钢管直线段对接、转角以及三通引下线等部位用镀锌扁钢或者不锈钢,值得注意的是:利用钢管作避雷带,不管施工中采用何种方法,都必须可靠地与引下线连通,同时,栏杆两端之间如有墙面,则还应将栏杆与墙内作防雷用的主钢筋可靠连通,以确保整个建筑的防雷接地连成一个整体。

(4)屋面连接网格要求。民用建筑的防雷根据其重要性、使用性质、发生雷电事故的可能性和后果,分为三级,屋面上敷设网格的要求为:

①一级防雷建筑物:不大于10m×10m。

②二级防雷建筑物:不大于15m×15m。

③三级防雷建筑物:不大于20m×20m。

民用建筑防雷的分级和屋面网格的敷设,均由设计决定。

2. 引下线

引下线一般可分为明敷和暗敷两种。其材质要求可为扁钢或圆钢,均应为热镀锌(利用混凝土中钢筋作引下线除外)。其规格应不小于下列数值:圆钢直径为8mm;扁钢截面为48mm^2,厚度为4mm。根据气象情况,设计一般要求采用扁钢时为25mm×4mm,采用圆钢时直径为12mm。

(1)引下线明敷要求。

1)引下线沿外墙面明敷时,应在表面进行弹线或吊铅垂线测量,以确保其垂直度。

2)引下线的固定距离:上下两端各为250~300mm;直线段1200~1500mm较为

妥当。

3)引下线的连接应采用搭接焊接,其搭接长度应按国家规范要求执行。

4)引下线的固定一般有以下几种方式:

①当引下线为扁钢时,其固定支持件也应为扁钢,固定方式可采用焊接或套箍固定。如用套箍固定时,应根据固定点个数事先将套箍套入扁钢内,如图 3-54 所示。

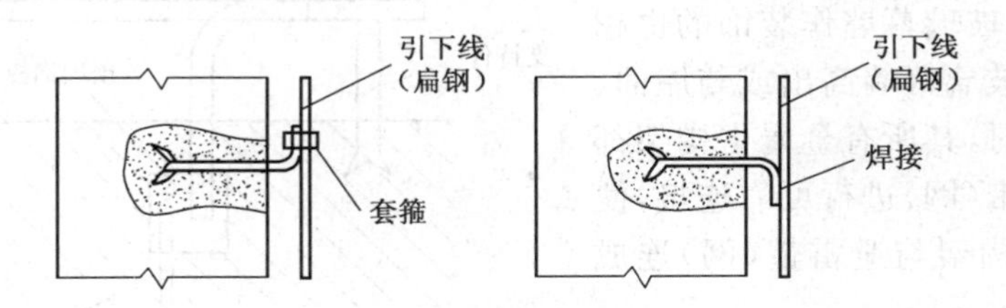

图 3-54　扁钢引下线固定方式

(a)套箍固定　(b)焊接固定

②当引下线为圆钢时,其固定支持件可为圆钢(焊接),也可为扁钢(螺栓固定),如图 3-55 所示。如沿混凝土墙明敷时,可将支持件用膨胀螺栓固定在墙面上,如图 3-56 所示。

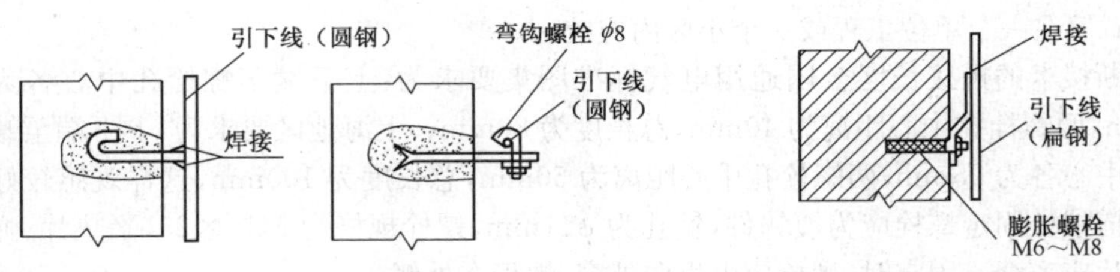

图 3-55　圆钢引下线固定方式　　**图 3-56　混凝土面引下线固定方式**

③引下线采用焊接方法时,应对墙面采取保护措施,以免电弧污染或飞溅损伤墙面。引下线离墙面距离宜为 15mm。

(2)引下线暗敷要求。引下线暗敷一般有两种情况,一种是利用混凝土柱内主钢筋作引下线;另一种则是在毛墙面完成时将扁钢紧贴墙面固定,最后再进行外墙面粉刷或贴面砖。这里主要介绍利用主钢筋作引下线的一些做法。

利用主钢筋作引下线,首先要按设计要求确定位置和根数。一般在同一柱内的引下线不宜少于 2 根,且应有明显的标记(一般在引下线主筋上刷一段颜色明显的油漆作标记,如红漆),以免连接时接错钢筋。钢筋在对接处应采用搭接焊,焊接倍数为圆钢直径的 6 倍。当主筋较粗时还应进行多次焊接,焊接处焊缝应平整、饱满。钢筋在屋面与女儿墙上避雷带的连接应可靠,一般可在钢筋引出处焊一块 100mm×100mm×8mm 的钢板,同时把扁钢焊接在同一块钢板上,扁钢引至女儿墙与避雷带搭接处应采用立弯方式,以示与支持件不同,此处为引下线,且观感效果也好,如图 3-57 所示。

引下线的根数以及断接卡(测试点)的位置、数量由设计决定,建设单位或施工单位不得任意取消和修改,如确需取消或修改的,应由原设计出具书面变更通知。

引下线必须与接地装置可靠连接,并根据设计和规范要求设置断接卡或测试点。

(3)避雷带与玻璃幕墙主金属构架的连接　随着现代高层建筑的增加,设计采用玻璃幕墙作装饰的也越来越多。当玻璃幕墙高出或与屋面、女儿墙平齐时,其所有金属主构架都必须与避雷带(网)进行可靠连接,使幕墙金属主构架与避雷带(网)连成一整体。

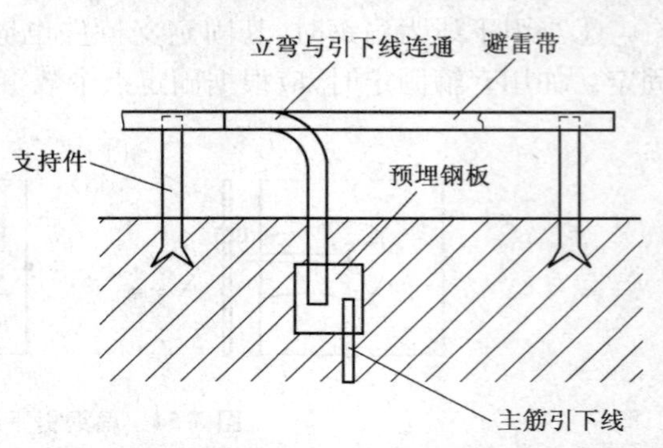

图 3-57　避雷带立弯与引下线连通示意图

3. 断接卡或测试点(检测点)

建筑物采用多根引下线时,为了便于测量接地电阻以及检查引下线、接地线的连接状况,应按国家标准规范的规定设置断接卡。

(1)断接卡的设置。根据国家施工规范的规定,断接卡设置的高度应为 1.5～1.8m,但在一个单位工程或一个小区内应统一。

断接卡的搭接长度全国通用电气标准图集要求为:上下端至螺栓孔中心各为 20mm,两螺栓孔中心距离为 40mm,总长度为 80mm。上海地区要求为:上下端至螺栓孔中心各为 25mm,两螺栓孔中心距离为 50mm,总长度为 100mm,这样观感较好些。搭接处固定螺栓应为镀锌件,钻孔为 ϕ11mm,螺栓规格为 M10×25,平垫片、弹簧垫片应齐全。固定时,螺栓应由里向外穿,螺母在外侧。

断接卡的接地线至地下 0.3m 处应有保护措施。保护材料一般有钢管或角钢,保护管上下两端应有固定管卡,钢管管口与接地线之间应点焊成为封闭回路,管口应密封。保护管长度地面上宜为 1.5m,地下不应<0.3m,如图 3-58 所示。

(2)测试点(检测点)的设置。测试点适用于暗敷引下线并直接与暗敷接地线或基础钢筋相连接。测试点暗设于砖墙或混凝土墙内,一般应预埋接线盒,如不设接线盒,则应在洞壁内侧用水泥砂浆抹光;接线盒或洞口外墙面应有可拆卸的固定盖板。也可从主筋引下线处焊接一块钢板,并在钢板上接一根镀锌扁钢(规格不应<25mm×4mm)引出墙外作测试点。测试点设置的高度从室外地面至接线盒中心宜为 500mm,但在一个单位工程内应统一,最高不宜超过 800mm(设置过高影响观感)。

4. 接地装置安装技术要求

(1)接地装置一般要求。

①接地线:接地线材质要求为扁钢、圆钢等,均应为热镀锌,其规格应不小于下列数值:圆钢直径为 10mm;扁钢截面为 100mm²,且厚度为 4mm。

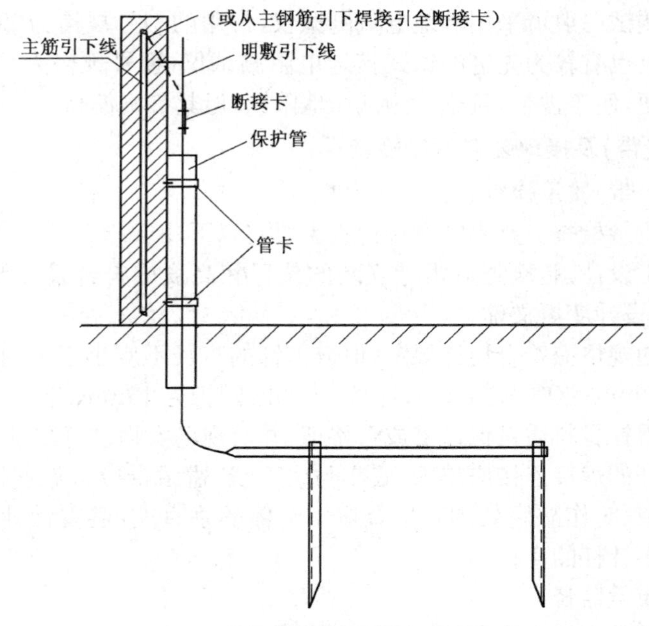

图 3-58　断接卡设置示意图

②接地体：接地体的材质要求为角钢、圆钢、钢管等，均应为热镀锌，其规格应不小于下列数值：角钢厚度为 4mm；圆钢直径为 10mm；钢管壁厚为 3.5mm。

(2)接地装置的施工。接地装置由接地线和接地体组成。接地线一般采用 25mm×4mm 扁钢，当地下土壤中腐蚀性较强时，应适当加大其截面（如采用 40mm×4mm）。为便于施工时将接地体打入地下，接地体宜采用角钢或钢管（一般采用 50mm×50mm×5mm 的角钢）。

接地线与接地体的连接应采用焊接，当扁钢与钢管、扁钢与角钢焊接时，为确保连接可靠，除应在其接触部位两侧进行焊接外，并应焊以由钢带弯成的弧形（或直角形）卡子，或直接由钢带本身弯成弧形（或直角形）与钢管（或角钢）焊接。焊缝应平整饱满，不应有夹渣、咬边现象。焊接后应及时清除焊渣，并应刷沥青、防腐漆两道。

接地体的长度一般为 2.5m，为了减少相邻接地体的屏蔽效应，垂直接地体间的距离一般为 5m（即不宜小于垂直接地体长度的 2 倍），当受地方限制时可适当减小，但必须有设计的书面变更通知。

接地装置埋设的深度，当设计无要求时，从接地体的顶端至地面的深度不宜 <0.6m。

5. 防雷接地电阻的测试

防雷接地电阻的数值应符合设计规定。当设计无要求时，一般建筑物的接地电阻值不应 $>10\Omega$；当建筑物采用共用接地（建筑物内其他接地系统与防雷接地共用一个接地体）方式时，其接地电阻值应不 $>1\Omega$。

接地电阻测试一般可采用接地电阻测试仪，常用的型号规格为 ZC-29 型、ZC-54 型。目前市场上也有较为先进的钳式接地电阻测试仪，型号规格为 CA6411 /6413。其测试灵活方便，便于携带，且不受测试场地限制，但其价格偏高。

6. 避雷针(带)及接地装置质量检查

(1)避雷针(带)质量检查。

1)避雷针质量检查。避雷针质量检查主要有以下几点：

①核查施工设计图，检查避雷针安装的位置和高度应符合设计要求，当有变动时，应核查有否设计变更文件。

②避雷针的规格应符合设计规定，但避雷针的直径不应小于下列数值：针长 1m 以下：圆钢为 12mm；钢管为 20mm；针长 1～2m：圆钢为 16mm；钢管为 25mm。

③核查避雷针材料质量保证书或合格证，并对现场实物进行测量。

④避雷针杆的焊接连接应牢固，底座与引下线、避雷带应可靠连接，且不应少于两处，焊接处应及时作防腐处理。检查避雷针体的垂直度，避雷针针体的垂直度偏差不应大于顶端针杆的直径。

2)避雷带质量监督。

①避雷带及其支持件安装应位置正确，固定牢固，防腐良好。避雷带规格应符合设计要求和规范规定，当采用圆钢时，直径不应＜10mm，当采用扁钢时，厚度不应＜4mm，应用卡尺检查，并核查材料质量保证书。支持件应用手扳动检查是否有松动。

②避雷带及其明敷引下线安装应成一直线。观察检查和实测检查：避雷带应无弯曲或高低起伏不平现象，支持件在转角处应对称，直线段间距应平均一致。

③避雷带的弯曲(立弯、平弯、扭弯)应一致。观察检查。应注意扁钢的弯曲应为冷弯，且不应损伤镀锌层，扁钢厚度应基本不变，严禁采用热加工方法煨弯扁钢。

④利用金属钢管栏杆作避雷带，应核查是否符合设计图要求，重点应观察检查钢管栏杆对接焊接处有否搭接焊接，与避雷带(明、暗)及引下线应可靠连接成一个整体。

⑤避雷带搭接焊接应符合规范规定，焊接处防腐处理应及时。观察检查。焊缝应平整、饱满、无夹渣、咬边、焊瘤等现象。

⑥核查引下线的位置和根数，是否与设计要求一致，检查实物和施工图。

⑦避雷带与玻璃幕墙主金属构架的连接，应有明显搭接连接点，幕墙主金属构架与均压环应有可靠连接。核查实物，检查隐蔽验收记录。

3)断接卡或测试点(检测点)质量检查。

①断接卡：

a. 断接卡设置的位置应正确，高度应统一，断接卡设置数应符合设计规定。核查设计图和对实物进行测量检查。

断接卡的搭接处长度应符合要求，搭接处应紧密无缝隙，固定螺栓应为镀锌件，防松件齐全。观察检查。

b. 断接卡接地线引下线处应有保护措施，保护管埋入地下深度不应＜0.3m。观察检查和核查隐蔽验收记录。

②测试点（检测点）：测试点的设置位置应正确，个数应符合设计规定，高度应统一。测试点扁钢截面不应＜100mm²，厚度为 4mm。当暗敷于墙体内外墙加盖板时，盖板面上宜有标志。核查设计图，观察检查和对实物测量检查。

（2）接地装置质量检查。接地装置质量检查主要有以下几点：

①埋地接地线采用扁钢的截面不应＜100mm²，厚度≥4mm；圆钢直径≥10mm。接地极采用角钢厚度≥4mm，钢管壁厚≥3.5mm，圆钢直径≥10mm。核查实物及质保资料中材料质量保证书，合格证。

②焊接应牢固可靠，焊缝应平整、饱满、无夹渣、咬肉等现象，焊接处防腐应及时。核查实物或隐蔽验收记录。

③埋设深度应符合设计要求或规范规定。核查隐蔽验收记录。

（3）接地电阻测试质量检查。

①接地电阻测试仪目前通常有 ZC-29 型、ZC-54 型等，不管使用何种测试仪，都应经过有关计量部门检测合格后方可使用。核查质保资料中测试记录表，应有测试仪表的型号规格，计量检测合格的编号和有效使用期限。

②核查设计图对防雷接地电阻的要求，核对接地电阻测试记录表中数值，当有疑问时，应进行复测。

参考文献

[1] 聂梅生．建筑和小区给水排水[M]．北京：中国建筑工业出版社，2000.
[2] 乐嘉龙．学看给排水施工图[M]．北京：中国电力出版社，2002.
[3] 乐嘉龙．学看建筑电气施工图[M]．北京：中国电力出版社，2002.
[4] 安装教材编写组．采暖工程[M]．北京：中国建筑工业出版社，1991.
[5] 高远明，杜一民．建筑设备工程 2 版．[M]．北京：中国建筑工业出版社，1999.
[6] 余明．建筑设备[M]．北京：中国广播电视大学出版社，2006.
[7] 潘延平．质量员必读[M]．北京：中国建筑工业出版社，2001.
[8] 吴松勤，等．施工员培训教材[M]．中国集体建筑企业协会，1986.
[9] 宋效巍，周耘，骆中钊．建筑设备与电器技术常识[M]．北京：化学工业出版社，2006.
[10] 建设部《城乡建设》编辑部．建筑工程施工技术入门[M]．北京：中国电力出版社，2007.